图解入门

［原书第3版］

半导体制造设备基础与构造精讲

［日］佐藤淳一◎著

卢涛◎译

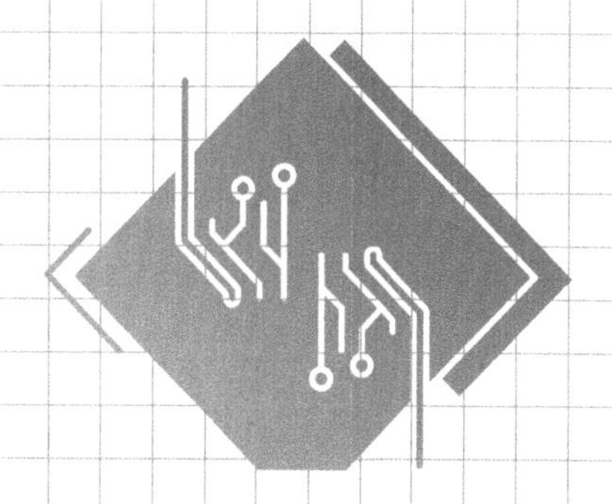

机械工业出版社
CHINA MACHINE PRESS

本书以简洁明了的结构向读者展现了半导体制造工艺中使用的设备基础和构造。全书涵盖了半导体制造设备的现状以及展望，同时对清洗和干燥设备、离子注入设备、热处理设备、光刻设备、蚀刻设备、成膜设备、平坦化设备、监测和分析设备、后段制程设备等逐章进行解说。虽然包含了很多生涩的词汇，但难能可贵的是全书提供了丰富的图片和表格，帮助读者进行理解。相信本书一定能带领读者进入一个半导体制造设备的立体世界。

本书适合从事半导体与芯片加工、设计的从业者，以及准备涉足上述领域的上班族和学生阅读参考。

图书在版编目（CIP）数据

图解入门：半导体制造设备基础与构造精讲：原书第3版／（日）佐藤淳一著；卢涛译．—北京：机械工业出版社，2022.6（2024.12 重印）
（集成电路科学与技术丛书）
ISBN 978-7-111-70801-8

Ⅰ.①图…　Ⅱ.①佐…②卢…　Ⅲ.①半导体工艺-图解　Ⅳ.①TN305-64

中国版本图书馆 CIP 数据核字（2022）第 081775 号

机械工业出版社（北京市百万庄大街 22 号　邮政编码 100037）
策划编辑：杨　源　责任编辑：杨　源
责任校对：秦洪喜　责任印制：常天培
北京机工印刷厂有限公司印刷
2024 年 12 月第 1 版第 9 次印刷
184mm×240mm · 13.5 印张 · 265 千字
标准书号：ISBN 978-7-111-70801-8
定价：99.00 元

电话服务　　　　　　　网络服务
客服电话：010-88361066　机　工　官　网：www.cmpbook.com
　　　　　010-88379833　机　工　官　博：weibo.com/cmp1952
　　　　　010-68326294　金　　书　　网：www.golden-book.com
封底无防伪标均为盗版　机工教育服务网：www.cmpedu.com

前 言

PREFACE

本书为自2010年4月初版以来的第3版。在2016年7月修订的第2版中新增了关于半导体制造设备现状的章节。本次的第3版从内容更新和增加可读性两方面进行了如下修订。

- 根据最近的行情与趋势，重新编写了统领全书的第1章和第2章。同时为了方便读者理解，对各节的顺序进行了调整。
- 尽可能采用简单易懂的说明和描述方式，并在需要的地方添加了注释。

其他内容未做更改。本书从半导体制造厂的视角来俯瞰半导体制造中使用的主要设备，由远到近、由粗到细地对每个设备的结构和构造进行了观察与说明。

虽然本书的阅读是以有一定半导体知识为前提的，但因为本书对相关内容进行了简单易懂的解释，对于那些已经从事或者想要参与半导体业务的人，或是对半导体有兴趣的上班族和学生也是适用的。本书包含了一些专业用语，但笔者已用通俗易懂的方式进行了解释。对于不能立即理解的内容，可以在积累更多经验后，再次翻阅本书。对于已经有经验的人来说，通过这本书可以达到对已有知识的整理，以及理解半导体与其他领域之间联系的效果。

本书的特色在于设置了第1、2章，以此描述了半导体产业以及晶圆厂中半导体制造设备的整体布局。这将有助于理解后面章节的内容。此外，第10章重点介绍了主要的监测和分析设备，并且针对大多数人并不了解的实际生产制造流程的情况，做了如下的考量。

- 为避免烦琐而晦涩的说明，安排了通俗易懂的图片和表格。
- 以工作现场的角度来剖析问题，并使用了一些工作现场中惯用的术语。
- 通过回顾历史背景，帮助读者了解当前的形势状况。

本书的内容是基于实际工作经验编写的。编写的时候吸取了各种建议和意见。此外，笔者还参考了大量前辈的著作，借此机会予以感谢。如果读者发现笔者对内容的阐述有任何谬误，请予以赐教，笔者将不胜感激。

佐藤淳一

CONTENTS 目录

第5章 CHAPTER.5 热处理设备 / 70

第6章 CHAPTER.6 光刻设备 / 81

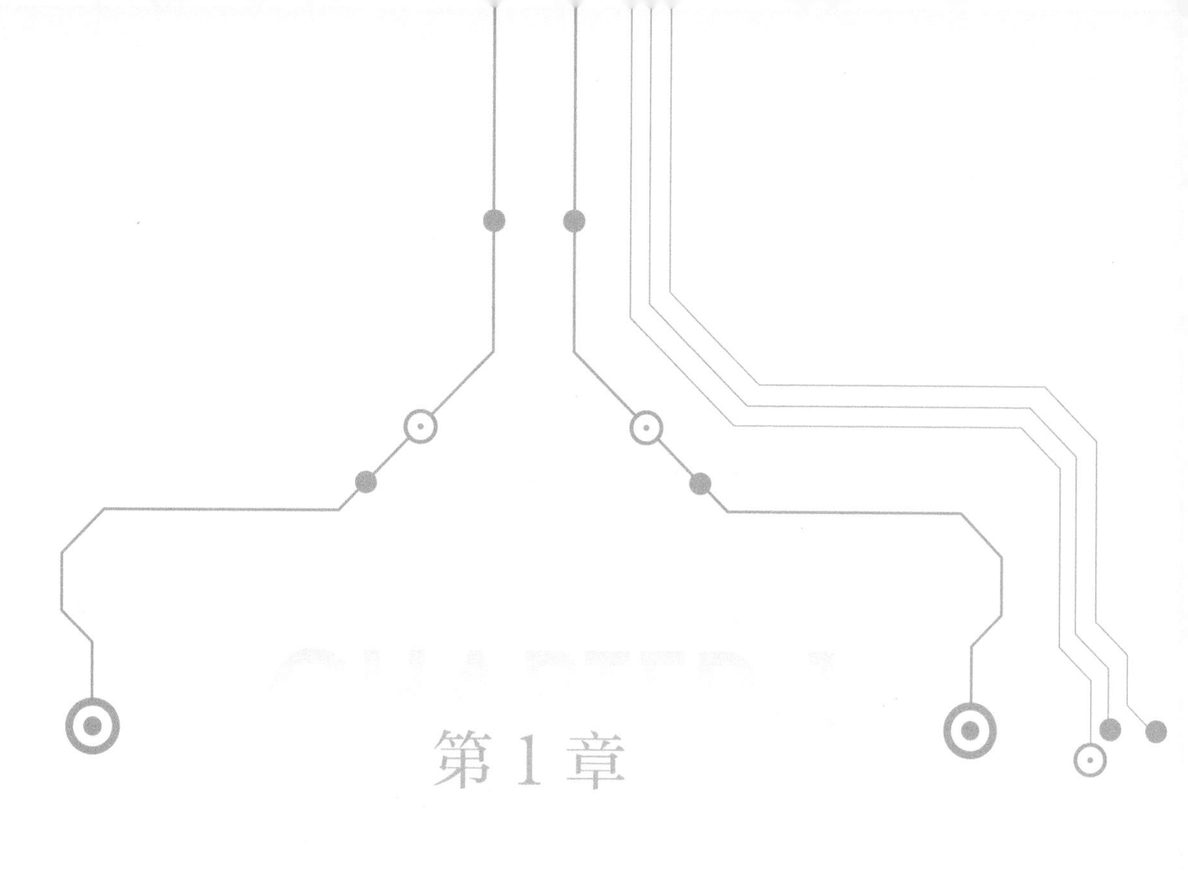

第1章

半导体制造设备行业的现状

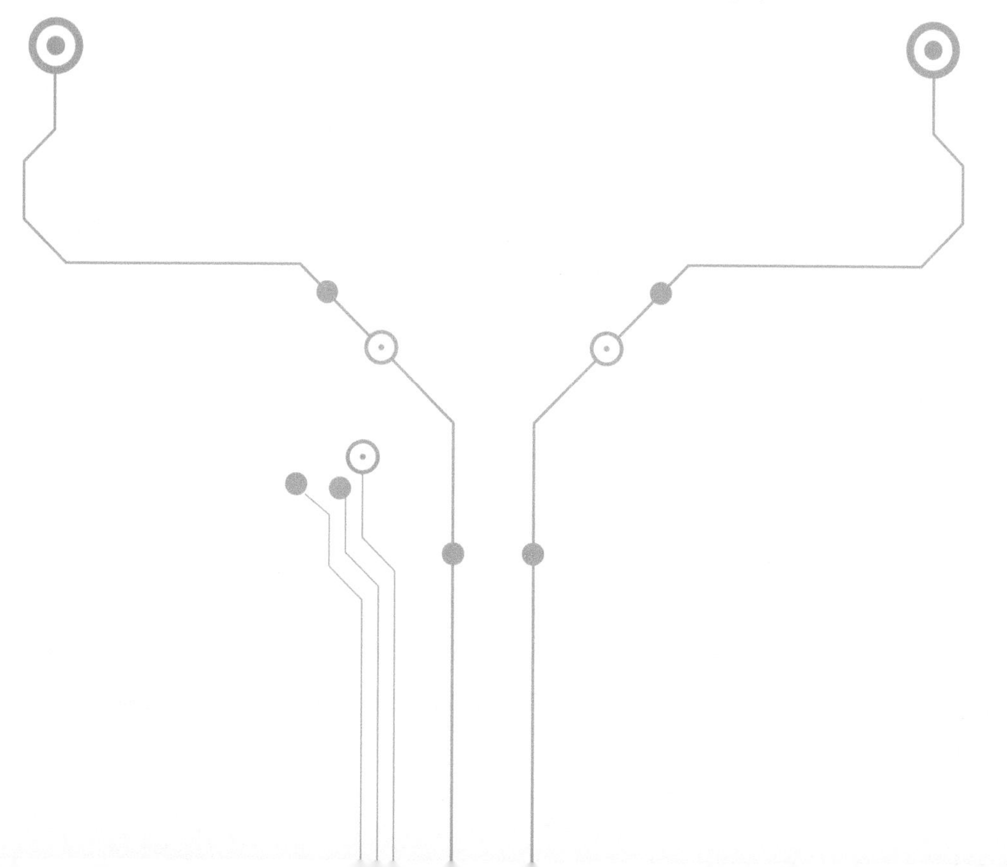

本章将从市场行情、参与的制造商、半导体晶圆厂450mm（18in）晶圆这几个方面，对半导体制造设备行业的现状进行简单易懂的介绍。

由于本书是在读者拥有一定相关知识的前提下编写的，所以既可以采用按顺序阅读的方法，也可以采用先通读再细读的阅读方法。

1-1 总览半导体制造设备

在这节中将对本书的用语、涉及的内容范围、脉络结构进行说明，以方便后面章节的理解。

半导体制造设备的地位

在进入半导体制造设备的各种讨论之前，笔者想从各个角度来聊聊半导体行业中的半导体制造设备。半导体行业虽然受市场行情的影响有起有落，但在先进行业中占有一席之地。

半导体行业经常被称为“设备行业”。这和该行业高度依赖本书中所介绍的高性能并且昂贵的半导体制造设备有关。

首先，澄清一下本书的用语和内容范围。半导体这个词，严格意义上是指那些在导电性（导电率）方面介于金属和绝缘体之间，时而导电时而不导电的固态物质。广义上也泛指由半导体制成的设备或器件，这些设备在专利文件中大多被称为“半导体设备”。本书将采用“半导体”这个词的广义解释。

另外，半导体本身也有很多不一样的材料和产品，本书重点介绍的是大规模集成电路（LSI、存储器、逻辑电路等）。关于半导体产品领域的介绍，可以参考笔者编写的另一本书《图解入门——半导体制造工艺基础精讲（原书第4版）》的开头。

本书的脉络

虽然半导体行业被称为“设备行业”，但并不意味着将购置的半导体制造设备全部放到厂房里就可以生产半导体了。如果仅是这样，那么也只是学到了知识的皮毛，没学到精髓。本书为了让读者理解到半导体制造的精髓，将从半导体行业的全貌作为切入点，然后以俯瞰的视角逐一了解行业所需的半导体制造设备。

首先，会对半导行业的市场行情做一个全面了解，在这一部分将引出半导体制造设备在行业中的地位。另外还会对半导体设备制造商的历史和日本的半导体设备制造商所处地位进行概括和总结。

然后介绍有关半导体制造的精髓部分：放置半导体制造设备的晶圆厂，并且概括了它的发展趋势。紧接着会熟悉半导体制造的原材料硅晶圆和它的发展动向，以及相对应的半导体设备制造商今后的课题。

在了解了半导体行业、半导体制造设备和晶圆厂的概况后，将在第 2 章具体介绍作为半导体原材料的硅晶圆，生产半导体的晶圆厂和这些半导体制造设备的关系。也会对半导体制造设备所要求的性能有所触及。

关于各个制造工艺流程所对应的制造设备将在第 3 章到第 11 章中逐个进行讲解。另外作为本书的卖点之一，将在第 10 章介绍以往书籍中少有涉及的监测、测量和分析设备。以上介绍的半导体制造设备的地位如图 1-1 所示。各个章节的阅读顺序可以根据读者自己的需求调整。

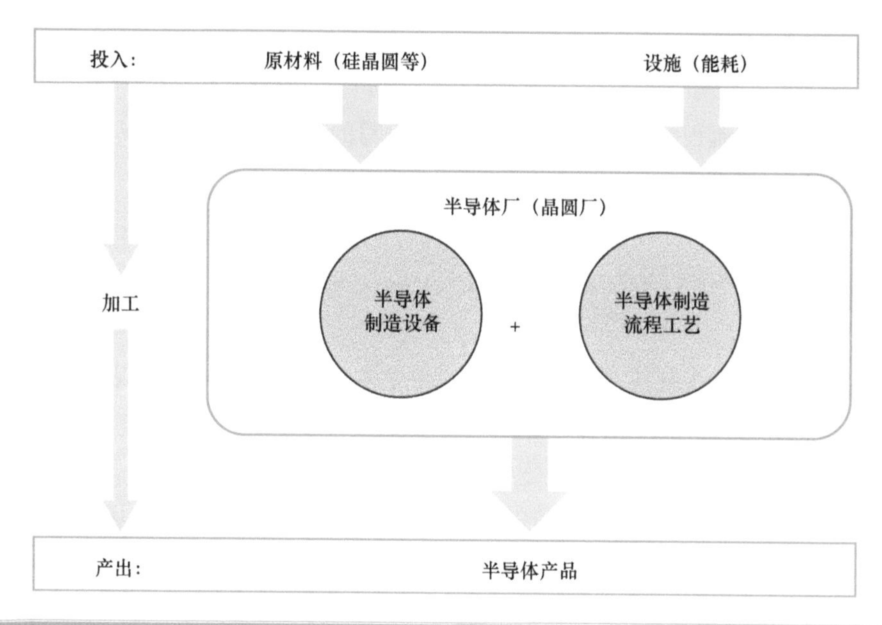

半导体制造设备的地位（图 1-1）

制造设备和制造工艺流程的关系

半导体制造设备和半导体制造工艺流程（以后缩写为半导体工艺流程）就如同硬件和软件的关系一样。关于在先进半导体领域中两者的关系，会在 1-3 节中涉及。简单来说半导体制造工艺流程就像是食谱一样，现在的半导体行业，半导体制造设备和半导体工艺流程相互组合，已经形成了一整套体系。在考虑今后半导体战略的时候，半导体工艺流程也是一个重要的课题。两者关系如图 1-2 所示。

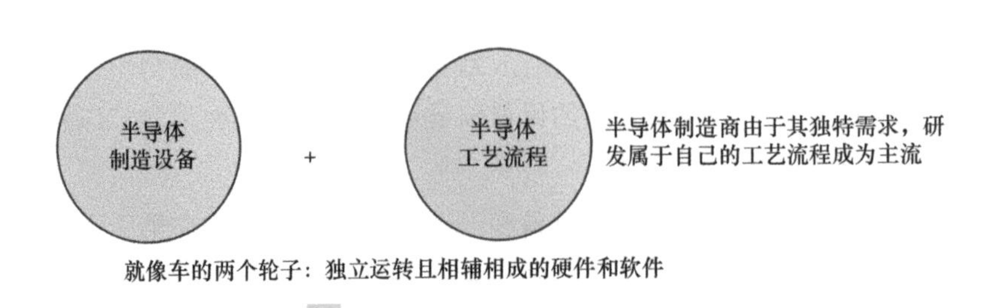

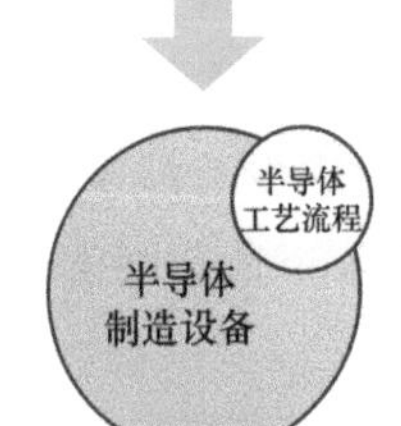

半导体制造设备和半导体工艺流程的示意图（图1-2）

关于半导体工艺流程的介绍，可以参考笔者编写的另一本书《图解入门——半导体制造工艺基础精讲（原书第4版）》。

1-2 半导体制造设备的市场规模

在这一节将介绍和半导体制造设备有关的半导体、电子产品的市场规模。

半导体行业的市场规模

为了从多方面了解半导体制造设备的现状，首先看看半导体行业的市场规模。根据各种调查机构和WSTS[⊖]的发布信息，这几年半导体行业的全球市场规模已超过400亿美元。

电子行业的市场规模

半导体行业的确是一个覆盖了从原材料到制造设备各个领域相关成品的行业。下面就具体来看看吧。

比如处于下游的电子行业的市场规模大约就是半导体行业市场规模的10倍之多。另外，处于上游的半导体制造设备的市场规模则是约为半导体行业市场规模的1/10。如图1-3所示，上下游行业的规模差了一个数量级。当然这是大概的数值。各个行业均为其

⊖ WSTS：World Semiconductor Trade Statics 的略称。详情请参考相关官方网页。

下游行业提供了大约 10 倍的市场规模的支持。

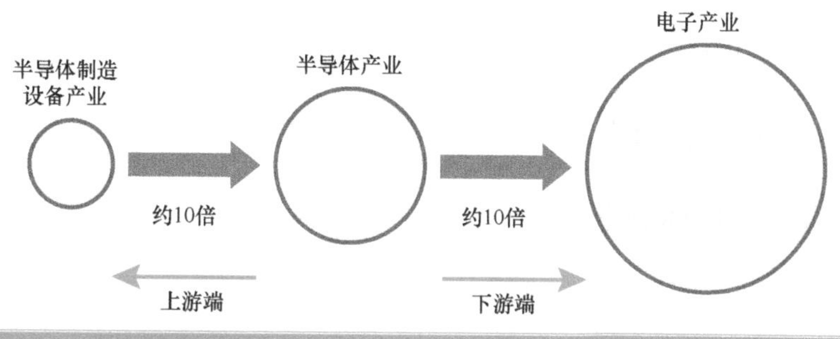

半导体的市场规模（图 1-3）

半导体行业上下游的市场规模只要记住 10 倍这个大概的关系就足够了。

硅晶圆的市场规模

半导体的原材料以硅晶圆⊖为代表。因为半导体就是用硅晶圆制作而成的。在 1-7 节和 2-2 节会对硅晶圆做详细的说明。如果读者对硅晶圆并不熟悉，可以先行阅读相关章节。硅晶圆的市场规模大约是半导体行业市场规模的 1/25～1/30，如图 1-4 所示，和半导体制造设备行业的规模比起来略小。从半导体制造设备的市场规模比原材料更大这一方面来看，半导体行业被称为设备行业的理由也可窥一斑了。

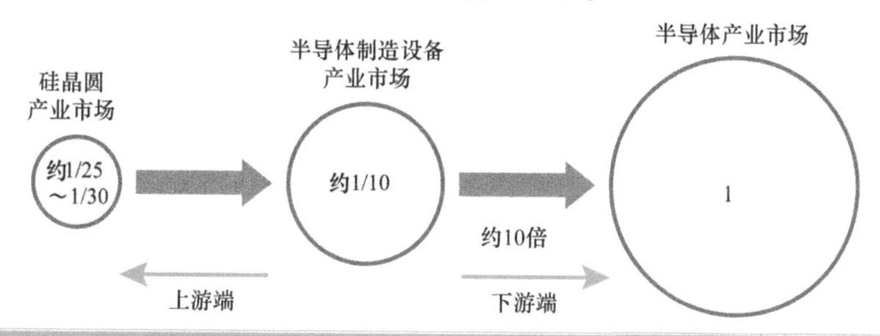

半导体制造设备行业的规模（图 1-4）

日本的半导体行业一直被韩国等国家赶超。1980 年，日本的半导体占全世界市场份额的 50%以上，现已不满 20%了。但是硅晶圆的生产额仍然是全世界的 60%。可以说日本在半导体的上游行业依然是有很强实力的。那么这一块是否就是日本半导体行业振兴的关键呢？其实不光是硅晶圆，在功率半导体 SiC 晶圆和化合物半导体晶圆等方面的优势也是值得期待的。

⊖ 不同的书有不同的表述，这里根据 SEMI 的报道，采用硅晶圆。

1-3 半导体设备制造商和范式转移

本节将回顾半导体设备制造商的历史并展望未来。

半导体黎明期的制造设备

半导体产品刚开始制造的时候，专用设备还比较少，生产量也有限。基本上也就是实验中的产物而已。就在那样的时代背景下，半导体制造设备悄然登场。作为半导体发祥地，美国的半导体设备制造商自然成为主流。表1-1列出了1980年前10位的半导体设备制造商。这当中大多数都是没有听过，或者经过收购合并后消失的制造商。但可以看到基本上都是美国的制造商。此时的日本大型商社及其关联分社大多是美国半导体设备制造的代理店。在下表中唯一入围的日本制造商是武田理研。武田理研是1954年创立的半导体设备制造商，后经改名成为现在的Advantest（爱德万测试）。

1980年半导体制造设备制造商排名（表1-1）

1位	PerkinElmer（美国）
2位	GCA（美国）
3位	Applied Materials（美国）
4位	Fairchild（美国）
5位	Varian Associates（美国）
6位	Teradyne（美国）
7位	Eaton（美国）
8位	General Signal（美国）
9位	Kulicke & Soffa（美国）
10位	武田理研（日本），即现在的Advantest

引用：VLSI Research（1980年）

半导体制造设备制造商的变迁

之后，由于半导体行业的发展，日本的半导体制造设备制造商也活跃起来并占据了一席之地。再来看看日本半导体行业引领世界的1990年时，半导体制造设备制造商的前10位，见表1-2。当时日本的半导体制造设备制造商位居前列的事实是显而易见的。特别是在光刻设备领域，Nikon和Canon尤为出彩。以此为契机，日本从1990年开始反超美国。在这个时代，日本和美国两国国内的市场份额上，自家的制造商都是超过75%的，基本上是两个国家都处于独立经营的状态。当然当时也还没有进入全球化，半导体的需求在本国内部的供给能力下就能够得到满足，这也可能是造成半导体制造商的国产率（日本）这么高的原因吧。各个国家的半导体制造商通过购入国内设备制造商的设备，实现市场份额的增长，也同样成为半导体行业是设备行业的佐证。

1990年半导体制造设备制造商排名（表1-2）

1位	Tokyo Electron（TEL）（日本）
2位	Nikon（日本）
3位	Applied Materials（美国）
4位	Advantest（日本）
5位	Canon · Canon Marketing（日本）
6位	Hitachi（日本）
7位	General Signal（美国）
8位	Varian Associates（美国）
9位	Teradyne（美国）
10位	Silicon Valley Group（美国）

引用：VLSI Research（1990年）

范式转移

另一方面，韩国等国的半导体制造商自21世纪以来就非常活跃。但是这些国家并没有属于自己的优秀半导体设备制造商，是什么导致了这种现象呢？

过去，半导体制造商要么自己研制设备，要么从设备制造商那里购入设备后，独自研发半导体工艺流程。现在半导体工艺流程作为“食谱”则同半导体制造设备一起被打包出售。例如，在1980年到1990年的这段时期，就存在日本半导体制造商独自研发工艺流程，然后引入自己生产线的情况。很多研究成果也在日本的应用物理学会上得以大量发表和广泛的讨论。

但是从20世纪90年代后期开始，随着LSI的高度集成，工艺变得更加复杂。独自研发半导体工艺流程需要耗费巨大成本，从而让日本在半导体失去竞争力的考量开始浮现。正值300mm硅晶圆走向实际应用的势头越来越大，为了不错过市场时机，日本10家大型半导体企业联合创办了半导体先进技术（Selete[⊖]）这样的合作研发企业。日本政府也开

⊖ Selete：Semiconductor Leading Edge Technologies的缩写。半导体先进技术企业，是当时的龙头企业联合设立的用于研究300mm硅晶圆的先进加工技术的产物。成立于1996年，现已解散。

设了ASET⊖这样的研究机构。此后这样的共同研究开发模式也一直在持续。换句话说，从20世纪末开始，半导体行业从封闭的模式转向了开放的模式，迎来了全球化的时代。此后将半导体工艺流程排除在外的半导体制造设备的独特性竞争将不复存在。半导体制造设备制造商也纷纷将半导体工艺流程和设备一起打包出售，设备制造商在出售方案方面也有商量的余地了。中、韩在半导体制造方面市场份额的增长也多亏了这个潮流。半导体制造商开始了从垂直整合模式转向横向分工模式的转变和迁移。这种转变和迁移就是图1-5所示的“范式转移”。

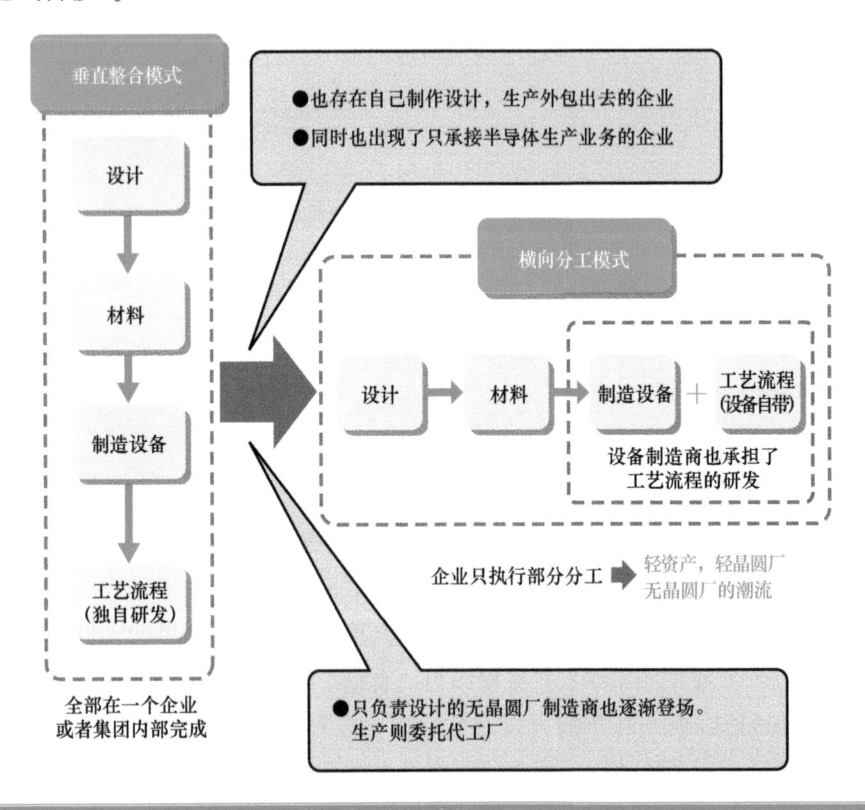

范式转移的示意图（图1-5）

代工厂·无晶圆厂的登场

在这种范式转移的背景下，引入半导体制造设备专门承接其他厂商订单的半导体制造

⊖ ASET：Association of Super-Advanced Electronics Technologies的缩写。超先进电子技术开发组织协会。通产省（现经济产业省）下属基金设立的先进半导体技术联合研究机构。成立于1996年。

商也登场了，也就是代工厂。与此相对应，也存在一批没有自己的晶圆厂，但将半导体生产外包给代工厂的制造商。当然也有混合类型的，一部分的制造外包给代工厂，这种模式被称为“轻资产”或者“轻晶圆厂”，这种模式几乎已经成为半导体行业解决方案的主流了。最具代表性的代工厂有TSMC（台积电）和GlobalFoundries（格芯）[一]，无晶圆厂制造商的代表有Qualcom（高通）。以上这些制造商都是位列世界半导体制造商前10名的。至于传统的垂直整合模式下的企业仅有很少一部分得以延续。在这样一个背景下，半导体制造设备的制造商面临的将是各式各样的商务合作伙伴。采用的生产和解决方案也越来越开放，也赶上了全球化的潮流。

1-4 日本半导体设备制造商的现状

在这一节，将讨论日本的半导体设备制造商的现状。

半导体行业的结构

半导体行业是横跨原材料、制造设备、晶圆厂（无尘室）的建设、设施补给等众多领域的行业。因此，垂直整合的商业模式路线下的参与门槛是很高的。为了降低参与半导体行业的门槛，最近代工厂和无晶圆厂半导体制造商的出现也是应景而生。

即便如此，半导体行业是从垂直整合模式走过来的，从原材料到技术积累都是生产设备的生命线。日本的半导体行业想要再现辉煌，这些都是必须考虑的东西。

日本国内半导体制造商的现状

半导体制造商的主流还是那些从半导体的价值还未被充分认知的时代就开始参与的大型厂商。日本有东芝、日立等。美国有通用（GE），德国有西门子[二]（Siemens）等。

日本的情况稍显复杂，除了上述以外，还有旧财阀集团的参与。比如东芝的背后有三井集团，NEC的背后有住友集团等，这就形成了所谓的系列配套。因此，从原材料到制造设备（包含监测和测量），都是这些大型综合制造商的强项。以东芝为例，它就存在过（如图1-6所示）从原材料到制造设备都是集团内自给自足的时期。东芝以外其他的日本企业也有过类似的时期。这种模式中的积累也成为当时日本的竞争力。但是在时代的潮流

[一] GlobalFoundries参照P19的脚注。
[二] 西门子：德国的世界级综合电机制造商。

中，随着范式的转移，这种优势却成了劣势。一直以来的优势却成为日本半导体行业僵化的议论也从未停止过。并未跟随世界潮流的结果是，日本到现在为止都没有一个代工厂或者无晶圆厂。直到最近才有一些企业开始把它们的半导体部门独立出来。

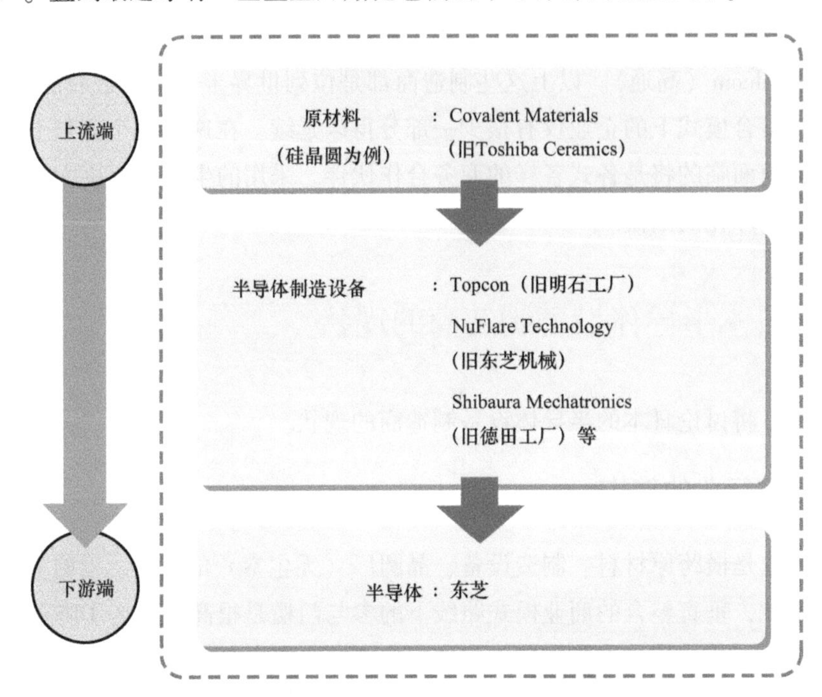

注）以过去的东芝为例。这还是一个企业冠名的时代。由于重组的关系，Covalent Materials现在隶属于GlobalWafers集团，东芝也被拆解为东芝存储器（Toshiba Memory）等企业。之后东芝存储器更名为Kioxia，取消了“东芝”的冠名。

日本半导体制造的系列配套的例子（图1-6）

日本制造商的停滞

在1-3节中，已经知道那个年代以光刻为中心的日本半导体制造商的强盛也带动了日本半导体设备制造商一起强盛。但是最近以生产光刻设备为主业的制造商，日本以外的国家有着强劲的势头，表1-3显示了半导体设备制造商的排名变迁。和1-3节汇总的图表比起来，虽然位居前列的日本制造商数量并未发生太大变化，但是排名上有所改变。一眼望过去，ASML的进步有目共睹，这是由于ArF和EUV等先进的光刻设备的业绩增加导致的。另一方面，以Nikon和Canon为代表的光刻设备制造商已经掉出前10名。也就是说，它们败给了ASML等后起之秀。

就像 1-3 节中说明的那样，半导体设备制造商也呈现巨型化、寡头化的趋势。例如当查看 SEMICON Japan 官网的赞助商一栏时，就会发现都是一些世界前 10 名的企业：Applied Materials、Tokyo Electron、Advantest、Hitachi High、Technologies、Lam Research、SCREEN 等。另外，两个时期的图表中的企业名基本上都没有变化，可以看出巨型化、寡头化的趋势。这是时代的趋势。对半导体设备制造商的期望已经不再是购入制造设备这么简单，而是与其配套的包括半导体工艺流程在内的售后一条龙服务。在这样的时代背景下，后起之秀以新奇的创意进入世界半导体制造设备舞台的情况是非常鼓舞人心的。此外，日本继续强化其原材料方面优势的思考也是呼之欲出的。

2013 年和 2018 年半导体设备制造商的排名（表 1-3）

2013 年	
1 位	Applied Materials（美国）
2 位	ASML（荷兰）
3 位	Lam Research（美国）
4 位	Tokyo Electron（日本）
5 位	KLA-Tenco（美国）
6 位	SCREEN（日本）注1
7 位	Hitachi High-Technologies（日本）注2
8 位	Teradyne（美国）
9 位	Advantest（日本）
10 位	ASM Internationa（1 美国）

注 1）日本前 SCREEN 制造。

注 2）前日立工厂的半导体制造设备部门。

2018 年	
1 位	Applied Materials（美国）
2 位	ASML（荷兰）
3 位	Tokyo Electron（日本）
4 位	Lam Research（美国）
5 位	KLA-Tenco（美国）
6 位	Advantest（日本）
7 位	SCREEN（日本）
8 位	Teradyne（美国）
9 位	Hitachi Kokusai Electric（日本）
10 位	Hitachi High-Technologies（日本）

引用；VLSI Research

1-5 晶圆厂的现状

这一节将介绍半导体工厂（晶圆厂：Fab）的最新动向。

多样的产品和半导体晶圆厂

一言以蔽之，半导体产品种类繁多，所以在这里整理一下，用来了解未来的发展。如果将半导体行业比作汽车行业，可以简单地知道汽车行业包含了从拖车、重型卡车到豪华轿车、轻型汽车、跑车等多个不同领域。半导体产品也是如此。图 1-7 显示了按半导体产品种类进行的分类。

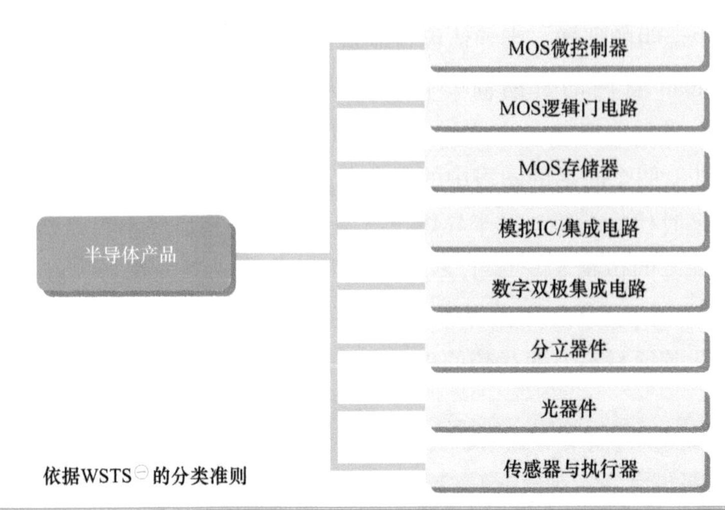

半导体的主要分类（产品类别）（图1-7）

新闻媒体中经常提到的半导体基本上都是逻辑门电路和存储器。在这里没有从技术方面对其详细分类，它们都是由MOS㊁结构的晶体管大规模集成而成的LSI㊂。

还有一种分类是从半导体材料来划分的，可以分为以单元素硅为原材料和以化合物作为半导体原材料这两大类。

具体分类如图1-8所示。

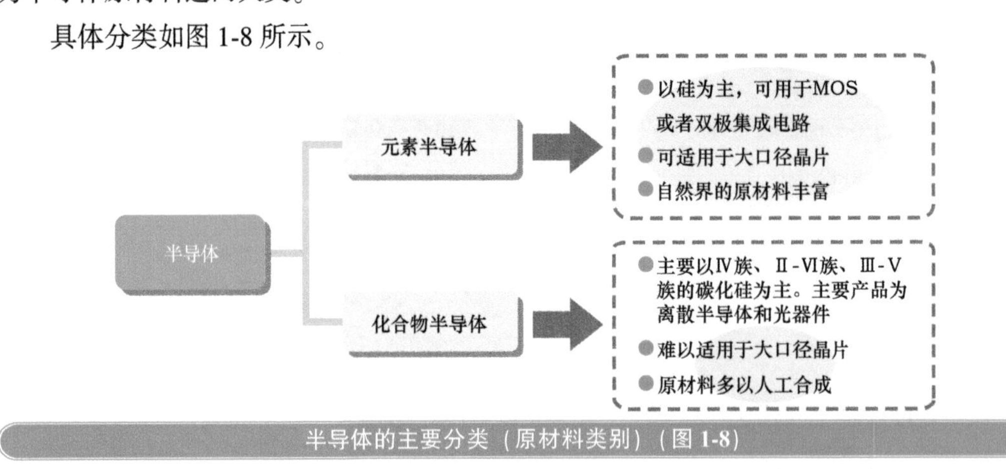

半导体的主要分类（原材料类别）（图1-8）

以下正如1-1节中提到的那样，本书主要描述的是批量生产以硅为原材料的MOS存储器和MOS逻辑门电路等LSI的晶圆厂，以及半导体制造设备的相关内容。另外，以功率半

㊀ WSTS：World Semiconductor Trade Statics的缩写。具体内容参考其官网。

㊁ MOS：Metal Semiconductor Silicon的缩写。晶体管结构的一种，现已成为主流。

㊂ LSI：Large-Scaled Integrated Circuit的缩写。大规模集成电路。

导体为代表的分立器件[一]所处的市场规模也不尽相同，与本书中所介绍的制造工艺流程和制造设备也有很多差异，还请注意。关于化合物半导体的内容和独有的工艺流程，可以参考笔者的另一本书《图解入门——功率半导体基础与机制（原书第2版）》。

巨型晶圆厂

半导体生产工厂最近被称为晶圆厂（fab）。从笔者的视角来看，这个叫法是进入21世纪才成为主流的。同一块场地有多个fab的时候，有的工厂也会简单地采用fab1、fab2、fab3这样的命名方式。

上面提到的不同半导体产品也对应了不同的晶圆厂样貌。比如内存和逻辑门电路这样的通用产品，因为它们种类少批量大，所以晶圆厂的规模也会随之而改变。就半导体而言，大规模生产通常是每月1万片或更多的晶圆。巨型工厂的概念就是这种工厂的集合。有时候也会用到生产线（Line）这个术语，比如月产量1万片的生产线，其实就是指晶圆厂。这与汽车工业中使用的“生产线”一词类似。半导体制造的工艺复杂，流程冗长，所以称为生产线也是不无道理的。

这里没有办法做详细介绍，对下面结论感兴趣的读者可以参考本书的同系列《图解入门——半导体制造工艺基础精讲（原书第4版）》的2-1节中关于摩尔定律[二]的介绍。这里直接说结果，如果将作为半导体行业指导原则的摩尔定律（基于幂定律）追求到极致，如图1-9所示，将不得不通过扩大工厂的规模（扩大投资规模）来实现产能的增长。巨型

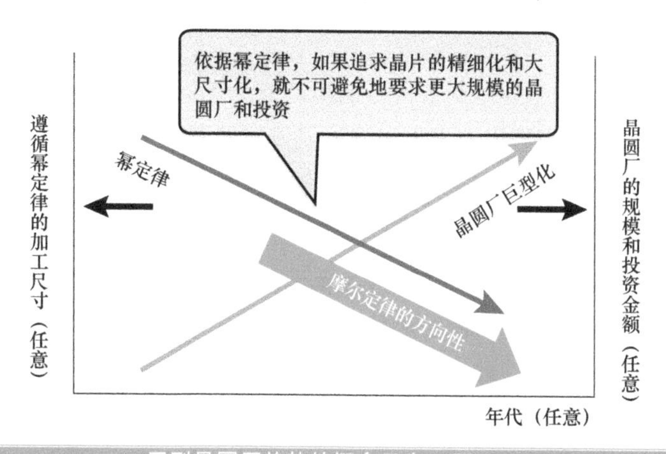

巨型晶圆厂趋势的概念示意（图1-9）

[一] 分立器件：相对于LSI而提出的用语，意为功能单一的半导体。

[二] 摩尔定律：由英特尔的戈登·摩尔提出，旨在通过每三年将晶体管密度翻两番来降低成本。

晶圆厂就是这种追求的结果。当然如上所述，这个结论只限于以 MOS 存储器为主的种类少、批量大的半导体产品。

关于一场摆脱摩尔定律桎梏的企业发展运动又是另一个故事了。这些将在后面的章节中讨论。

1-6 晶圆厂的多样化

在本节中，将讨论巨型晶圆厂的对立面——迷你晶圆厂和其他晶圆厂的方案。

还将讨论半导体设备制造商今后面临的挑战。

晶圆厂的生产效能

正如开头介绍的那样，半导体行业是一个设备行业。如 1-5 节中所述，它是否能够继续遵循摩尔定律实现精细化和大尺寸化的进程，在很大程度上取决于半导体制造设备的能力。半导体的产能不仅依附于生产技术，也依赖于半导体设备的产能。这里的问题是，半导体工艺流程各式各样，制造设备的产能也是千差万别。对半导体设备的产能不甚熟悉的读者，可以先阅读 2-9 节的内容，以助理解。同样各个半导体工艺流程相对应的制造设备产能也会在第 3 章以后逐一介绍。

巨型晶圆厂以外的方案

如上所述，不同类型的半导体制造设备的生产能力不同。当想要规划某个产能的时候，生产线上安装的设备数量也不同。一般情况下，设备的安装数量都会根据最低产能的设备来设计，所以就很有可能出现生产线中有的设备产能过剩的情况。所以在进行巨型晶圆厂这样的规划时，应当尽可能避免以上情况的出现。这种不断追求高产能的路线就是在摩尔定律的指导下不断追求精细化和大尺寸化而导致的（more Moore）。但是能够不断跟进大规模投资的制造商还是少数的，而且半导体制造还是有很大一部分的产品是属于量少样多的类型。对于这种类型的半导体产品就无须使劲堆产能了，这种路线属于“more than Moore”（超越摩尔定律），代表产品有：功率半导体和 MEMS。图 1-10 总结了新时代对晶圆厂的要求。

迷你晶圆厂的方案

迷你晶圆厂是巨型晶圆厂的对立面。正式名称为迷你晶圆厂技术研究协会，它于 2012 年在日本由产业技术综合研究所和 21 家公司共同成立。现已改名为迷你晶圆厂推广机构。如图 1-10

所示，迷你晶圆厂的想法是通过呼吁对传统半导体的生产进行“工艺革命”，实现用少量的投资达到生产量少样多半导体产品的目的，而不是像巨型工厂那样过于依赖大规模投资。

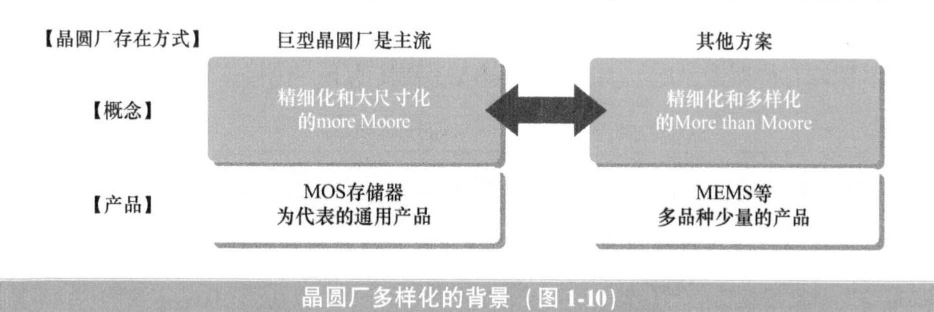

晶圆厂多样化的背景（图1-10）

这个项目是围绕0.5in晶圆[⊖]设计的，现有的半导体制造商无法原样照搬，将不得不考虑如何为小批量、多品种的产品调整已有的生产线。

研究开发

上面的想法，既可以适用于量少样多的生产线，也可以运用到研究开发中。半导体产品从基础研究到开发、原型制作和大规模生产，需要很长的时间来实现商业化。如果研发层面使用的晶圆英寸数和原型设计与大规模生产时所使用的半导体制造设备有差异，很容易推迟产品的量产计划。如果使用与大规模生产线相同的晶圆尺寸为标准，并搭配迷你晶圆厂生产线的制造设备，以此为基础筹备研究开发，其优点是使研发成果具备能够立即转化为原型设计和大规模生产的能力。

设备制造商未来的挑战

根据本章迄今为止提到的内容，在图1-11中总结了半导体设备制造商未来的动向、趋势和挑战。随着成本剧增，能够追寻“more Moore”路线的半导体制造商的数量正在减少。另一方面，半导体产品需要适应从高端到低端产品的多样化，晶圆厂也有从巨型晶圆厂到迷你晶圆厂甚至极简晶圆厂的多样布局，同时晶圆也需要实现450mm、300mm、200mm的多样化供给。这种情况基本类似于计算机系统，它们都有不同版本的迭代。软件制造商需要跟上系统的更新。软件迭代的情况可能还相对容易，但晶圆厂，想要更新迭代，则需要替换整个生产线的设备。对产品是广泛支持还是专注于一种产品，这是一个生产设备制造商的战略问题。同样也可以认为，正是因为在一个多元化的时代，才会衍生出多种生存方式。时代的关

⊖ 0.5in晶圆：通过掏空大直径的晶圆制成。

键词也一直在变化。从20世纪下半叶开始，我们看到了去内存化、系统LSI、联合体、深度摩尔（more Moore）、超越摩尔（more than Moore）、450mm、物联网、5G，这样的例子不胜枚举。紧随时代的潮流才是生存之道。因为NAND闪存的小型化和堆叠达到了极限，相信仍有一些前沿领域有待探索，比如MRAM、FeRAM和其他下一代存储器，还有功率半导体。

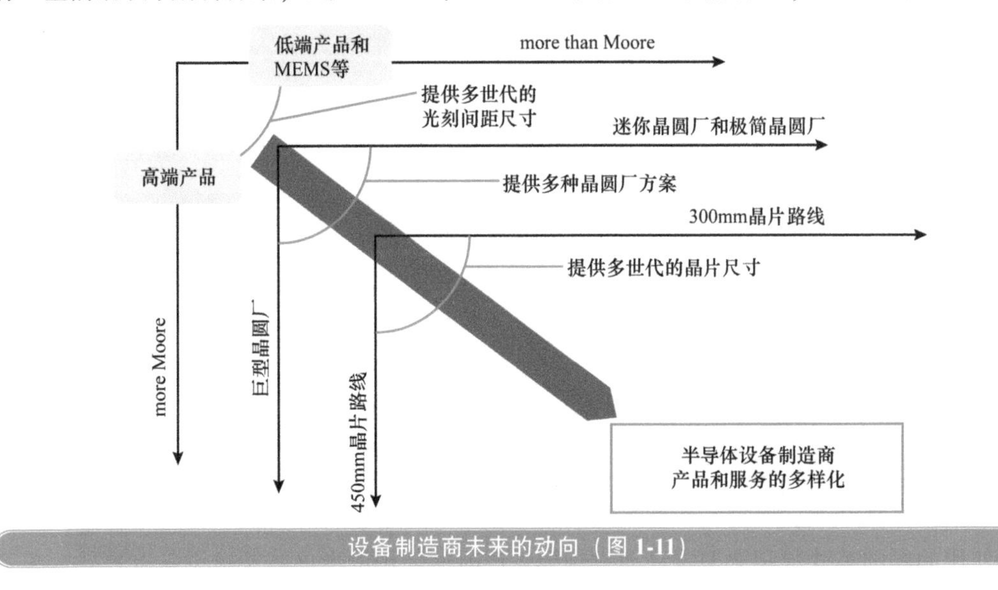

设备制造商未来的动向（图1-11）

1-7 硅晶圆450mm化的现状

在这一节中，将谈谈制造半导体的重要原材料硅片的大尺寸化，特别是450mm化的情况。

硅晶圆的尺寸

正如读者可能已经注意到的，这里所介绍的内容更倾向于“more Moore”和巨型晶圆厂。450mm是硅晶圆的直径。硅晶圆首次商业化的尺寸为1.5in，此后直径不断增大（称为晶圆直径）。原因很简单，晶圆直径越大，一块晶圆就可以生产越多的芯片，芯片尺寸也可以越大。这种趋势被称为硅晶圆的“大尺寸化”。本书不涉及硅晶圆制造的细节。笔者的《图解入门——半导体制造工艺基础精讲（原书第4版）》中略有涉及，感兴趣的读者可以参考。

改变硅片的尺寸（直径）是晶圆厂（生产线）的一个重大变革。顺便说一句，笔者见过2in的晶圆，但它们是作为参考材料展示的。实际工作中是从3in的晶圆开始的。之后，笔者也有参加将尺寸从3in切换为125mm（俗称5in）的原型开发经历。记得当时硅片的直径几乎增加了一倍，真正拿在手里的时候感觉大了很多，也很难用镊子夹住了。

在这里，要提到的是英寸和毫米的记号。硅晶圆最初是以 in（英寸）为单位的，因为它们首先在美国实现了商业化，所以 4in 以下的硅片是以 in 为单位的。从 125mm 开始，晶圆尺寸的正式书写单位是 mm（毫米）。然而，由于长期以来的实践，仍有一些情况是以 in 为单位：300mm 是 12in，450mm 是 16in，本书使用 mm。

450mm 化的趋势

对于 1-4 节中描述的“more Moore”路线来说硅晶圆直径的增大是不可避免的，因此才会出现从 300mm 向 450mm 硅晶圆过渡的情况。下面对这一趋势和问题进行阐述。

图 1-12 显示了用于 LSI 的硅晶圆（CZ 法⊖）大尺寸化的历史。200mm 的硅晶圆在 20 世纪 90 年代实现了商业化，300mm 的硅晶圆在 21 世纪实现了商业化。图中的倍数指的是晶圆面积的比较。从 200mm 到 300mm，晶圆面积增大到 2. 25 倍，从 300mm 到 450mm 晶圆面积增大到 2. 25 倍。晶圆大尺寸化的周期约为 10 年。即便是近些年半导体的小型化设计增加了可以从晶圆上裁取的芯片数量，但是要实现每年将每比特的内存成本降低 20%～30%，晶圆的大尺寸化也是势在必行的。当然晶圆大尺寸化还有一个技术背景：更大的芯片可以增加 CPU 等其他部件的设计自由度。

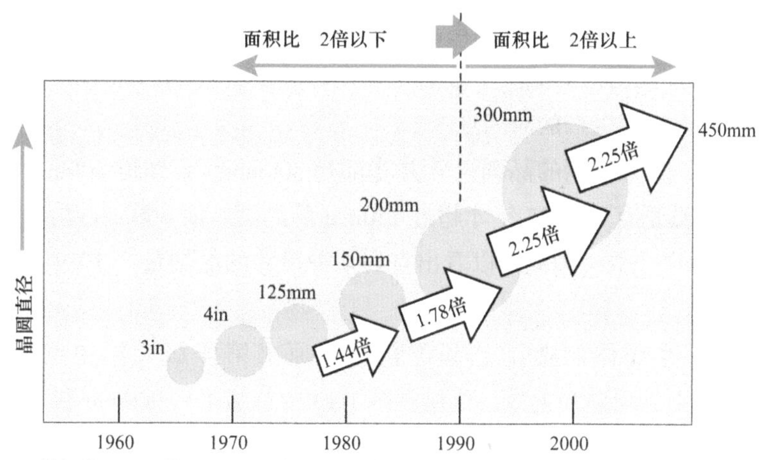

注）从125mm到150mm，面积比是1.44倍，但从200mm到300mm，面积比是2.25倍。
通过大尺寸化实现了面积比的增加。
注）表示晶圆尺寸圆形的中心对应的是量产开始的时间点。

大尺寸化的历史（图 1-12）

⊖ CZ 法：即 Czochralski 法或柴氏法。一种将末端装有晶种的棒缓慢地下放到熔融状态的硅中并缓慢提拉的半导体制造方法。除此之外还有 FZ（浮动区域）方法。

全球450mm化的动向

向450mm方向发展的进展如何呢？2006年，SEMATECH㊀成立了一个450mm晶圆基金会，SUMCO、村田机械和日立高新技术等日本的材料及运输和制造设备制造商也相继加入了这个基金会。在2011年，G450C基金会在美国成立。该基金会包括世界顶级的半导体制造商（IBM、英特尔、三星、台积电TSMC和Global Foundries㊁）。

材料和设备制造商担心他们是否能在用户减少的情况下收回450mm化的开发成本。此外，从半导体产品的角度来看，整体上是从PC到智能手机和平板计算机转变的趋势。同时，物联网（IoT）的趋势也变得更加多样化。之前，曾在日本SEMICON和其他活动中展示过450mm的运输系统，但如今，450mm的发展已经停滞了。

半导体制造设备的难题

直到300mm化为止，整个半导体行业都在思考如何实现大尺寸化这个问题。在20世纪90年代末，大家都有一种“不要错过300mm化这班车”的焦虑。相比之下，现在只有屈指可数的制造商有450mm化的需求。

特别是许多设备制造商对转向450mm晶圆持谨慎态度，因为他们担心并非所有的主要制造商都会转向450mm晶圆，他们可能不得不同时使用300mm设备来发展两边的业务。因为他们担心450mm晶圆占总晶圆个数的比例也许并没有预期的那么高。图1-12显示了各个晶圆尺寸进行大规模生产的时间点。

为了避免误解，如今使用的晶圆尺寸并非都是300mm。要知道200mm的晶圆仍在使用。200mm晶圆的数量直到2002年才超过150mm的晶圆。而300mm晶圆直到2012年才超过200mm晶圆生产个数。大概可以看出直到某种尺寸的晶圆量产10年后，才会超过上代晶圆的生产个数。

《图解入门——半导体制造工艺基础精讲（原书第4版）》中阐述了450mm和300mm在工艺流程上的课题和挑战，这里在图1-13中总结了从300mm到450mm晶圆演变的过程。

㊀ SEMATECH：Semiconductor Manufacturing Technologies的缩写。1987年在美国成立的一个由政府和私企资助的半导体制造技术联合研究机构。它现在是完全私有的。当时，日本的半导体制造商正处于鼎盛时期，而SEMATECHS半导体制造技术的建立就是美国为了对抗日本而创立的。

㊁ Global Foundries：一家专门从事半导体代工的公司，由AMD等美国半导体制造商创立，总部设在美国硅谷的桑尼维尔。

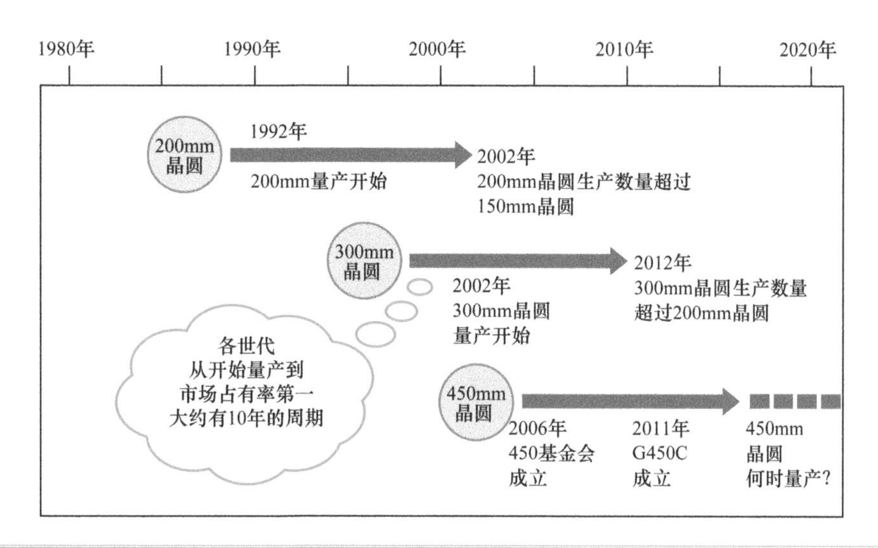

300mm 到 450mm 晶圆的演变（图 1-13）

特别是对于半导体制造设备来说，为了适应向 450mm 的转变，仅仅增加半导体制造设备的运输系统和工艺室的尺寸是不够的。基于化学反应的工艺，如蚀刻、薄膜沉积和光刻显影，则需要更多的时间和成本来开发，达到即使面积变到 2.25 倍，也要确保整个晶圆表面的均匀性的目的，这也是一个挑战。因此，关键问题将是如何在有限的时间内降低开发 450mm 设备的成本。设备制造商曾多次告诉笔者，他们花了 10 年时间才收回开发 300mm 设备的成本，以供读者参考。

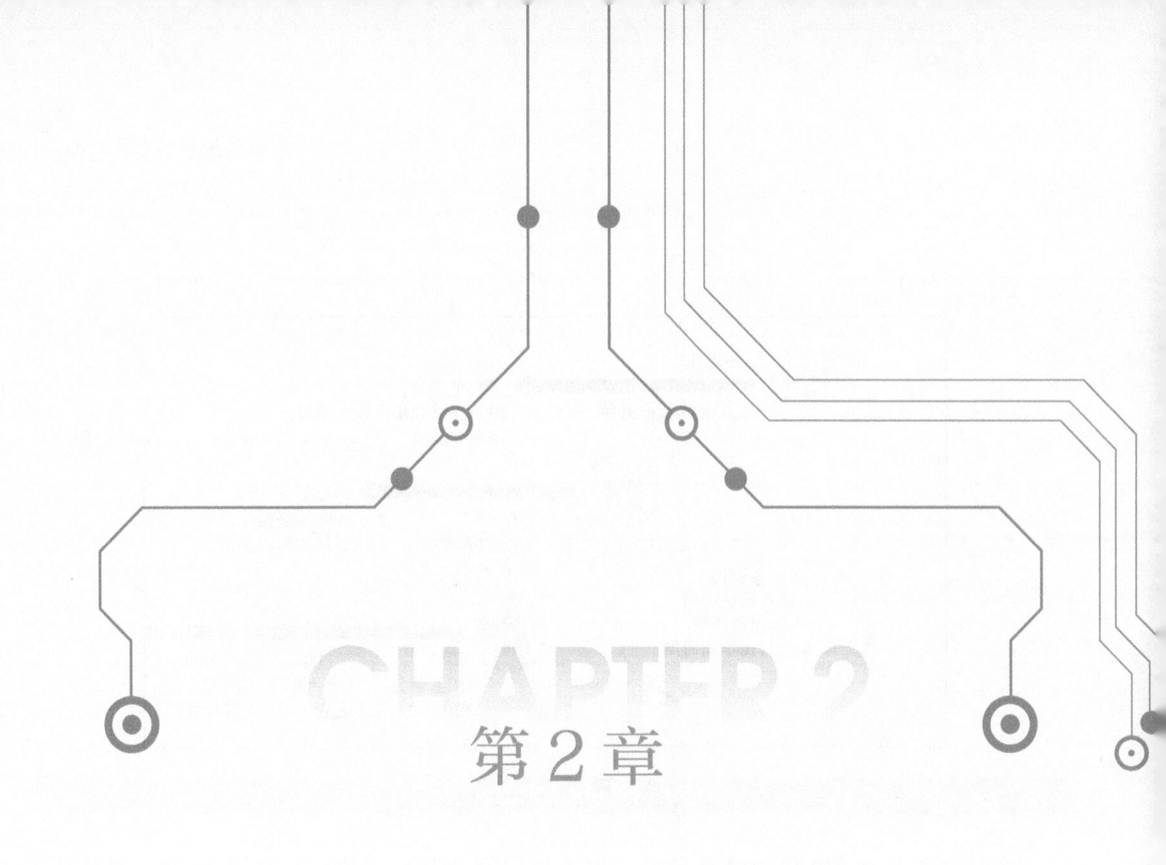

第2章

理解晶圆厂中的半导体制造设备

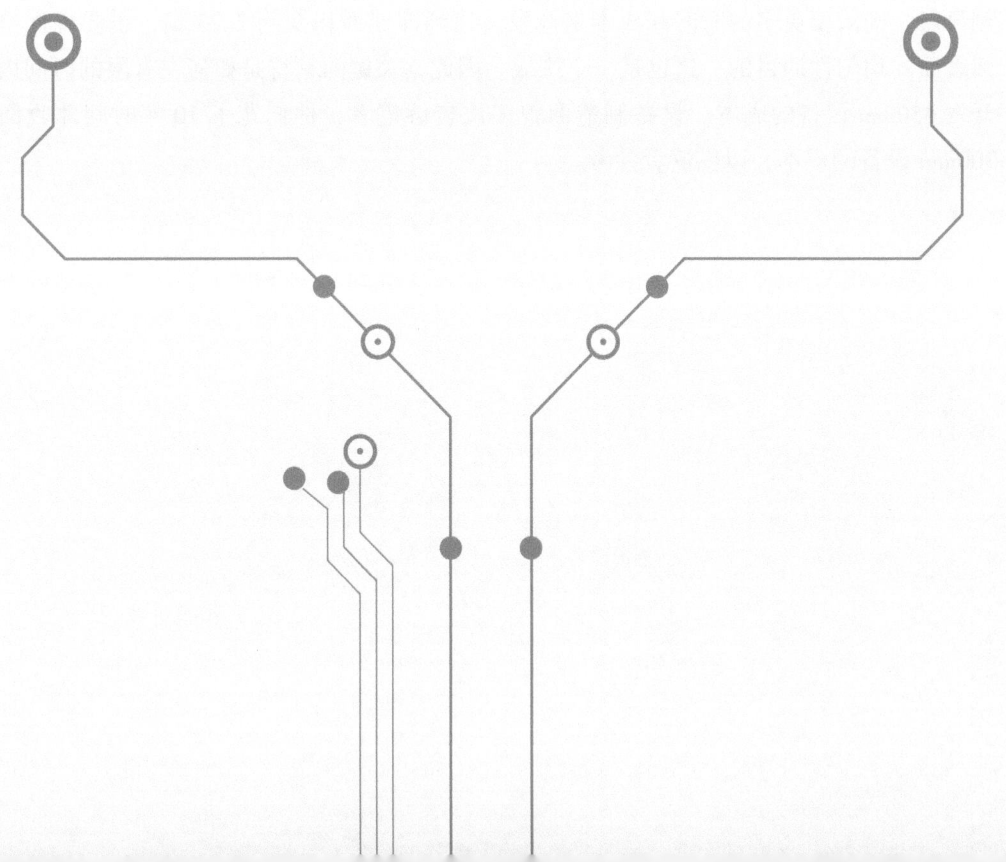

本章概述晶圆厂内部半导体设备的全貌。内容包括了硅晶圆及其运输系统之间的关系、晶圆厂布局、制造设备所需的要素和设施。这些都是了解后续章节各个设备所必需的知识。

2-1 前段制程和后段制程

在这一节中，将解释前段制程和后段制程之间的区别。

半导体工艺流程的分类

半导体制造工艺流程也就是半导体工艺流程，是将硅晶圆加工成半导体芯片的过程。半导体制造工艺流程大致可分为前段制程和后段制程，如图 2-1 所示。顾名思义，首先进行的就是前段制程，也就是在硅晶圆上形成所需 LSI（大规模集成电路）的过程，有时也被称为晶圆工艺。因为这种工艺只以硅晶圆为加工对象，并以在硅晶圆上形成 LSI 为目标。后段制程是指在前段制程完成后，切割出 LSI 芯片并将其包装的过程。硅晶圆将在 2-2 节中讨论。

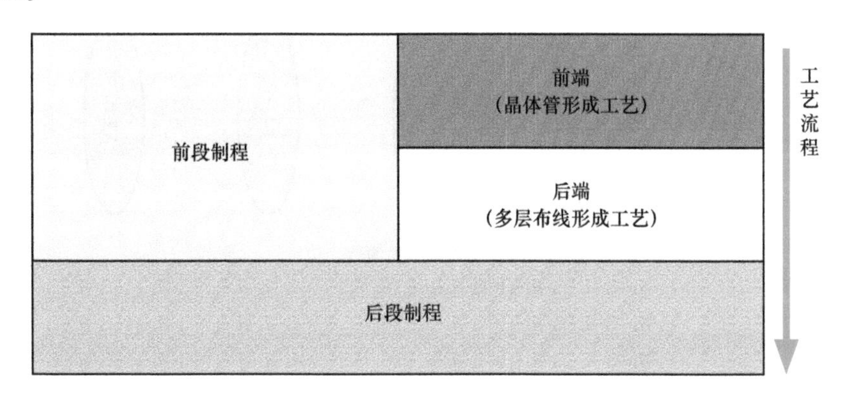

半导体工艺流程的分类（图 2-1）

前段制程的详细介绍会在 2-3 节中涉及，在这里简要说明一下，前段制程是一个循环操作的工艺流程。另一方面，后段制程则是一种流水线式的工艺流程。在图 2-2 中总结了两种工艺流程的比较。晶圆厂中前段制程和后段制程的详细比较将在 2-3 节进行论述。

前端和后端

在图 2-1 中我们知道，前段制程又可以分为前端工艺和后端工艺。由于容易与前段制程和后段制程搞混，因此之后会使用前端和后端⊖。

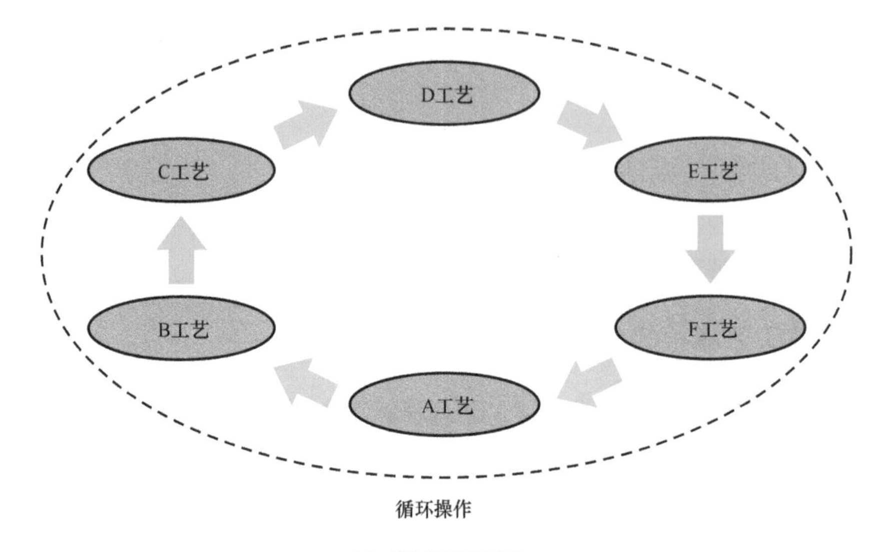

(a) 前段制程的图示
一套流程循环实施（循环型）

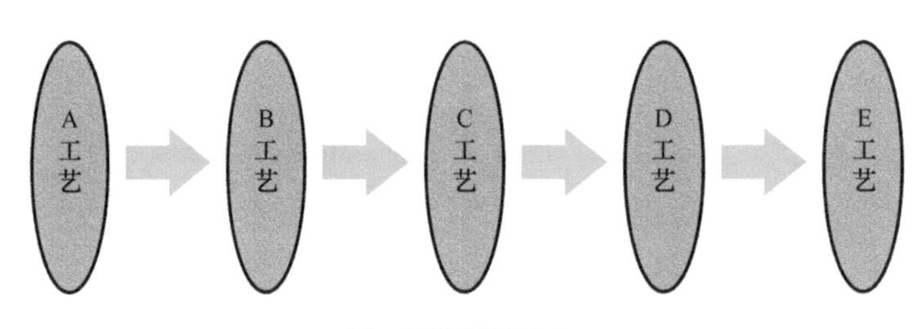

(b) 后段制程的图示
一套流程逐一实施（流水型）

前段制程和后段制程的比较（图2-2）

前端是决定LSI运行性能的晶体管等基本元素的形成过程。除晶体管外，基本元素还包括二极管、电阻和电容，它们在电路图中都是用单独的符号表示的。这些元素被整合起来就形成了LSI。

后端是连接各元素并将其转换为LSI的多层互连的过程。两者之间的关键区别是工艺温度。我们将在第8章“成膜设备”中更详细地讨论这个问题。

⊖ 前端：FEOL（Front End of Line）的缩写。
后端：BEOL（Back End of Line）的缩写。

表2-1总结了第3章后面介绍的相关工艺是属于前端还是后端。显而易见，除了离子注入和热处理（见第4章和第5章）外，大多数工艺都是同时被前端和后端使用的。

前端和后端（表2-1）

各个工艺	清洗·干燥	离子注入·热处理	光刻	蚀刻	成膜	平坦化
前端（FEOL）	○	○	○	○	○	○
后端（BEOL）	○	×	○	○	○	○

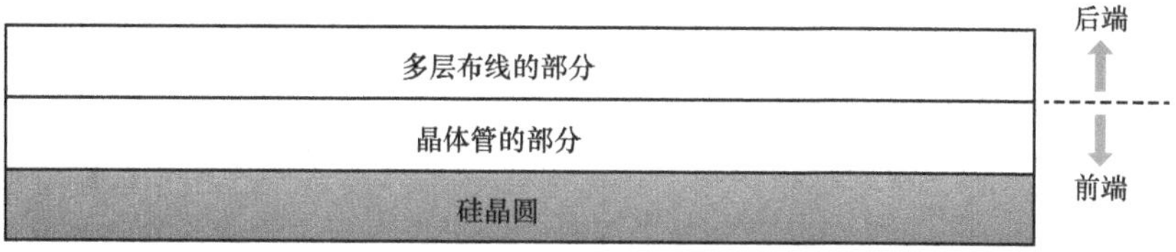

多层布线的部分
晶体管的部分
硅晶圆
后端
前端

注）上图显示了形成LSI的硅晶片而进行的变形。大致到晶体管形成过程为止是前端。多层布线过程是后端。离子注入及其相关的热处理过程仅用于晶体管形成过程。

如果觉得这个表不是很明了，可以参考《图解入门——半导体制造工艺基础精讲（原书第4版）》中的图1-4-1，它从LSI截面结构的角度来区分前后端这两种工艺来帮助理解。

2-2 硅晶圆的用途

本节将对硅片和半导体制造设备之间的关系进行广泛的探讨。

硅晶圆和半导体制造设备

本书将着重介绍硅晶圆和半导体制造设备的关系，没有足够的篇幅来详细讨论硅晶圆。如果对硅晶圆这一主题不熟悉，请参考《图解入门——半导体制造工艺基础精讲（原书第4版）》。

晶圆的英文是Wafer，本来的意思是冰淇淋上面的薄饼干或让人联想到婴儿的辅食小饼干。

为了避免误解，需要说明的是，这里所说的晶圆并不单纯是晶圆厂的产品。在《图解入门——半导体制造工艺基础精讲（原书第4版）》的1-9节中就有关于晶圆更全面的介绍。在这里列出了和半导体制造设备相关的产品之外的晶圆。

① 用于颗粒监测的晶圆。
② 用于运输检查的晶圆。
③ 虚拟晶圆（包括平衡晶圆等）。

这些都是在半导体制造设备中经常遇到的晶圆应用场景。① 用于定期检查设备的清洁度。② 在2-3节中也会介绍用于检查设备中的晶圆处理状况。晶圆处理的检查会用到多轴机器人，而相应的晶圆是用来测试机器人的可靠性的。在许多情况下，晶圆处理问题在设备问题中占了很大的比例。

另外，在批量型设备中将会使用虚拟晶圆来进行晶圆满负荷装载的测试。具体内容将在各个工艺流程设备中进行说明。

当然，这些晶圆与作为产品的晶圆在规格上有所不同，成本也不同。但是，它们对清洁程度的要求是一样的。在实际生产中，这些晶圆是每件设备专用的，以防止在设备之间交叉污染，不能使用其他设备中使用过的晶圆。尤其是不会在金属成膜工艺的前后与其他设备混用此类晶圆。

作为参考，在图2-3中显示了晶圆裸片、图案化晶圆和LSI芯片3种状态。实施制造工艺之前的硅晶圆也叫作晶圆裸片[⊖]。

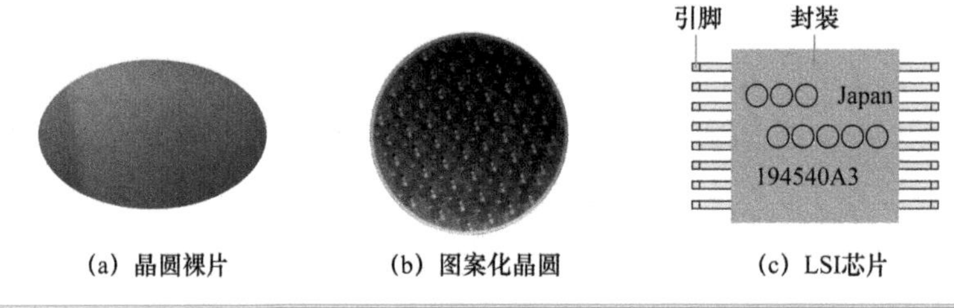

(a) 晶圆裸片　(b) 图案化晶圆　(c) LSI芯片

硅晶圆和LSI芯片的例子（图2-3）

晶圆往事

正如第1章所说，也曾有过企业自己制造硅晶圆。

工厂处理硅晶圆有详细规定，以防止设备间的交叉污染。具体规定可能因公司和工厂的不同而略有不同。在工作中经常会被要求遵循这些规定，了解这些背后的基础知识是很重要的。

⊖ 晶圆裸片：没有加工过的晶圆。

2-3 晶圆搬运和制造设备

在前段制程中，所有操作对象都是晶圆。由于晶圆的颗粒属于缺陷，这个阶段需要实行自动化流程。所以制造设备需要具备晶圆处理的能力。

什么是晶圆搬运？

在过去，当产量小，晶圆直径小的时候，大部分晶圆都是手工搬运的。用于容纳所需数量的晶圆的容器被称为晶圆盒或晶圆箱，晶圆是用手放进去的，有时也使用真空镊子（真空吸笔）。曾几何时，将一定数量的晶圆从一个晶圆盒转移到另一个晶圆盒是通过一个称为晶圆传送器的夹具来完成的。如今，在 300mm 尺寸的晶圆和每月几万片晶圆的生产规模的情况下，人工搬运是不可能跟上这种生产规模的，当然也不可能用真空镊子处理 300mm 晶圆。顺便说一句，笔者工作过的第一条半导体生产线使用的是 3in 晶圆，当时看到操作人员用真空镊子或特氟龙镊子处理晶圆的灵活性和熟练程度，倍感惊叹。

晶圆和设备

如上所述，所有晶圆的搬运必须是自动化的。从制造设备和晶圆厂中的晶圆传送系统之间的接口来看晶圆和设备的关系，2-6 节中的图 2-11 就是一个例子。其实晶圆厂中制造设备与晶圆传送系统之间的接口有多种例子，但最简单的例子是人工将晶圆容器放置在设备装载口。在 2-6 节中提到的 FOUP 为此保留了搬运用的把手。当然这一操作也可以用 2-4 节中提到的 AGV 来实现自动化。

晶圆进入制造设备后，如图 2-4 所示，将被真空机器人从装卸口搬运到前室。

真空室由一个闸阀与大气侧隔开，为避免复杂化，图中没有显示具体细节。然后，晶圆被真空机器人搬运到真空工艺室，并在那里进行加工。这样一来，晶圆在半导体制造设备中就可以避免人工接触了。上图显示了最简单的形态，在实际生产设备中为了应对生产需要，形态上会有许多变化。

接下来，通过集群工具的例子来进一步了解晶圆和制造设备的关系。集群工具是一种具有多个工艺室的设备。向集群化靠拢的设备包括蚀刻机，用于成膜的等离子体 CVD 设备、溅射设备等。集群工具的出现可归因于一些因素，大致有两个主要原因。其中最重要的第一个原因是，随着晶圆直径大尺寸化的进程，要提高生产率，必须提高同一设备的处理能力。另一个原因则是 LSI 这样的多层结构的设计成为主流。

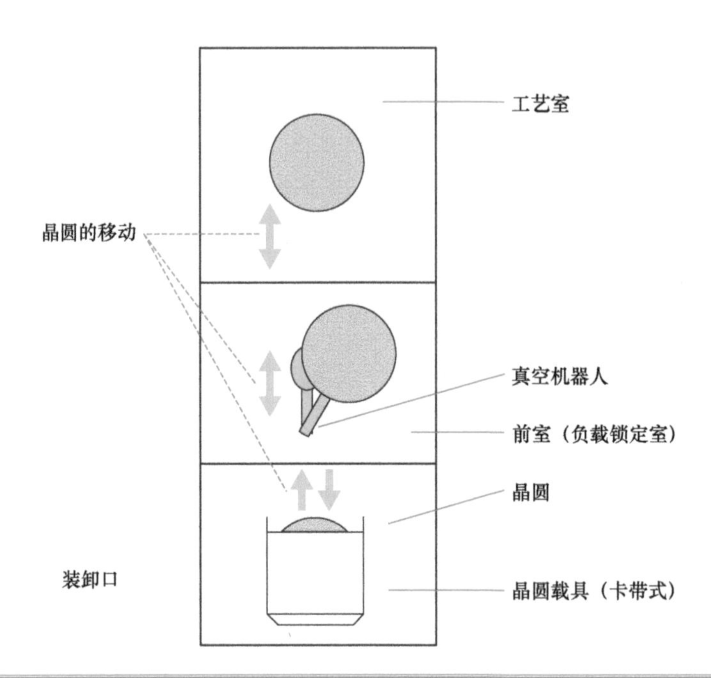

在制造设备中晶圆的搬运①（图2-4）

大气机器人，将晶圆从装有晶圆载具的装卸口经由真空的装载机部分，分别送入各个工艺室。等工艺处理完成后，以同样顺序将晶圆放回载具。图2-5显示了它的大概结构。在这种情况下，有两个机器人：一个大气机器人和一个真空机器人。真空机器人已被进一步改造，以抑制粉尘的产生。这些机器人具有多关节、多轴运动的特性，需要精确控制，由专业机器人制造商而不是设备制造商制造。此外控制界面也统一了标准。

2-4 晶圆厂和制造设备

本节将重点讨论前段制程的制造设备，它有大量的工艺流程。后段制程的制造设备将在11-1节中讨论。晶圆厂中前段制程的特点就是各种工艺的专用设备集中批量部署。

什么是晶圆厂？

在晶圆上形成芯片的过程称为前段制程，它是在精准的物理和化学控制下进行的。它包括6个基本工艺：①清洗，②离子注入和热处理，③光刻，④蚀刻，⑤成膜，⑥平坦化（CMP）。并不是说把这6个工艺都走一遍就能生产出LSI了，具体的流程如2-1节所述，

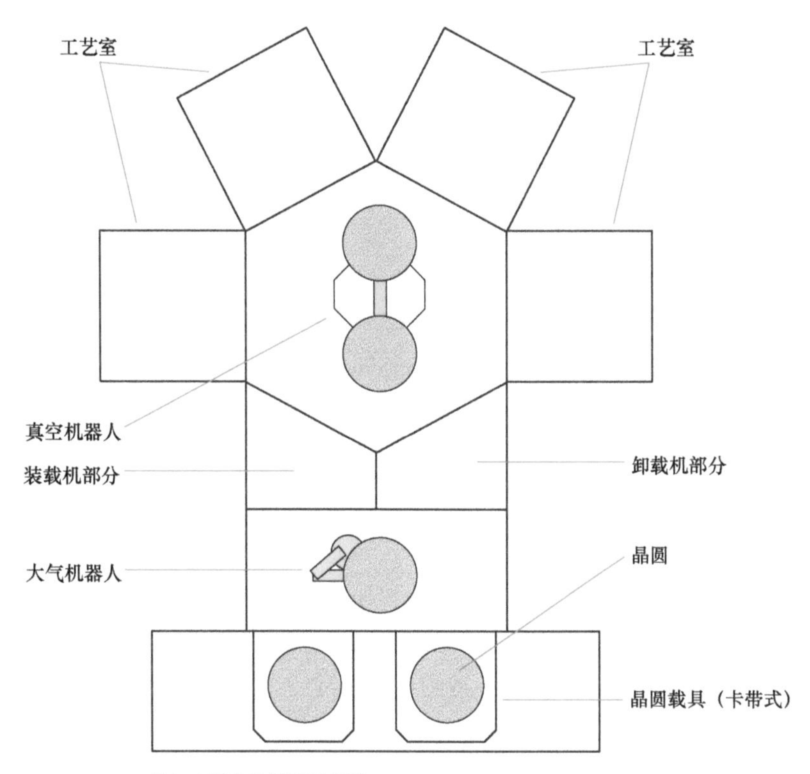

注）上图中的闸阀已省略。

在制造设备中晶圆的搬运② （图 2-5）

会对特定工艺进行反复操作。如上所述，前段制程称为“循环式”工艺。“循环式”是笔者针对“流水线式”而起的称呼。因为它并不像汽车的装配过程，以传送带的方式添加和组装零件形成了生产流水线，而是通过不断重复某个或某几个工艺实现制造的过程。这一工艺流程的特点也形成了晶圆厂的布局特点：各个工艺都会配有数台或数十台专用设备。这就是所谓的海湾式（bay）布局。“bay”一词在英语中是“海湾”的意思，该命名可能源于半导体制造设备看起来就像漂浮在“海湾”中的船只。换句话说，同一工艺的设备被布置在同一个海湾里，而不同的海湾又按照制造工艺在无尘室中排列。图 2-6 显示了覆盖前段制程晶圆厂的海湾式布局。

从晶圆的搬运角度了解晶圆厂

前段制程工艺流程的工作对象（也称为 work）只有晶圆。前段制程的大规模晶圆厂可月产数万枚晶圆，所以与此相对应的搬运也随之变得重要。

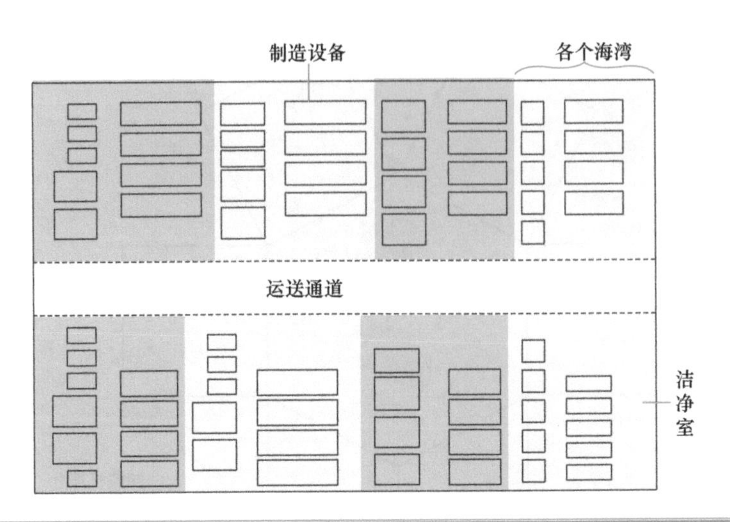

前段制程制造设备的布局示意图（图2-6）

当然晶圆的搬运是要追求效率的，一枚一枚搬运是不行的。300mm的晶圆会被放在晶圆盒里，单盒25枚，颇有重量㊀，所以人力搬运并不合适，需要自动化搬运。这个搬运的自动系统被称为AMHS㊁，见图2-7。晶圆的搬运已经层级化、立体化，实现了跨湾（Interbay）的搬运，以及同一个海湾内各个设备之间的湾内（Intrabay）搬运。在各个海湾中会设有晶圆储料器，用于执行工艺前的临时摆放。跨海湾的搬运是由OHV（Overhead Vehicle，高架车）㊂进行的，这是一个类似单轨的系统，在无尘室的天花板上运行，见图2-7。湾内搬运则由称为AGV（Auto-Guided Vehicle，自动引导车辆）的专用系统执行。这些搬运线路的总长在巨型晶圆厂中可以达到几km甚至10km以上。这些搬运系统的制造商来自不同的行业，也已经被应用到了LCD面板的晶圆厂了。如果大家对搬运系统这方面的细节感兴趣，可以参考专业书籍，或者参见制造商的网站。

图中空间有限，各个海湾中只画出了几台设备，实际的量产工厂可能有数十台光刻设备、平坦化设备。当然制造设备增加了，搬运系统也会随之进行调整。先进半导体行业被称为设备行业，实质上已经演化为资本实力的博弈了。

㊀ 300mm晶圆的重量：在一个开放的盒中的25枚晶圆约为5kg，而在一个FOUP中的25枚则略低于10kg，450mm的话则约为25kg。关于FOUP请参考第2-6节。

㊁ AMHS：Automated Material Handling Systems的缩写，指自动搬运晶圆载具的系统。

㊂ OHV：也有人把OHV称为OHT（T为Transport）。AGV也有很多类型。详情可参见相关制造商的HP（网站）。

暗藏启示的无尘室

本节所介绍的无尘室是从晶圆搬运的视角来总结的，并给出了一个简单的示意图。无尘室的设备布局变化很多，如果有机会请一定要亲自去无尘室看一看。

半导体的生产是在无尘室中进行的。

大家可以先到晶圆厂中的无尘室去看看。无尘室会在你遇到困难和问题的时候给予很多启示。

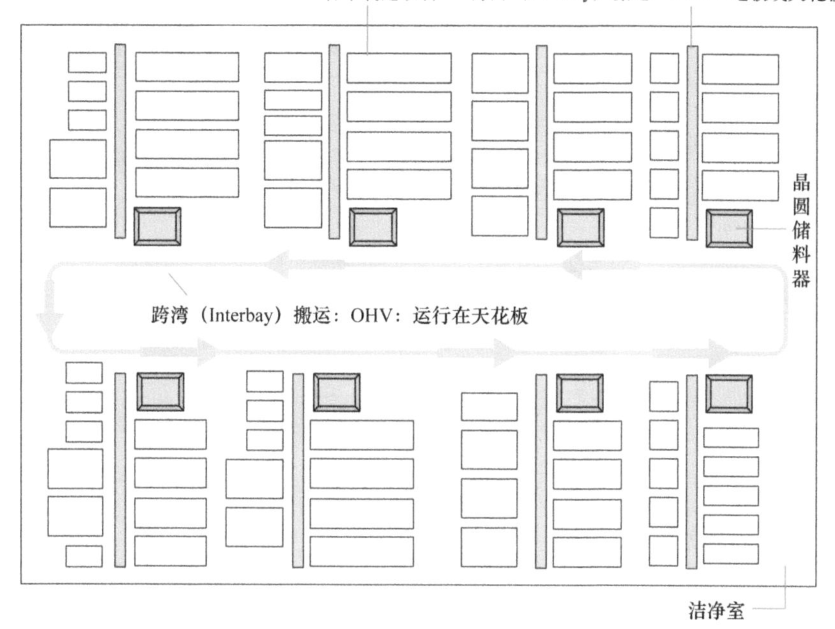

搬运系统的布局示意图（图 2-7）

2-5 无尘室和制造设备

以微细加工实现高密度和高集成度为指导原则的前段制程工艺的微观尺寸的单位是微米，所以哪怕是细小的颗粒（以下缩写“颗粒”）也会对工艺起到很大的不良影响。为了大大减少空气中的微小颗粒，半导体制造是在无尘室中进行的。在这里将对无尘室和制造设备的关系进行阐述。

什么是无尘室？

如上所述，前端工厂的主要特征之一是严格的清洁度。通常情况下，需要达到 1 级[⊖]以上的洁净度。因此，有必要确保清洁空气持续供应的同时，尽量减少无尘室内部的灰尘。人体也是灰尘的来源，为了防止这种情况，进入无尘室的工作人员要穿上无尘服。

另一方面，为了提高房间的清洁度，空调需要更频繁地进行通风，这将消耗更多的电力。电力占无尘室运行成本的 50%以上，而空调约占电力消耗的 45%，这比生产设备的 35%占比还要高。因此对设备的布置就很有讲究了。图 2-8 显示了在无尘室中布置制造设备和空调的流程。后段制程的清洁度等级会在 11-1 节中介绍。

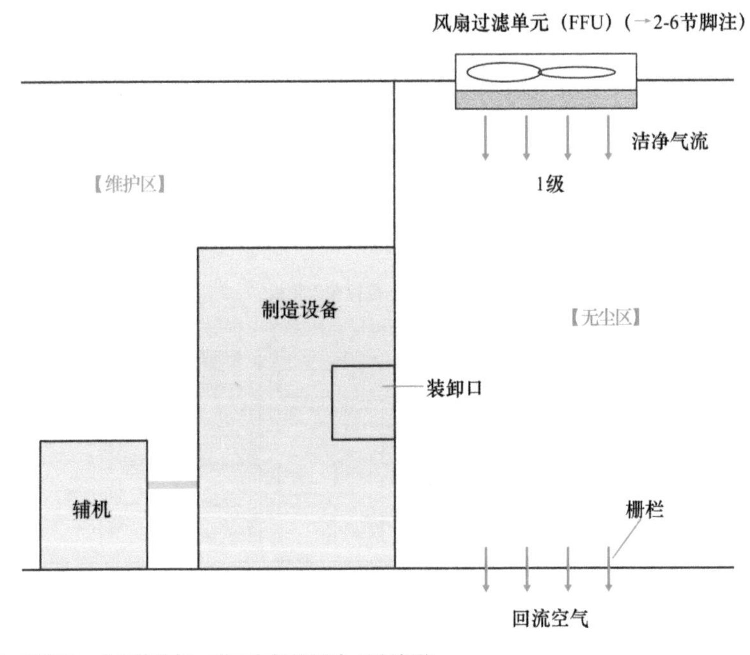

注）栅栏是一个网格地板，用于空气的通过（下页同）。
辅机是指真空泵之类的设备，见2-8节。

无尘室的空气流动（图 2-8）

由于维护无尘室的费用很高，并降低了半导体制造商的利润率，因此只在必要的区域保持洁净度这种想法是非常合理的。这就是所谓的微环境（也被称为局部无尘）。这一内容将在 2-6 节讨论。

⊖ 1 级：该标准通过 1 立方英尺空气中的颗粒数量对洁净度进行度量（1 英尺约 30cm）。

制造设备的无尘化

在这样的无尘室中，应该采取什么措施来保护制造设备呢？难得用到昂贵的无尘室，如果制造设备本身不干净（粉尘颗粒源），那么就会前功尽弃。

为了尽可能抑制灰尘的产生，采取了很多措施。例如制造设备外面使用的油漆是精心挑选的。另外，泵和其他驱动单元都布置在与无尘室分开的区域，有在同一楼层布置的，也有很多会在无尘室下一楼层布置的，见图 2-9。安放驱动单元的地方有很多叫法，有的叫作维修区，也有的叫作分布楼层（特别是布置到无尘室下一楼层的情况）。

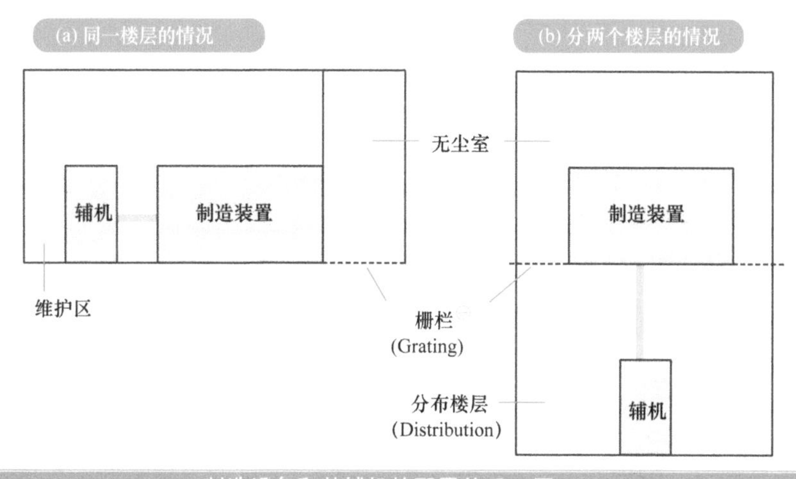

制造设备和其辅机的配置关系（图 2-9）

此外，设备的设计尽量避免了复杂的外形，以避免干扰无尘室的气流（称为下行气流[二]）。事实上，也许给制造设备盖一个长方形外罩稳流的效果可能更好。辅机的部分需要连接到无尘室，与无尘室相接的界面被称为平面界面（Flat Interface），同样为了不干扰气流，它被设计成和无尘室墙壁贴合，见图 2-10。

2-6 微环境

诚如上一节所述，无尘室的建造和运营成本是非常高的，所以需要一个不同的概念来指导其建设和运营。这就是微环境。

[一] 栅栏：地板呈格子网状，可供气流通过。回流空气越多，洁净程度就越高。

[二] 下行气流：朝一个方向流向无尘室地板的气流。

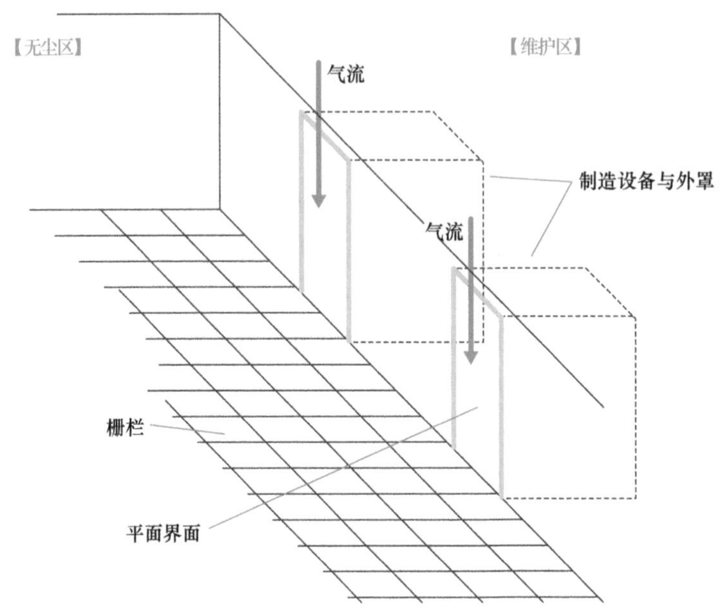

地板是由栅栏铺设而成，呈格子网状，可供气流通过。

制造设备和嵌入式安装的概要（图 2-10）

什么是微环境？

微环境也被称为“局部无尘化”。无尘室的建造和维持的费用很高，对半导体制造商的盈利能力造成了压力，只在需要的地方进行无尘化来缩减成本的想法就再自然不过了。这就是微环境的概念，这个概念自 20 世纪 80 年代以来就一直存在。笔者记得 1985 年在旧金山郊外的赛马场举办的 SEMICON West 上已经出现这个概念了。之后，局部无尘化的各种方案被提出，正是因为它的可行性，所以这个提案才一直保留下来。

无尘室中的操作最需要注意的是防止颗粒对晶圆的附着。当使用开放口的晶圆载具[⊖]在装卸口对晶圆进行搬运的时候，晶圆会暴露到空气中，所以只需要实现这一部分的无尘化就可以了。这就是微环境的想法。当然这种想法对晶圆搬运的方式有着很大的影响，以至于需要对搬运系统进行修改。微环境的无尘室概要如图 2-11 所示。晶圆的载具是一种名为 FOUP（Front Opened Unified Pod）的用盖子盖住的特殊构造。这样晶圆在无尘室中就不会接触空气了。然后利用 AVG 设备将 FOUP 搬运到设备附近，将其安置到装载口。之后由一个打开器（Opener）打开盖子，通过搬运机器人将晶圆搬运到装卸口。晶圆搬运机

⊖ 开放口的晶圆载具：参见图 2-12。

器人上方装有 1 级 FFU[⊖]，可以在很干净的环境下对晶圆实施移载。另一方面，由于 FFU 不会将晶圆直接暴露在无尘室中，因此即使周围环境采用的是 1000 级的 FFU 也是安全的。图 2-11 所示的 1 级区域比其他区域压力要高（防止空气倒吸）。一般情况下整个无尘室的气压也是略微高于其周围环境的。

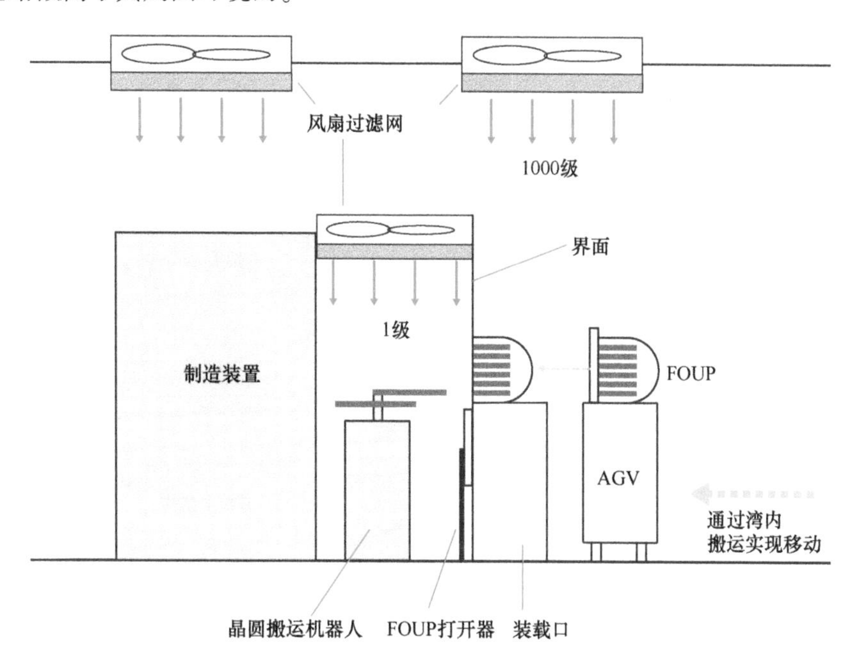

无尘室中微环境的实现例子（图 2-11）

什么是 FOUP？

微环境这一概念对晶圆在无尘室中的搬运方式以及向制造设备移载晶圆的方式是一个革命性的变化。同时 300mm 晶圆的引入伴随着晶圆载具和搬运设备的重新设计和标准化，这也降低了微环境导入的门槛。FOUP 就是在引入微环境中应运而生的晶圆载具。通常情况下它是合着盖子的，在载具被推到制造设备前的装载口时，盖子就可以打开，晶圆也可以被移到制造设备的装卸口处。图 2-12 显示了它和开口的卡带式载具的差异图。盖子后面有可以放入晶圆的槽孔。晶圆搬运机器人处于 1 级清洁的空气环境中。盖子的设计是为了适应打开器的钳口。

当然，不只是 300mm，200mm 也是有其专用的 FOUP 的。

⊖ FFU：Fan Filter Unit 的缩写（风扇过滤单元），过滤空气的滤网用以提升空气的洁净度。见图 2-8。

(a) FOUP

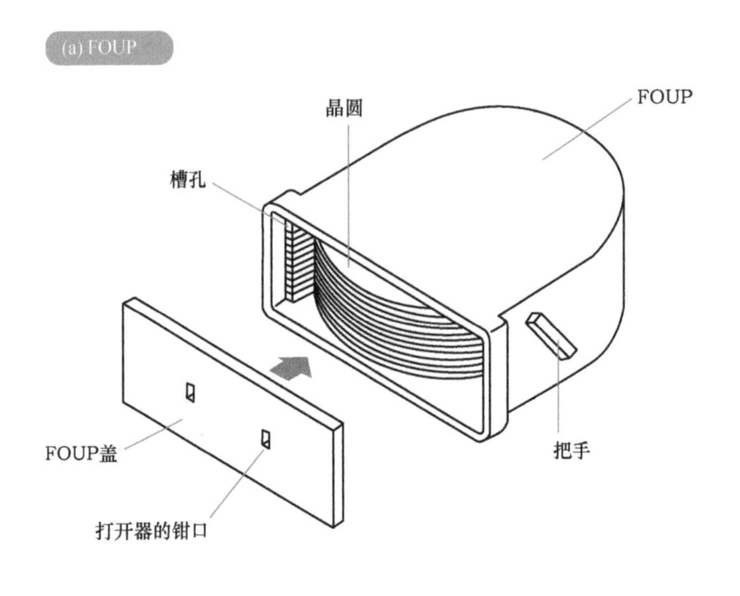

(b) 开口卡带式

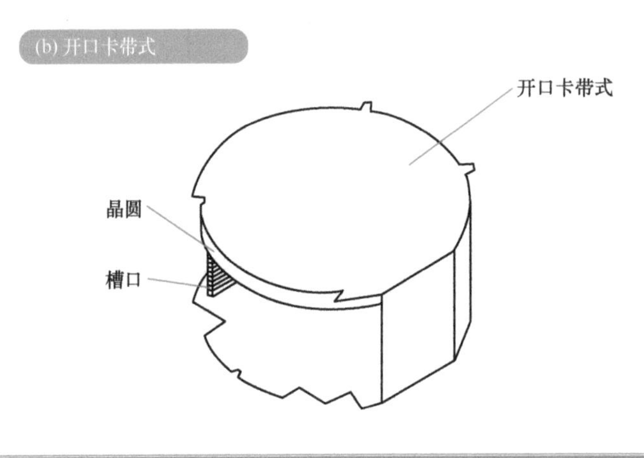

FOUP 的例子（图 2-12）

如上所述，使用专用的 FOUP 以及在制造设备前安装装载口和晶圆搬运机都会产生额外的费用，但微环境的总体思路是降低工厂的运营成本。

2-7 制造设备所需的性能

无论是前段制程还是后段制程，它们的制造设备性能都很高。但是在量产晶圆厂的环境中，还对其他的性能有所要求。

制造设备需要满足的性能和功能

制造设备需要满足什么样的性能和功能要求呢？显然，设备成本低（满足一定性能）是一个必然会考虑的因素，但也有其他因素需要考虑。这个清单不胜枚举，但对于那些不熟悉半导体制造设备的人来说，笔者会根据自己的经验列举一二。除了设备的初期成本，设备的运营成本㊀自然也是要考虑的。

① 工艺性能。

特别要求单个晶圆内处理的均匀性以及晶圆批次之间的复现性（不同批次之间的成品质量能稳定复现）。另外，还有制造设备特有的一些性能要求，例如蚀刻设备，对选择比和蚀刻率㊀有着较高的要求。这些工艺性能不仅对前段制程的制造设备很重要，而且对后段制程的制造设备也同样重要。

② 边缘排除区域要小。

边缘排除区域（Edge Exclusion）可能有点耳生，它的意思是晶圆不可加工的外周区域，见图 2-13。在工作中也会说“工艺的保证区域是多少 mm”。无论芯片尺寸是大是小，这都很重要。从图 2-14 可见，边缘排除面积越小，可生产的芯片就越多，而半导体设备制造的“指导原则”是尽量用一块晶圆生产更多的芯片。

如果只在晶圆中央有好的成品率，那么研究开发还好说，但批量生产是行不通的。基本思想是要用每枚晶圆生产尽可能多的芯片。

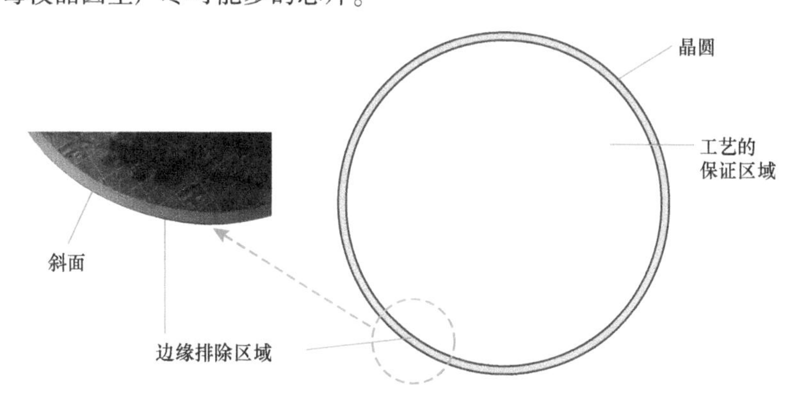

注）斜面在 6-4 节进行描述。

边缘排除区域的概念（图 2-13）

㊀ 运营成本：半导体制造的运营维护费用。

㊀ 选择比和蚀刻率：参见 7-1 节。

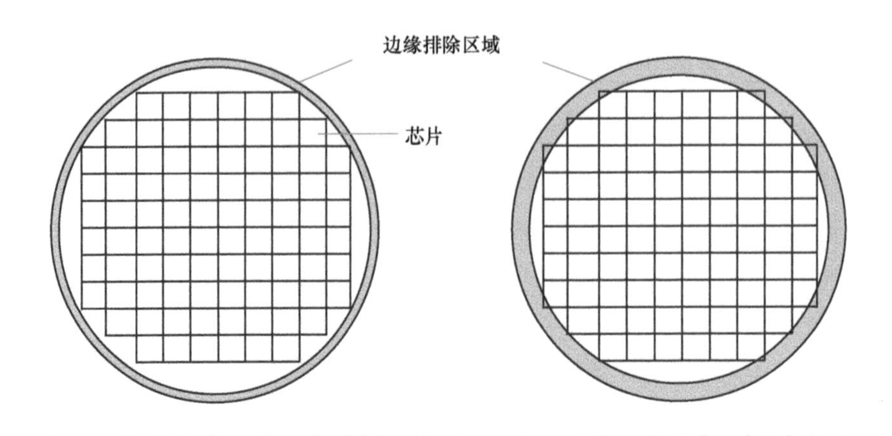

右边的图比左边的图有更大的边缘排除区域。
因此，右图中边缘的芯片是报废的。
缩小边缘排除区域对于半导体制造商来说是一个重要的问题。

边缘排除区域和芯片产量（图2-14）

③ 提高可维护性和稼动率。

如2-9节所述，日常维护对于保持工艺性能是必要的。重要的是，这种维护易于进行，但也不耗费时间。需要提高的稼动率是指狭义的稼动率问题，这里不考虑等待或者故障等损失的时间，而是通过减少维护和更换受损零部件的时间达到提高稼动率的目的。这是在负责维护制造设备工作中最重要的部分。

④ 提高吞吐量。

在实际制造工艺中单位运行时间能处理晶圆的枚数为该设备的吞吐量。当然，吞吐量越大越好，同时吞吐量越大，所需的成本也越高。工艺的处理方法有两种：批量式和单片式，吞吐量的提高方法也不尽相同。

⑤ 减小占地面积。

占地面积指无尘室中的制造设备所占据区域的面积。很明显，越小越好。当然建造和维护无尘室是消耗成本的。在计算占地面积时，不仅要考虑制造设备，也要顾及其附属设备。

⑥ CIM功能、晶圆搬运系统、微型环境支持等。

这些内容将在后续相应部分进行介绍。

⑦ 其他选项。

典型的例子是CMP和蚀刻设备中的端点监测。CMP中的端点监测将在9-6节中讨论。

21世纪也被称为环境和能源的世纪。减少对环境的影响和节约能源变得越来越重要。在这个意义上，降低制造设备的运营成本在未来可能会变得越来越重要。

2-8 赋予半导体设备以生命力的设施

前段制程指通过精细的物理化学反应在晶圆上形成芯片的过程。由于原材料通常都是特殊的气体和化学品，在相关设施和制造技术方面都有很高的要求。

设施

如上所述，前段制程通过在晶圆上制造扩散层⊖、布线、插头和层间绝缘膜，来制造大规模半导体集成电路（LSI）。这个过程中，用到许多特殊的气体和化学品作为原料，除此之外，还需要真空和温度控制系统、气体和化学品供应系统、原材料加工设备、废气和废液处理。

许多前段制程需要真空操作，真空也有各种级别的真空，如从算不上真空的风扇抽出来的真空级别，到单级泵抽出来的真空级别，再到多级泵抽出来的真空级别。风扇排气用于清洁系统和大气式CVD沉积，而单泵排空则用于灰化系统和减压CVD沉积。需要多级真空泵的工艺包括蚀刻工艺、其他气相沉积工艺和离子注入工艺。风机排气用于清洗设备和常压CVD成膜设备，一级泵排气用于灰化设备和减压CVD成膜设备。需要用到多级真空泵的工艺包括蚀刻、气相成膜和离子注入等。

晶圆厂需要的设施

除了真空之外，还需要其他一些设施，见图2-15。在供给侧，设备运行需要冷却水、仪表气体、电力等驱动制造设备所需的能耗，还需要如特殊气体、化学品和纯水⊖等原材料。在制造设备的下游端会产生废液和废气。所以半导体制造不仅需要制造设备，还需要为其配备从上游到下游所有的辅助设备和运行所需的设施。

⊖ 扩散层：指在晶圆上形成的浓度不同的杂质（同种或不同物质）区域。具体如MOS晶体管的源极、漏极、CMOS的阱等。

⊖ 纯水：指去除杂质和离子后电阻率至少为18MΩ·m的水。

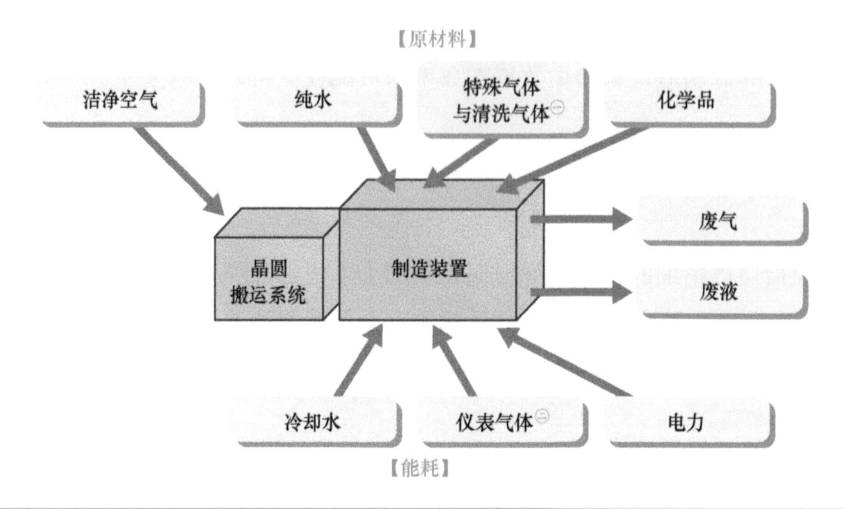

制造设备所需相关设施（图2-15）

图2-16显示了一个向无尘室中的制造设备供应气体的实际例子。其中，废物处理设施是需要单独设置的。为了供气，有些晶圆厂还配备了单独的气体工厂。本图的目的是为了说明除了制造设备所需的原料气体，还有其他的气体。

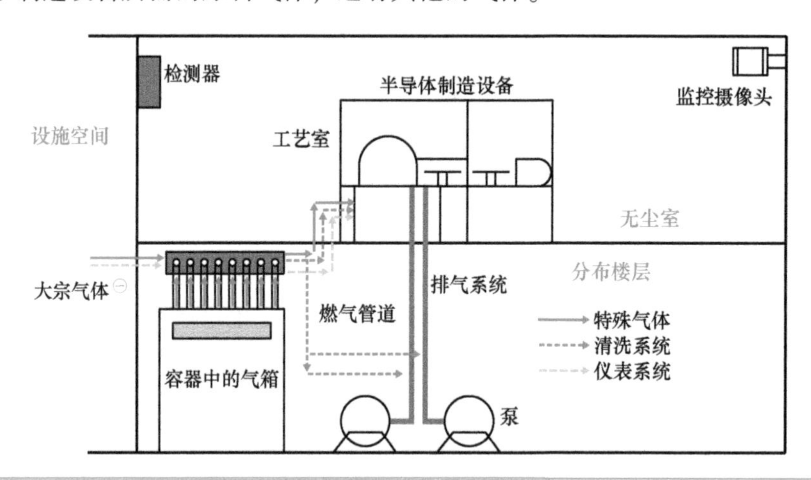

制造设备和气体供给的例子（图2-16）

正如大家所看到的，每个设施都很重要。例如在工艺中，水的使用量也相当大。与气体一样，水也有很多类型，从洁净度要求不高的冷却水（见图2-15）到洁净度要求很高的纯水

㊀ 清洗气体：用于清除管道中的原料。也称为通风气体。

㊁ 仪表气体：用于阀门的开闭等。

都会用到。当然，在工艺中使用的水是纯水，该纯水多为现制现用从而尽可能地减少杂质。因此，晶圆厂的位置必须有充沛的水源。下面来看看下一个使用纯水和化学品的清洗设备的例子，见图 2-17。可以看出，从上游的纯水生产厂到下游的废水，都需要很多配套的设施。

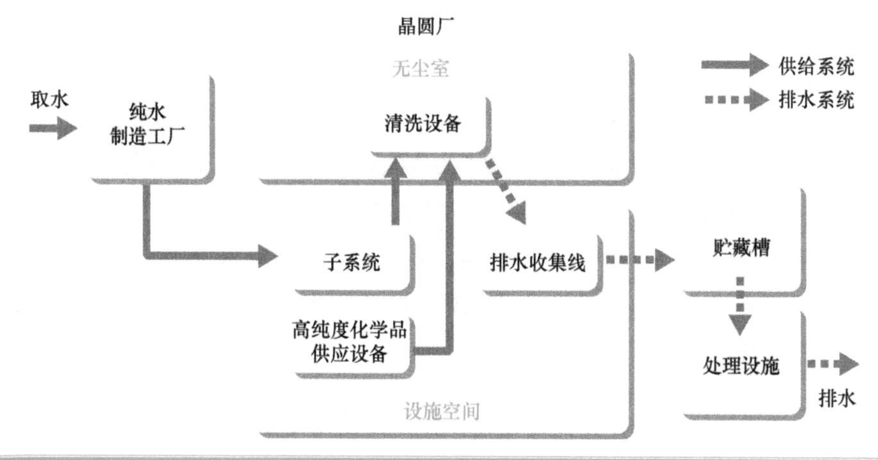

以清洗设备为中心的设施模式图（图 2-17）

使用大量的纯水、特殊气体和化学品也意味着产生大量的废水、废气和废液。这些都需要进行净化处理。在一个前段制程的晶圆厂中，这些净化设施的厂房占据了大片土地。

我们倾向于认为前段制程晶圆厂主要是无尘室，但晶圆厂是需要类似净化之类的维护设施的。

笔者之所以在制造设备一节中详细描述相关设施，并不是为了让大家记住上述详细内容，而是为了帮助理解，1-1 节中提到的“仅仅引进制造设备是无法生产半导体的”。

2-9 制造设备的产能和晶圆厂的运营

在生产设备方面，前端制造设备有许多挑战。在此介绍一下制造设备的能力与实际稼动率的提高之间的平衡问题。

什么是制造设备的产能？

半导体制造设备的产能，特别是前段制程的设备，是以每小时可加工的晶圆数量来衡量的。这就是所谓的吞吐量（Throughput）。如果一台机器每小时可以加工 50 个晶圆，那

㊀ 大宗气体：在晶圆厂中大量使用的氮气、氩气、氧气等。通常是就地制造。

么它的吞吐量就是50个晶圆。正如2-7节中提到的，每件设备都应该有很高的吞吐量。问题是，这些数值对于每一种制造设备来说并不总是相同的，因为半导体制造设备实际上只能由高度专业化的制造商制造，而不同的工艺原理自然会导致不同的产能。此外，由于所涉及的技术范围很广，单个设备制造商不可能生产出所有工艺所需的设备并让它们保有相同的产能。在这种背景下，每个设备的吞吐量是不同的。例如同一个成膜设备在不同原理和方法上使用时的产能可能有所不同。

如果所有制造设备的吞吐量都相同，那么可以根据生产规模安装所需设备。然而，如图2-18所示，各个设备的吞吐量是不同的。如果设备A和F的产能是整数倍，那么F的数量应该是A的两倍，但它并不总是整数倍。各个设备的吞吐量是不同的，所以获得正确的平衡很重要。笔者不知道这是不是一个很好的比喻，但是在接力赛中，不是说有一个人速度快，团队就能赢，如果有一个人掉链子，团队也不能赢。

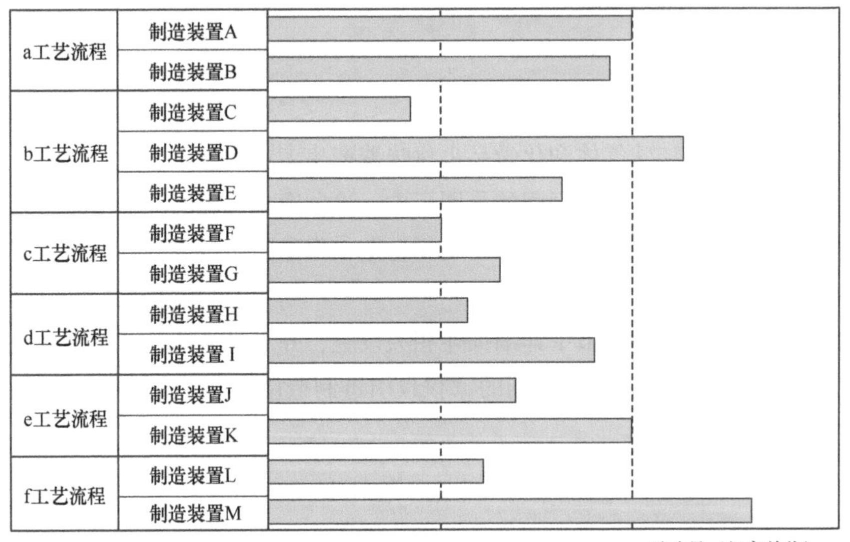

制造设备的产能的模型比较（图2-18）

现实情况是，每个工厂都有自己的处理方式。如果某个工艺只有一台设备，且设备出现故障，生产就会停止，所以必须安装多台设备。具体做法是，通过多台产能相近的设备组成小规模生产线，然后通过增加小规模生产线数量的做法提高整体的产能。

关于后段制程，操作对象既有晶圆，也有芯片、封装等，但如11-1节所述，所有的流程都是一次完整的流水线式的生产方式。在笔者的认知里，后段制程还没有类似前段制程那样的产能协调的问题。

制造设备的稼动率

在行业新闻中，经常会读到关于产能的恢复或收缩，这里面涉及的一个概念是稼动率。稼动率是一个生产技术术语，指的是制造设备对生产的贡献比率。诚然，半导体制造设备的稼动率越高越好。但是，半导体生产设备由于故障、定期维护等原因会有停机时间。部门经理的职责需要确保定期维护工作的有效进行，从而减少停机时间。此外，工厂管理层还需要对生产进行规划，以尽量减少批次间的等待时间。

以上是对配置生产线的制造设备和稼动率相关课题的简单介绍，这些都是传统的相关书籍中没有涉及的内容。没有最好的解决方案，现实情况是每个半导体制造商都在不断试错并寻找最佳解决方案。

2-10 制造设备和生产管理

正如大家所看到的，晶圆厂的无尘室在建造和维护方面都很昂贵。购买和维护制造设备也很昂贵。为了盈利，工厂需要更有效地使用这些设备。

什么是生产管理?

生产控制和制造工艺都是晶圆厂的一个重要组成部分。晶圆厂有很多设备，但如何保持其有效运行呢？怎样才能有效地管理所有这些设备呢？大多数人都不会想用手工笔记的方式管理庞大的设备群。当然是利用计算机系统来管理才能更实用高效。最简单的模式是主机集中式系统，如图 2-19 所示，每个生产单位都与一台主机（HC）相连。虽然在这张图中没有显示，但 HC 不仅与制造设备相连，还与整个生产线相连，用来监控和显示设备的当前状态、维护计划、生产计划等。

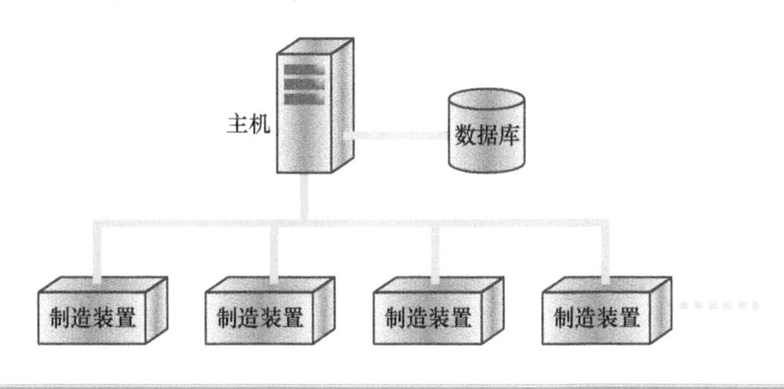

管理制造设备的例子（图 2-19）

当然各个设备之间的通信已经被标准化了。

同时，缺陷控制和工程管理技术已经形成体系并集成到良品率管理系统[1]（YMS，Yield Management System）。这样的系统被称为CIM[2]。这些都是半导体生产技术的基础。

AEC/APC

AEC/APC（Advanced Equipment Control/Advanced Process Control 高级设备控制/高级工艺控制）已经成为半导体行业的一个趋势。它涉及半导体制造设备和工艺的高级管控。在国际生产协调下，AEC、APC和YMS的结合将进一步推进智能化管理和降低生产管理的成本。

设备的标准化

笔者在前面提到，制造设备的通信功能已被标准化和规范化，如图2-20所示，标准化也在其他方面不断进步，特别是在晶圆搬运系统方面。笔者认为，随着300mm晶圆的推出，标准化的趋势已经迅速推进。

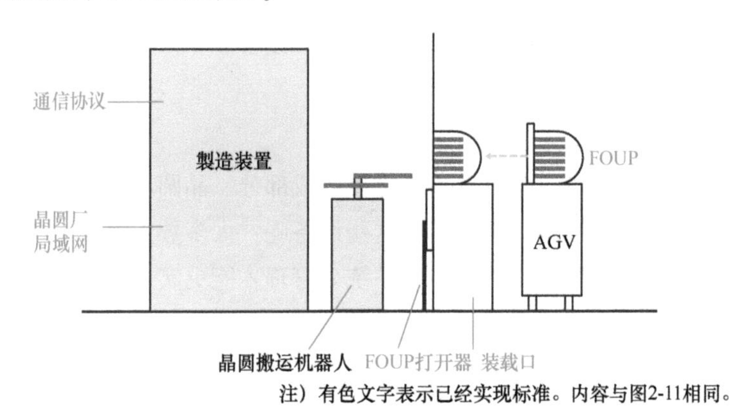

关于制造设备的标准化（图2-20）

---

[1] 良品率管理系统：参见10-10节。

[2] CIM：Computer Integrated Manufacturing 的缩写，意为计算机集成制造。

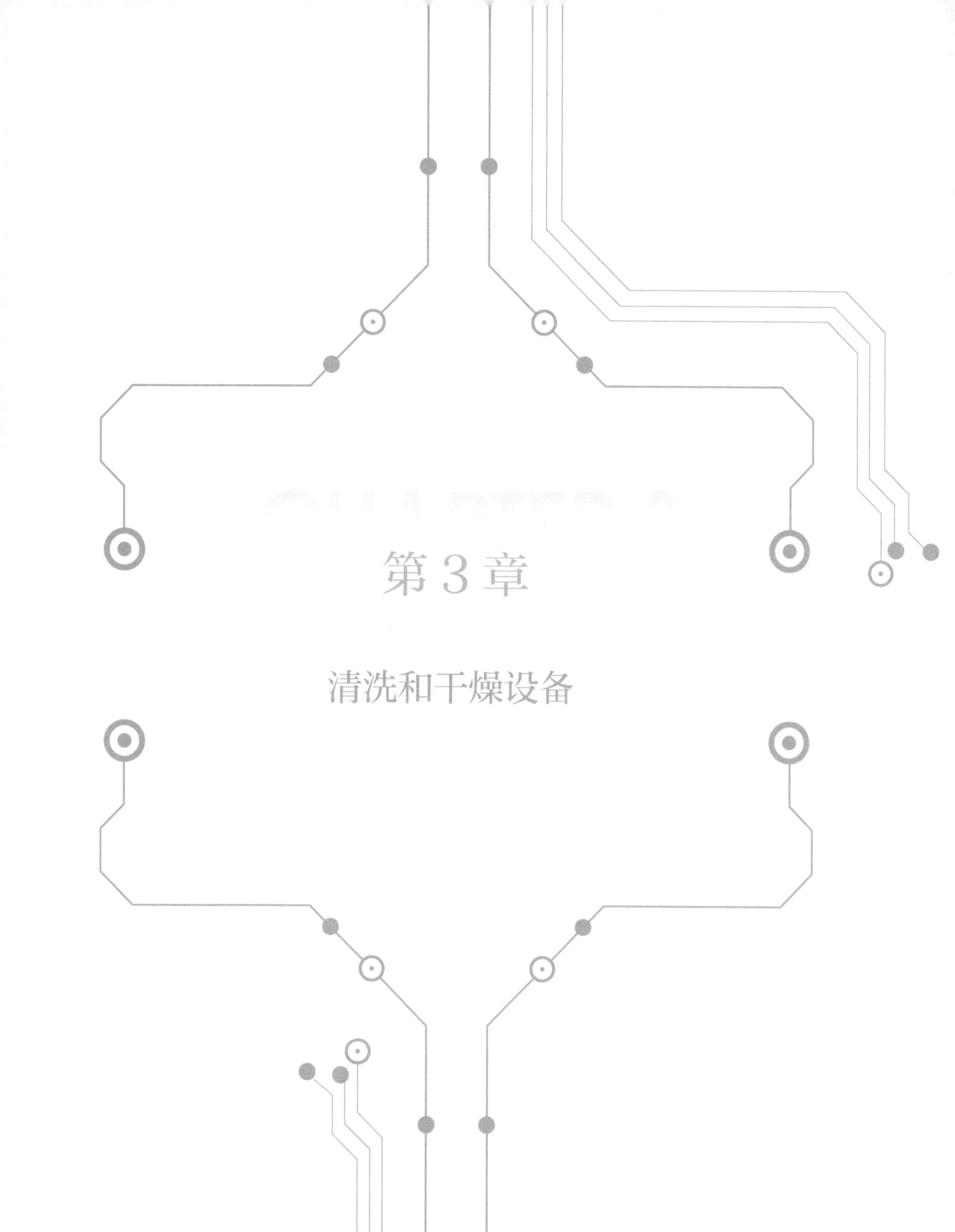

第3章

清洗和干燥设备

本章将讨论清洗和干燥设备。在前段制程中，晶圆在从一个工艺单元转移到下一个单元之前，总是要进行清洗和干燥的，因此可以说这是前段制程中最常用的设备。

3-1 什么是清洗和干燥设备？

清洗和干燥是一个几乎所有工艺都会涉及的处理单元。对这些设备的要求是能够处理多样的清洗任务，并具有高吞吐量。下面先来看看清洗和干燥设备的概况。

清洗设备的要素

清洗设备所必需的构成要素见图3-1，总结如下。

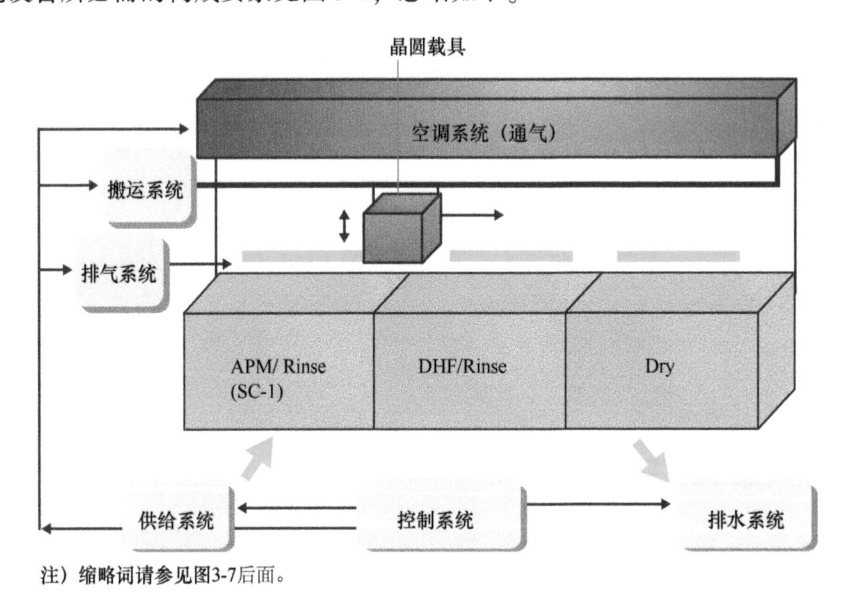

注）缩略词请参见图3-7后面。

清洗和干燥设备的构成要素——单槽式的批量清洗设备的例子（图3-1）

① 处理系统：化学槽、冲洗槽、干燥阶段（图中为Dry）➡批量式的情况。
喷淋和旋转等阶段➡单片式的情况。

② 供给系统：化学品和纯水供应设备、干燥空气供给设备等。

③ 控制系统：控制化学品浓度、温度、颗粒等。

④ 搬运系统：用于搬运晶圆、晶圆载具、无载具搬运等。

⑤ 其他系统：空调系统等。

以上这些内容将在后面介绍，各个清洗和干燥设备所需要素不尽相同。当然，批量式和单片式的设备是完全不一样的构成。批量式指的是，设备对多个晶圆同时进行相关工艺的处理，单片式指的是设备对晶圆处理是一枚一枚地进行的。对清洗和干燥设备而言，单片式和批量式都是存在的，但是光刻设备基本上都是单片式的。相关内容将在之后的章节中介绍。

此外，根据“干进干出”的原则，晶圆在清洗后必须经过干燥后，才能从设备中出来。所以清洗和干燥是一个配套组件。必须干燥的理由是，如果晶圆上有水分，会导致氧化。即便是肉眼看不到的水分，也会造成晶圆的水印（Watermark）⊖。清洗设备的构成要素和其他工艺中的制造设备的比较在表 3-1 中进行了总结。由于用到化学品和纯水，所以会产生废液，这和第 9 章的 CMP 设备是相同的。

清洗设备的构成要素和其他工艺中的制造设备的比较（表 3-1）

构成要素		内　　容	和其他工艺制造设备的比较
处理系统		需要废液处理	和 CMP 设备类似
供给系统		大多数化学品的供给	同上
控制系统		对温度、浓度、颗粒管理等很重要	和显影设备类似
搬运系统	批量式	搬运 50 枚晶圆	和立式炉（热处理・减压 CVD）设备类似
	单片式	搬运 1 枚晶圆	和其他单片式设备类似

清洗和干燥设备的要素

与需要真空系统和气体供应系统的成膜装置相比，清洗设备的门槛比较低，所以会有很多制造商参与其中。在半导体行业的早期，清洗过程完全是手工操作，使用烧杯和化学品进行灌注，在水洗后，用氮气进行吹风干燥。之后才进入清洗设备内置的时代。

随着晶圆的直径越来越大，对自动化的需求导致设备制造商开始提供清洗设备（尽管也有一部分半导体制造商开始自己制造）。随着对清洗的附加价值（如单槽）、高性能和新功能（如单片、干燥）的需求变得明显，设备制造商也成为主流供应商。特别是向 300mm 制程过渡，就意味着晶圆搬运和清洗工艺的自动化已不可避免，这种情况下就必然依靠专业设备制造商了。也有这样的意见：向 300mm 制程发展导致开发成本急剧上升，现在只有顶级的制造设备制造商才能进入市场（参考第 1 章）。

⊖ 水印：当时空气和水滴附着在晶圆表面的情况下，硅在固、液、气三相界面形成的不完全氧化。

在工厂中，清洗设备也称为WS（Wet Station）或者WB（Wet Bench）。单片式的设备也称为自旋处理器（Spin Processor）。批量式和单片式将在后面讨论。

追溯设备制造商的历史

正如文中所提到的，曾经有一段时间，清洗设备是由半导体制造商内部制造的。在半导体行业的早期，在外部没有所谓的半导体制造设备的供应，所以半导体制造商必须自己制造设备。在那些日子里，笔者也听说半导体设备制造商的现场服务人员在进入无尘室排除故障时，是不允许检查或者看到半导体制造商自己的设备的。

其中一些半导体制造公司已经成为半导体制造设备监测、测量和分析设备的一流制造商（见第10章）。另一方面，也有一些技术因为不再需要内部生产而被埋没。追溯一下现在设备制造商的形成历史，也许会有很有趣的发现。

3-2 清洗设备的分类

虽然有很多不同的分类方法，但是这里介绍的是一般意义上的分类情况。

一般的清洗设备分类

清洗设备不需要特殊的光学设备或者真空系统，只要有化学品和纯水（当然还需要排气、排液等最低限度的辅助设施）就可以进行工作了。也就是这个原因，清洗设备也经历了手动和半自动的阶段。但随着晶圆的大直径化，清洗设备也开始由专业的设备制造商进行生产了。

最常见的分类是基于晶圆的加工方法，分为批量式（包括半批量式）和单片式，见图3-2。如表3-2所示，批量式和单片式两种设备的取舍在于选择吞吐量（单位时间内可加工的晶圆数量），还是选择设备的小型化（减小占地面积）。

这个取舍与其说和技术问题相关，不如说和各个晶圆厂自身的情况有关。例如和无尘室中的设备布局有关。如果有一个相对较大的无尘室，可以选择一个批量式清洗设备。如果空间太小，可以选择单槽批量式设备或单片式设备。然而，正如第2章中提到的，洁净室的建造和维护成本很高，而且300mm的批量式清洗设备已经变得非常大，占用了大量的地面空间和排气能力。此外，如表3-2所示，QTAT⊖会选择单片式设备。这是出于确保

⊖ QTAT：Quick Turnaround Time（快速周转周期）的缩写。指快速交货的生产，也有Q-TAT这样的记法。

制造设备的产能均衡，并缩短交货时间的考虑（如 2-9 节所述）。

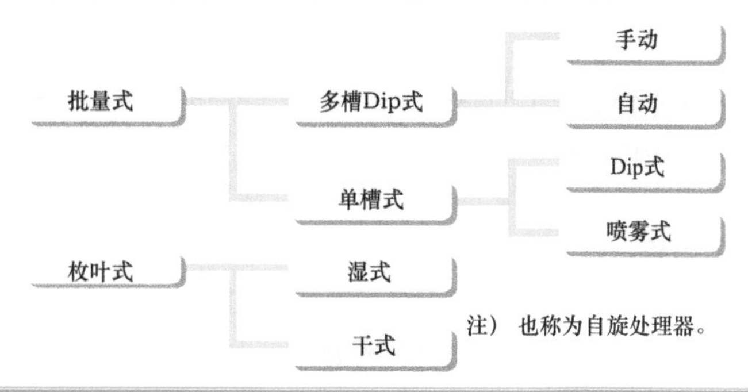

清洗设备的分类（图 3-2）

清洗设备的比较（表 3-2）

		布置面积	吞吐量	化学品使用量	价格	备注
批量多槽式		×	○	×	×	吞吐量很优秀 无载具化进程中
批量单槽式	Dip式	△	○	△	△	倾向于特定工艺流程
	喷雾式	○	○	○	○	化学品的循环系统 趋于复杂
枚叶式		○	△～×	○	○	非常适用于QTAT等生产线

根据方法论的清洗设备的分类

第 2 类是根据方法论上的分类。可分为两大类：正常的湿式清洗和干式清洗。高频蒸汽清洗设备在过去取得了一些成功。紫外线清洗设备在 LCD 面板阵列工艺⊖中使用得比较普遍。关于干式清洗会在 3-5 节中再次讨论。

3-3 批量式清洗设备

清洗和干燥是在前段制程中最频繁的工艺。因此减少单枚晶圆清洗和干燥所需的时间就是一个比较常见的需求。在有效减少清洗和干燥时间方面，批量式清洗设备可以发挥很大的优势。

⊖ 阵列工艺：形成液晶开和关的元件 TFT（见 3-5 节的注脚）的有源矩阵。

什么是批量式清洗设备?

批量式是指用于一次加工多个晶圆的工艺设备。晶圆的数量是由载具和工艺室共同决定的。清洗设备的选择则由载体中可储存的晶圆数量决定。通常容量是25或50枚。一次性处理大量晶圆的能力意味着可以降低芯片的成本，这对于需要大量晶圆的清洗和干燥类似的工艺来说是一个优势。

然而，在设备运行方面也存在一些课题。第一个课题是吞吐量的提高。批量式清洗设备需要将晶圆转移到装载/装卸口的特殊晶圆载体上。如2-4节所示，无论在微环境FOUP还是开放载具中的晶圆都是水平放置的。在清洗过程中晶圆需要垂直地浸入清洗槽，所以需要对晶圆实行调转方向的操作。这个过程阻碍了设备吞吐量的提高。

第二个课题是清洗耗时和耗材。如果晶圆沾染到载体中的清洗液后，进入纯水冲洗槽，清洗则需要很长时间的冲洗才能完全去除化学品。而且对于一个能容纳300mm晶圆载体的槽来说，化学品的使用量会很大。为了应对这种情况，已经开发出了使用特殊晶圆搬运机器人的无载具清洗机，见图3-3。和有载具相比，自然是无载具清洗更有优势。多槽式批量清洗设备如图3-4所示，优点如下。

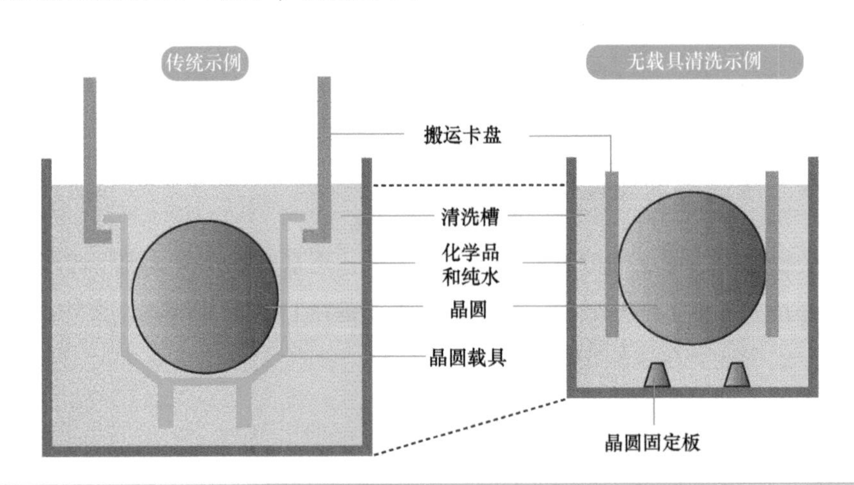

无载具清洗设备的示例（图3-3）

① 吞吐量大。
② 清洗和冲洗槽可以按顺序排列。

也有如下问题。

① 设备不可避免地变大，对无尘室的负荷会很大。
② 化学品和纯水的使用量很大。
③ 晶圆在移入和移出浸液槽时，会穿过气-液界面⊖。

但是可以通过使用单槽式设备避免一些问题。

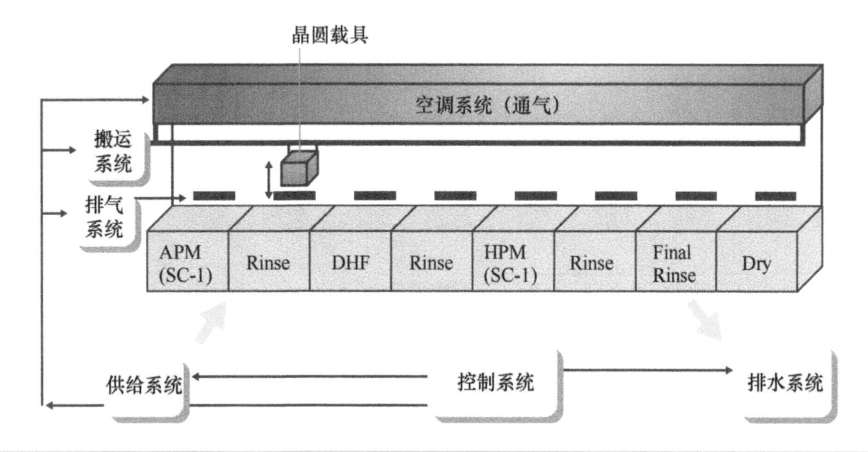

多槽式批量清洗设备的构成（图 3-4）

多槽式和单槽式

有两种类型的批量式设备：多槽和单槽。多槽式设备由一系列的化学槽和冲洗槽组成，这些槽按照清洗过程所需的化学品依次排列。因而化学品和冲洗槽的数量增加，见图 3-4，这使得设备变得更大，但也充分发挥了批量式设备的优势。由于清洗设备较大，在无尘室中有较大的占地面积，空调（通风）负荷也较大。根据笔者的经验，在设计新的半导体无尘室时，首先需要决定清洗和干燥设备的规格和数量。如图 3-5 所示，单槽式清洗设备只有一个化学品槽和一个冲洗槽，解决了设备较大的问题，但每次清洗都需要加入和排放新的不同化学品，化学品的成本较高。尽管不能完全发挥批量式清洗设备的优势，但由于无尘室占地面积的限制，有时也会采用这种系统。如上所述，化学品和纯水都是清洗时注入，完成时排出，这样就一定程度上避免了晶圆在进出浸液槽时穿过气液界面的问题。

⊖ 汽-液界面：一般来说，颗粒黏附的机会会增加。

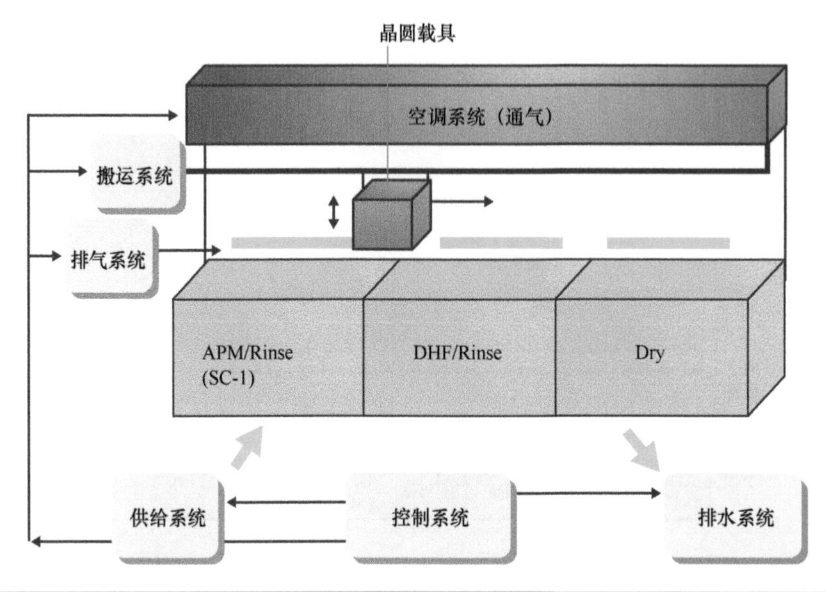

单槽式批量清洗设备的形态（图3-5）

3-4 单片式清洗设备

批量式清洗设备的吞吐量很大。另一方面，晶圆直径越来越大，最大可达300mm，意味着清洗设备必须更大。这就是单片式清洗设备发挥其作用的地方。

什么是单片式清洗设备？

与一次性加工多枚晶圆的批量式设备相比，单片式是一种将晶圆逐一处理的方法，见图3-6。设备的组成部分与批量式相同。不仅限于清洗设备，从晶圆直径增大到200mm左右以后，单片式设备的使用量在增加，当然这种趋势也体现在了清洗设备上。因为随着晶圆直径的增大，整个晶圆表面的加工结果变得不太均匀。单片式设备可以认为是这种不均匀加工的一种对策。另外，批量式设备的优势可以在大规模生产相同芯片（例如存储器）的巨型晶圆厂中得到发挥，但是像ASIC[⊖]这样量少样多的LSI的生产过程中反而没有那么大的优势。

⊖ ASIC：Application Specific Integrated Circuit的缩写。它是一种用于特定应用的集成电路，由多个电路组合而成。

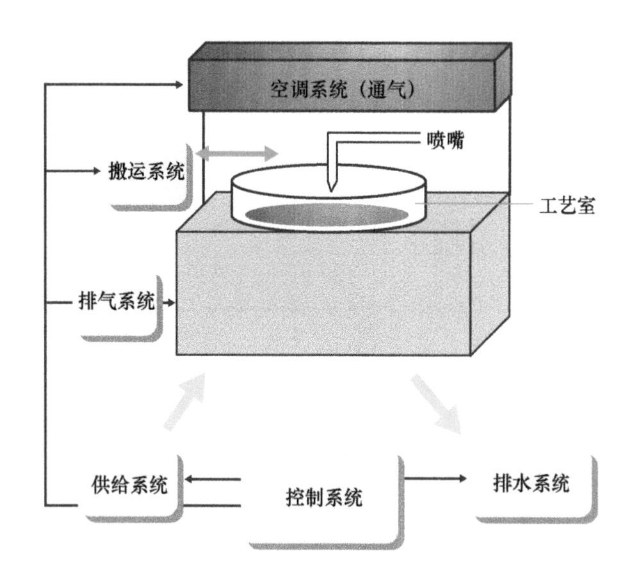

单片式清洗设备的形态（图3-6）

如3-2节所述，QTAT生产线也出现了采用单片式设备的趋势。然而，与批量式设备相比，如何缩短每个晶圆处理所需的时间，或者说，在单位时间内增大可处理的晶圆数量（吞吐量）成为生产效率的一个难题。单片式设备的优点如下。

① 没有化学品导致的颗粒和清洗槽之间的污染转移。
② 易于刷子和超声波设备的装载。
③ 节省空间，降低对无尘室的负荷（排气量）。
④ 可以与其他工艺设备集群。
⑤ 具有高度的加工灵活性。

但也有如下缺点。

① 化学品等循环的实现比较复杂。
② 化学品的回收和浓度控制比较困难。
③ 难以监控和控制晶圆的清洗效果（清洗后的洁净度）。

在批量式清洗设备中，晶圆被浸入化学槽或纯水槽中，而在单片式设备中，晶圆的处理则是喷雾式的，见图3-6。从处理顺序的角度来看，即便是单片式设备，在进行下一轮清洗的同时，总是要用纯水对上一轮残留化学品进行冲洗的。这种方式有效地消除了批量式设备中通过晶圆载具对晶圆进行搬运转移时遇到的问题，参见图3-7。

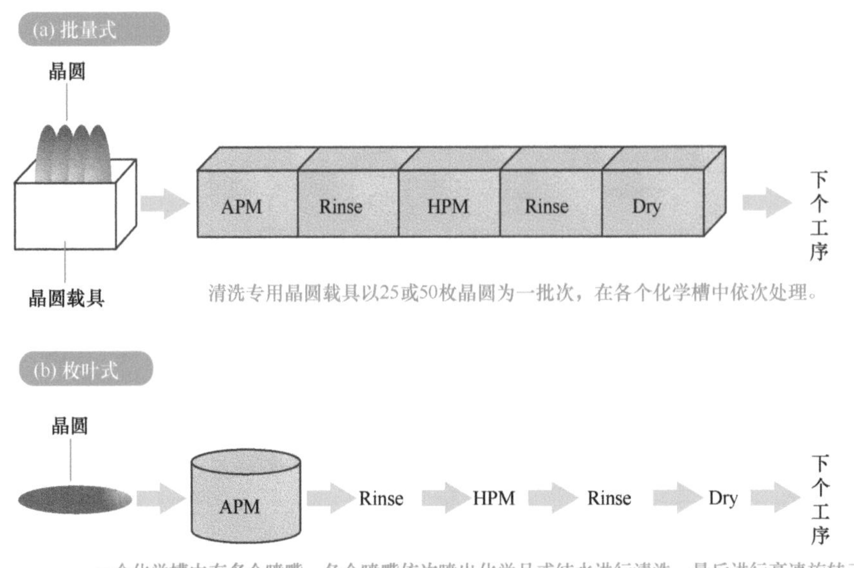

批量式和单片式的排列布置比较（图3-7）

单片式干燥设备

在单片式清洗设备的情况下，干燥设备不是批量式清洗设备中使用的IPA干燥，更常见的是一种称为旋转干燥的方法。在3-6节中给出了各种干燥方法的比较。

另外3-3~3-4节中，关于清洗工艺的种类和流程有所涉及，但没有篇幅做具体介绍。感兴趣的读者可以参考《图解入门——半导体制造工艺基础精讲（原书第4版）》的第3章内容。

关于缩写，目前为止的清洗流程以RCA清洗为例。它是由RCA公司[⊖]的Kern和Puotinen在1960年提出的。

APM：氨水/过氧化氢。
HPM：盐酸/过氧化氢。
DHF：稀氢氟酸。

⊖ RCA公司：Radio Corporation of America（美国无线电公司）的缩写，曾是美国领先的电子产品制造商之一，后被通用电气（GE）收购。

3-5 新型清洗设备

环境和能源问题使得清洗设备必须节能省料（化学品）。比较可行的一个思路就是干洗，这里将介绍三种干洗的方法。

高频蒸汽清洗设备

这是一种由来已久的干洗方法。用来去除晶圆表面和细孔中自然形成的氧化膜。表面氧化膜的去除属于晶圆氧化或者 CVD 成膜的前处理。细孔的氧化膜去除则属于溅射成膜的前处理。这种方法是在工艺室中引入无水氟化氢（anhydrous HF）气体和水蒸气，这些气体在晶圆表面形成 HF 和 H_2O 的凝结层，氧化膜会被凝结层中的稀氟化氢腐蚀，从而达到去除的效果。最后反应产物 SiF_4 会和多余的 H_2O 一起气化。因为没有水滴，所以不会形成水印，而且裸晶圆在表面还能形成氢终止⊖，但是现在好像已经没有这种设备在卖了。

紫外线（UV）/臭氧清洗设备

最近，通过 UV 照射进行干洗的方法引起了人们的注意。具体做法是在臭氧（O_3）包围的环境中用 300nm 以下波长的紫外线照射晶圆。由于干式工艺不需要真空设备或其他的辅助设备，最近已开始广泛使用。它能有效地去除有机污染，比起半导体工艺，在 TFT⊖工艺中使用得更多，见图 3-8。

超低温气溶胶清洗设备

其想法是，氩气通过低温条件形成氩冰颗粒，然后通过喷嘴吹到晶圆上，利用颗粒的物理作用进行清洗。这个想法已经存在了很长时间。不需要使用化学品，这有助于减少对环境的污染。而且氩冰颗粒在加热气化后无残留。图 3-9 显示了这一过程的概况。

为方便起见，图中只画了一个喷嘴。市面上的设备一般都是使用覆盖整个晶圆的一个大的喷嘴来提高效率，但是吞吐量可能没有那么理想。另外还有一种利用 CO_2 的临界状态进行清洗的方法，由于篇幅原因在此不做介绍，但目前还没有商业化。当然，这些干洗设备是否能应用于所有的清洁工艺并足够有效，还有待观察。

⊖ 氢终止：通过将氢原子结合到硅表面来稳定硅的过程，因为硅原子有一个额外的共价键。

⊖ TFT：Thin Film Transistor（薄膜晶体管）的缩写，用于驱动液晶显示器（LCD）。

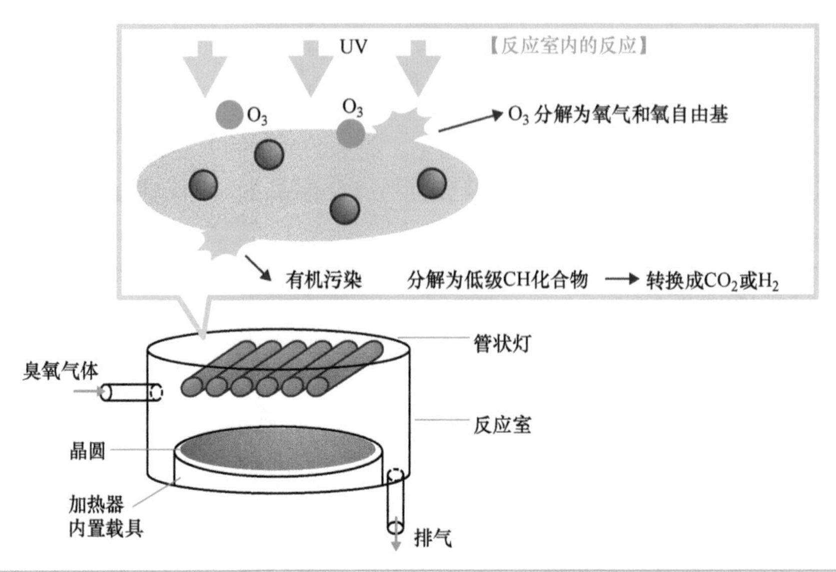

UV/臭氧清洗设备的概要（图 3-8）

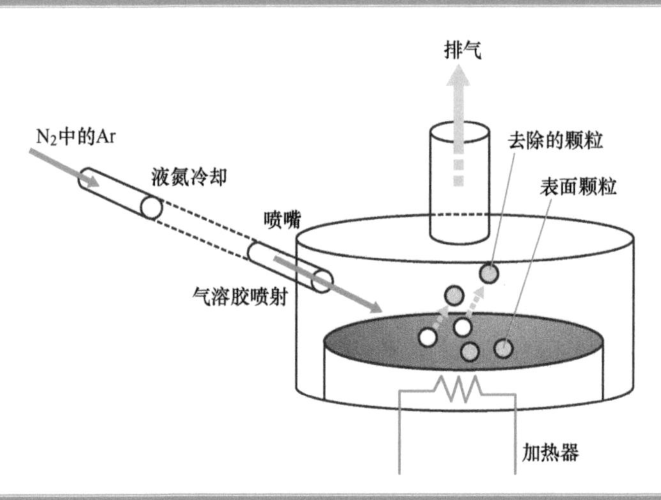

超低温气溶胶颗粒清洗设备的概要（图 3-9）

虽然不属于清洗设备的范畴，但 8-5 节中描述的溅射蚀刻（也称为反向溅射）其实也算是一种干洗。

晶圆厂中各式各样的清洗设备

本书以制造设备为重点介绍了相关的晶圆清洗设备，但晶圆厂除了这些清洗设备以外，还需要各种各样的夹具、晶圆盒和其他清洗设备。其中还有大型的清洗设备：芯管清洗系统，它清洗热壁型成膜设备和热处理设备中的石英炉管。请参考 5-2 节和 8-4 节。

单枚晶圆10万日元的时代

随着300mm化的进程，制造设备变大，同时晶圆搬运设备也需要自动化，投资这些设备需要很大的资本。正如第1章所提到的，要收回300mm制造设备的开发成本需要很长的时间。

成本高的时候是什么样子呢？记忆中有那么一段时间1枚300mm的晶圆就需要10万日元。

即便是作为测试，其成本也是相当可观的。由于日本在面临300mm化时创建了联合研究公司Selete，所以即便是10万日元，估计也是降低成本后的结果了。

即便是现在的日本，也只有不到10家公司建立了300mm生产线，所以那些制造设备也没有多少客户。

3-6 清洗后必备的干燥设备

“干进干出”的原则是指晶圆在清洗后必须先将其烘干，才能从制造设备中取出来。这意味着清洗和干燥设备是配套的。

都有哪些干燥设备？

前面提到过IPA[⊖]干燥，但干燥有很多种方法。各种干燥方法总结在表3-3中，每种方法都有自己的优缺点。使用最多的方法是旋转干燥和IPA干燥。新型的马兰戈尼干燥法将在下一节中讨论。

主要干燥方法的比较（表3-3）

干燥法	原理	优势	问题
旋转干燥法	高速旋转晶圆以去除水分	设备结构简单，成本低，吞吐量高	设备运行产生静电
IPA干燥法	用IPA（异丙醇）蒸汽置换水分	对图案形成有利	使用易燃化学品 有机物残留
马兰戈尼干燥法	迅速将晶圆从纯水中提升到IPA蒸汽中	减少IPA的用量 减少水印生成	吞吐量小 有机物残留

⊖ IPA：iso-Proply Alcohol（异丙醇，一种易燃的有机溶剂）的缩写。

旋转干燥法

在旋转干燥法中，晶圆被放在特殊的盒中，以高速旋转来吹走水分。这种方法可用于单片式和批量式。在单片式中，每枚晶圆都以高速旋转，并利用离心力去除水分。在批量式中，则是整个晶圆载体（如果没有足够的晶圆，则用平衡晶圆[一]补足）高速旋转。这类似于洗衣机的脱水和干燥。这种方法利用旋转产生的离心力和晶圆表面附近的气流来干燥。这种方法的问题是有许多旋转部件可能成为灰尘的来源，而且不可避免地会产生静电（回想一下摩擦塑料尺来吸引纸片或头发的实验）。静电会导致颗粒吸附在晶圆表面。

IPA 干燥法

在 IPA 干燥法中，晶圆表面的水分被挥发性的 IPA 蒸汽取代。这消除了对高速旋转的需要，并消除了静电问题，但使用 IPA 这种化学品也可能成为一个问题。图 3-10 显示了单片式旋转干燥设备和 IPA 干燥设备的概况。

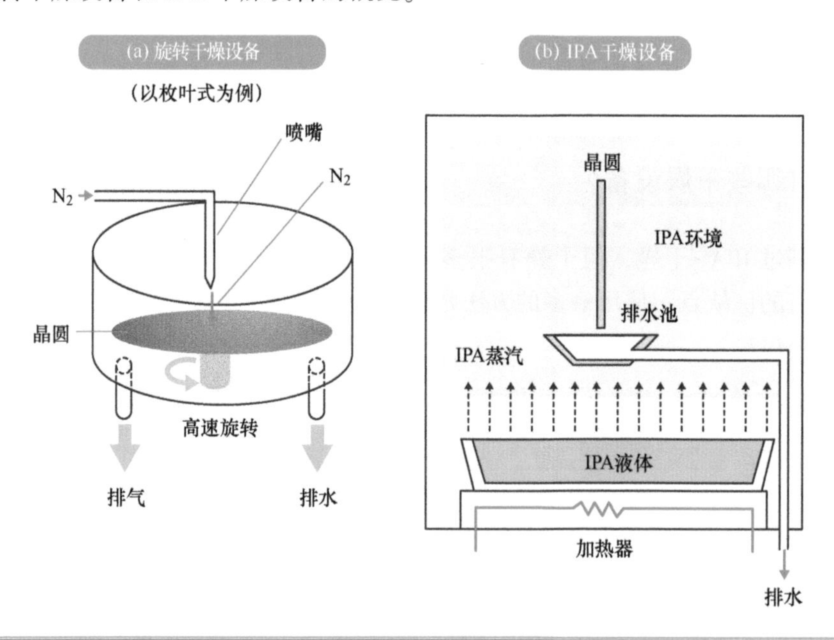

干燥设备的概念图（图 3-10）

[一] 用于载具平衡的虚拟晶圆的一种。

3-7 开发中的新型干燥设备

最近干燥工艺也正在从环境的角度被重新审视。节能的干燥技术成为关注的焦点。尤其是在努力减少 IPA 有机物的使用这一方面。

马兰戈尼设备的要素

马兰戈尼（Marangoni）干燥法之所以被称为马兰戈尼，是因为它使用了马兰戈尼力[⊖]。在这个过程中，晶圆从冲洗的纯水槽中被迅速提升到 IPA 和氮气流的空间中，水被产生的马兰戈尼流去除。图 3-11 显示了马兰戈尼干燥法的机制，它的优点是比 IPA 干燥法使用的 IPA 少（当然 IPA 也是使用的）。这种方法是在 20 世纪 90 年代末由欧洲设备制造商引入市场的。为方便起见，图中只显示了一个晶圆，但马兰戈尼干燥法是一种在批量生产中具有很大优势的干燥方法。

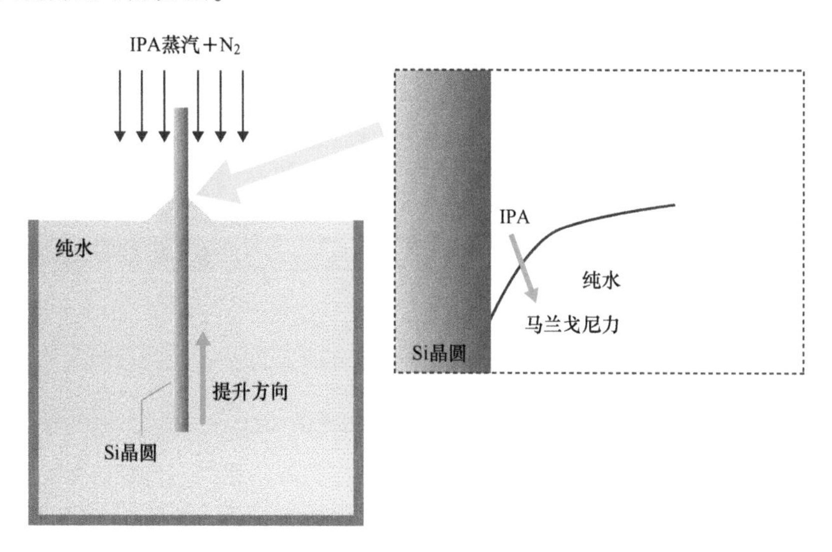

马兰戈尼干燥设备的概要（图 3-11）

Rotagoni 干燥设备的要素

Rotagoni 干燥法是另一种在欧洲发明的干燥方法。它结合了旋转干燥法和马兰戈尼干

⊖ 马兰戈尼力：由表面张力的梯度产生的一种力。由这种力引起的流动称为马兰戈尼流。

燥法。其机制如图3-12所示。当晶圆在单片式旋转干燥设备中高速旋转时，纯水和IPA蒸汽从喷嘴喷出，使IPA蒸汽朝向晶圆的外围。因此，Rotagoni干燥法是一种适用单晶圆的单片式工艺。在这个过程中，马兰戈尼力是沿着晶圆外围的方向产生的，所以马兰戈尼干燥法也是在同时进行的。这种方法与马兰戈尼干燥法相比，因为加入了旋转干燥法，所以可进一步减少IPA的使用。

在笔者看来，从环境和能源的角度来看，未来将需要对环境影响更小的干燥方法。

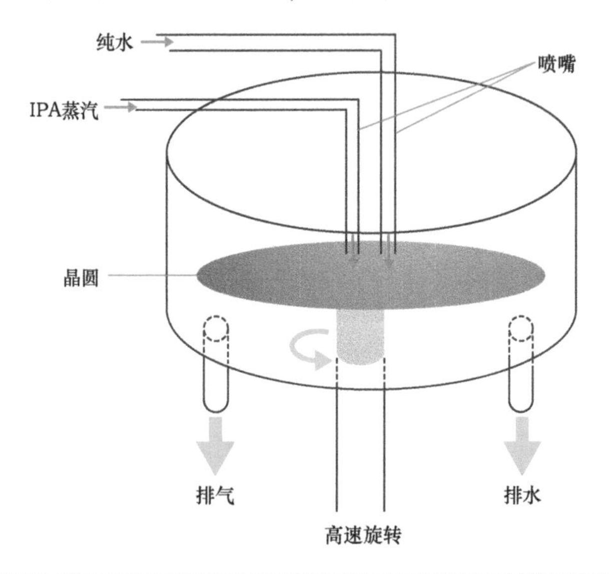

Rotagoni干燥设备的概要（图3-12）

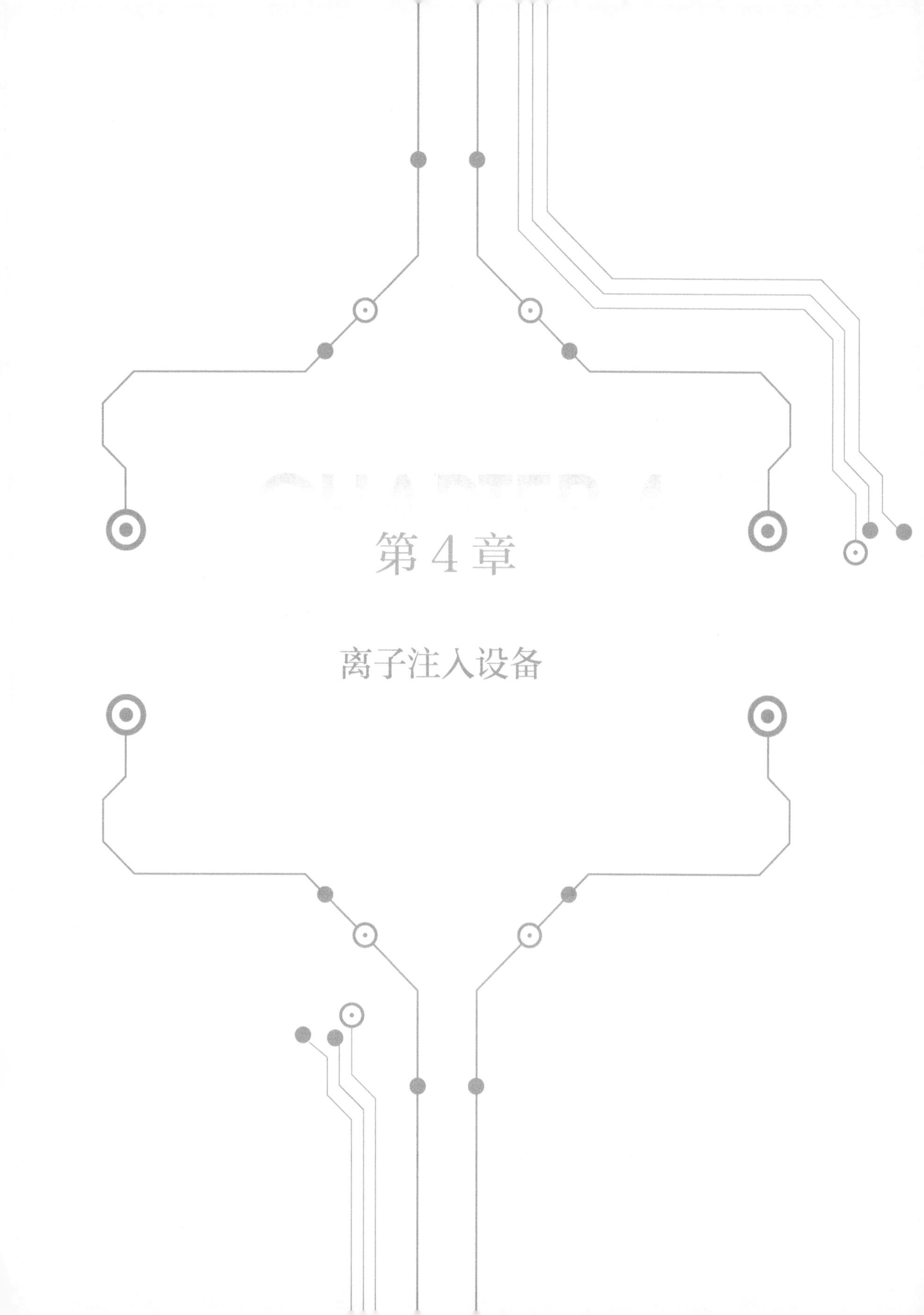

第4章

离子注入设备

本章将介绍离子注入设备。为了使硅半导体作为晶体管工作，需要在硅基板内形成 N 型区域、P 型区域。这些区域的形成是靠离子注入设备来完成的。此外，还将介绍其他的掺杂装置。

4-1 什么是离子注入设备？

如果半导体是本征半导体⊖或者只有同一类型的杂质的半导体，是无法作为晶体管使用的。为此，需要在硅基板内制作 N 型区域和 P 型区域。这些区域的制作需要向晶圆中掺杂杂质。掺入的杂质主要有两类：第一类是提供载流子的受主杂质或施主杂质（如 Si 中的 B、P、As）；第二类是产生复合中心的重金属杂质（如 Si 中的 Au）。承担这个任务的就是离子注入装置。

什么是离子注入？

专用设备出现之前是如何引入杂质的呢？答案是扩散。例如在晶圆上形成含有 P（磷）这种 N 型杂质的薄膜，然后通过固相扩散扩散到硅晶体中。这种方法已不再用于先进的半导体工艺了，但它仍被用于形成结晶系太阳能电池的 N 型区。离子注入从字面上看是将杂质原子电离，给它们足够的加速能量，使其能够被打入硅晶体中的掺杂方法。由于这种方法只是将杂质离子打入硅单晶体内，并没有形成稳定结构，因此需要进行热处理，以恢复晶体结构。换句话说，离子注入和用于晶体恢复的热处理是两位一体的工艺。然而，由于两个设备本身有很大的不同，本书将在不同的章节中介绍它们。

顺便说一下，离子注入的深度对于直径 300mm 的晶圆而言是非常浅的。注入的深度约为 1-2μm。离子注入后的晶体恢复过程也是在这个厚度中进行的。实际的离子注入只在所需的区域通过抗蚀剂掩膜进行。抗蚀剂掩膜的形成将在第 6 章中介绍。

离子注入设备的构成要素

图 4-1 显示了离子注入设备的概况。离子注入设备由一个离子源、一个质量分离单元、一个加速单元、一个光束扫描单元和一个离子注入室组成。简而言之，离子源使电子与杂质气体分子碰撞，以产生所需的离子，而质量分离器利用电场和磁场的作用去除不需要的离子（例如除了所需的杂质或多电荷的离子以外的离子），只提取必要的离子。其原

⊖ 本征半导体：指完全不含杂质且无晶格缺陷的纯净半导体。

理与质谱仪的原理相同。多价离子，例如P（磷）是指一价的P^+和二价的P^{++}。

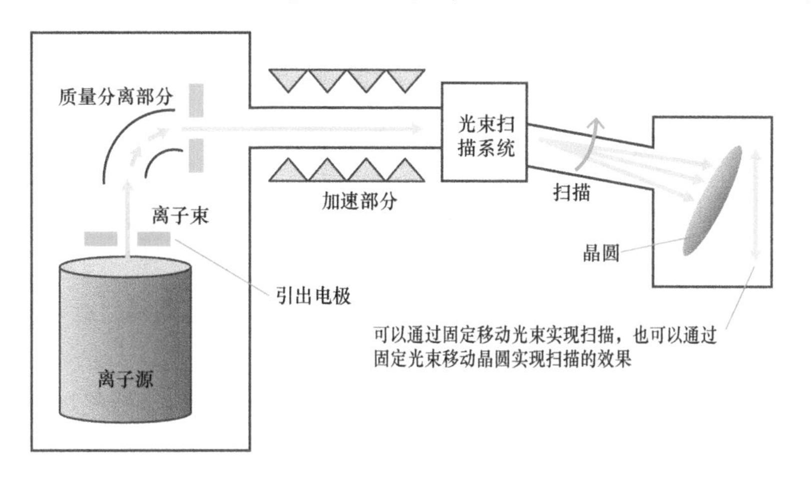

离子注入设备的概念图（图4-1）

通常情况下，使用的是一价离子。加速器通过施加高电压，使得离子拥有足够的打入硅晶体中的能量。光束扫描仪对离子束塑形，使用离子束对晶圆表面进行扫描。离子注入室包含一个盘状板（未显示），晶圆将在上面被注入离子。

由于晶圆是在离子状态下照射的，离子注入室需要高真空和满足这些规格的真空泵。离子源将在下一节讨论。光束扫描方法也有很长的历史，将在4-3节中讨论。

图4-1中没有显示离子注入设备，但它需要上述的高真空系统，以及离子质量分离器、加速器和光束扫描系统，是半导体前段制程工艺中的一个很复杂的设备。因此，设备本身又大又重。当然价格也是非常昂贵的。

为了帮助读者理解，这里需要申明一下，杂质是指与硅不同的元素。杂质本身其实是“高纯度”的某种元素。

4-2 离子源

离子注入设备的根基还应该是离子源。本节将对离子源进行介绍。

含有离子源物质的气体

在硅半导体中，磷（P）或砷（As）被用作N型杂质，而硼（B）被用作P型杂质。括号内的符号是元素符号。这些元素的氢化物气体被作为离子源的气体使用。最常见的有

PH_3（磷化氢）、AsH_3（砷化氢）、B_2H_6（硼烷）。根据《日本高压气体安全法》，所有这些气体都被归类为有毒气体，其管理和使用受到了严格监管。所以离子注入的气瓶[⊖]就出于这样的考量做了特殊形状的设计。

弗里曼型离子源

接下来简单了解一下离子源。在第 10 章中，会讨论 FIB（Focused Ion Beam：聚焦离子束），它也是一种离子源，但它是一种产生特定类型离子的离子源，与离子注入设备不同。离子注入设备的情况是，根据杂质对象是 N 型还是 P 型，所使用的离子是不同的，所以即便是对同一杂质类型，也有可能使用不同的离子。

最经典的弗里曼型离子源本质上是一个热灯丝，当热电子与原始气体碰撞时产生离子。图 4-2 显示了该离子源的概要。然而，由于更大电流和更长离子源寿命的需求，它已被伯纳斯（Bernus）型离子源取代。

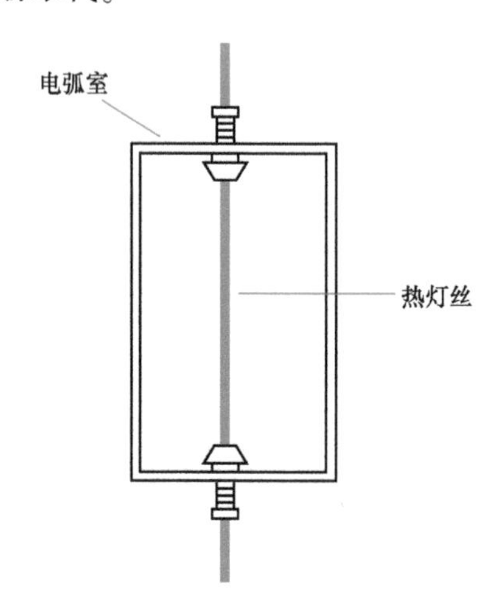

弗里曼型离子源的示意图（图 4-2）

伯纳斯（Bernus）型离子源

图 4-3 显示了伯纳斯（Bernus）型离子源的概要。热灯丝呈螺旋状，并且采用与灯丝相对的反射板。因此，灯丝的热电子和反射板中出来的二次电子相结合就可以形成较大的电弧电流。

⊖ 气瓶：用于成膜和蚀刻的小型气瓶。以前也使用过固体蒸发源。

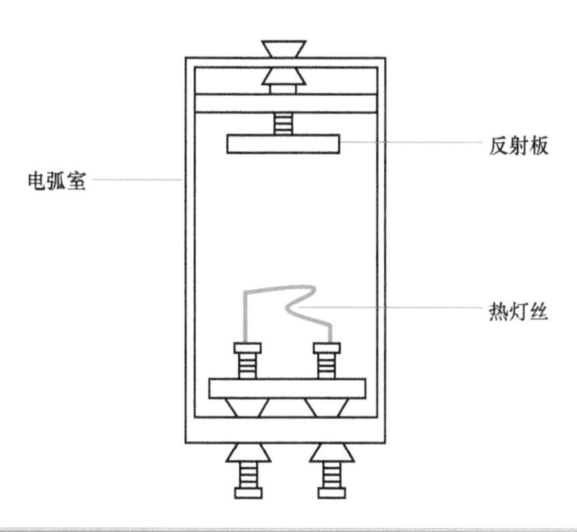

伯纳斯（Bernus）型离子源的示意图（图 4-3）

因此它被当作大电流类型的离子源使用，参见 4-4 节。另外它也可以被用作中等电流和高能型的离子源。对于离子源来说，寿命是非常重要的。特别是为了减少对灯丝的损耗，会在灯丝外面罩上罩子。即便是在寿命上做了很多优化，但是灯丝终归是有使用寿命的，所以基本上离子源就是一个消耗品。

4-3 晶圆和离子注入设备

离子注入设备的晶圆搬运和其他设备是一样的，参见 2-6 节。但是离子注入设备需要进行离子束扫描，所以存在一些其他设备没有的课题。

离子注入设备中的晶圆扫描

由于离子束的作用范围很小，因此如上节所述，需要通过离子束或者晶圆本身的移动来实现扫描进而对晶圆实行离子注入。对于前者，已经使用了一种被称为光栅扫描的方法。这是一种基于电子束扫描的方法，已被应用于阴极射线管和电子显微镜扫描（即 SEM）。光栅扫描是一种在固定方向上重复扫描光束的方法，在晶圆的中心和外围之间的注入角度是不同的，导致离子注入的不均匀性。随着晶圆的直径变大，晶圆内的均匀性问题更加严重。因此现在已很少使用。取而代之的是使用混合扫描，即离子束在一个固定的方向上扫描，而晶圆又同时移动进行正交扫描。这两种方法的比较见图 4-4。

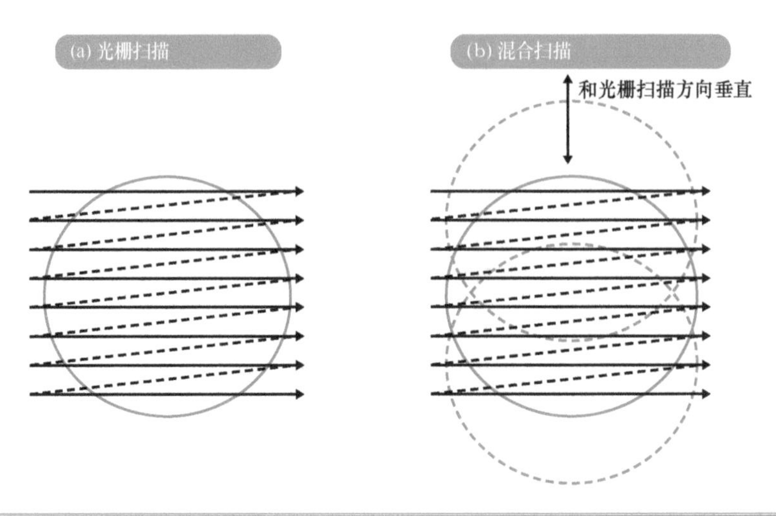

离子束的扫描方法（图 4-4）

晶圆扫描设备的课题

晶圆的扫描会增加工序的处理时间。这与可以一次性完成或者可以进行批量处理的清洗和干燥、成膜、蚀刻、CMP 等工艺的情况是非常不同的。图 4-5 显示了两种情况的比较示意图。批量式设备的吞吐量随着晶圆尺寸的增大而略有下降，但扫描设备（如离子注入设备）的吞吐量往往与晶圆面积成反比。具有类似窘境的还有其他工艺设备，包括光刻设备、同样需要扫描的曝光设备、热处理中的激光退火设备等。

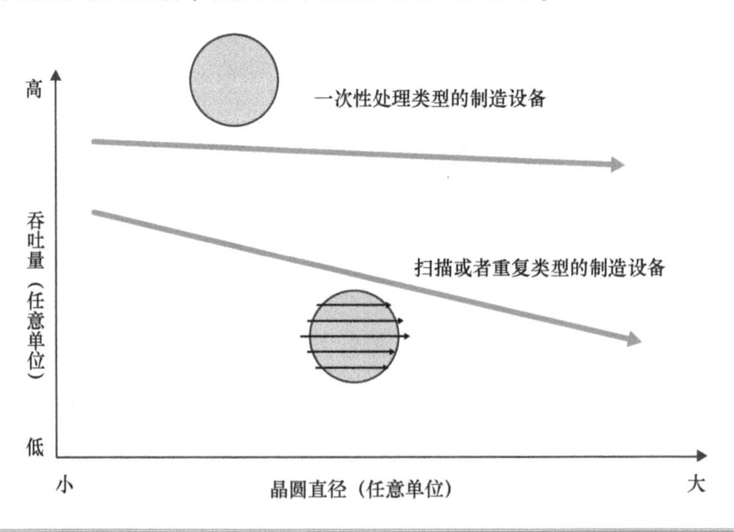

制造设备的吞吐量比较（图 4-5）

但是这种窘境是原理上的，不可避免。只能提升单枚晶圆的扫描速度。在2-9节中，我们介绍了各个制造设备的吞吐量是有差距的，这就是其中的原因之一。

4-4 制造CMOS的离子注入设备

离子注入法被用于各种工艺中。本节以CMOS工艺为例，解释不同类型的离子注入设备及其使用方法。

各种扩散层形成的CMOS

扩散层（由杂质形成的区域）是一个由杂质形成的层。扩散层有“N型”或“P型”两种，它们在杂质的深度和浓度上不尽相同。为了下面的说明，我们在图4-6总结了CMOS⊖逻辑晶体管原理的例子。在CMOS晶体管中，N型和P型晶体管并排构建，见图4-6。源极和漏极是扩散层，而栅极是一种操作晶体管的开关，它们一起构成了晶体管。为了制造N通道和P通道晶体管，要形成一个称为井的区域。可以满足N型或P型的塑造需求，所以就需要在硅基板中注入杂质区域。图4-7中双井的构造是如今的主流。

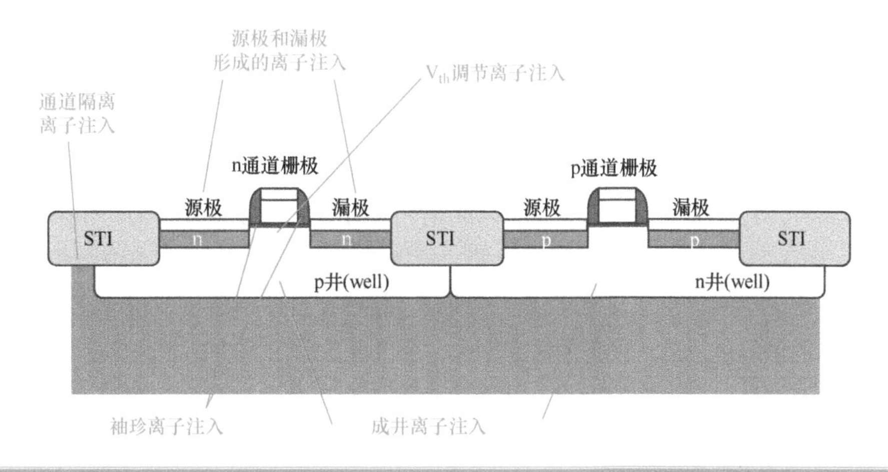

各种各样的离子注入设备（图4-6）

井的英文是well，指晶圆与杂质或者杂质与杂质之间形成的扩散层。用于栅极开关电压调节（也称为Vth调节）的离子注入在栅极下方进行。还有其他各种离子注入工艺，如

⊖ CMOS：Complementary Metal Semiconductor Oxide的缩写。N型和P型晶体管的形成使其各自工作，从而达到降低功率的效果。

栅极周围的袖珍离子注入，以及在图中标记为STI的器件分离区的通道隔离离子注入。为了避免在不需要的地方注入离子，需要使用第6章介绍的光刻技术形成一个抗蚀剂掩膜。

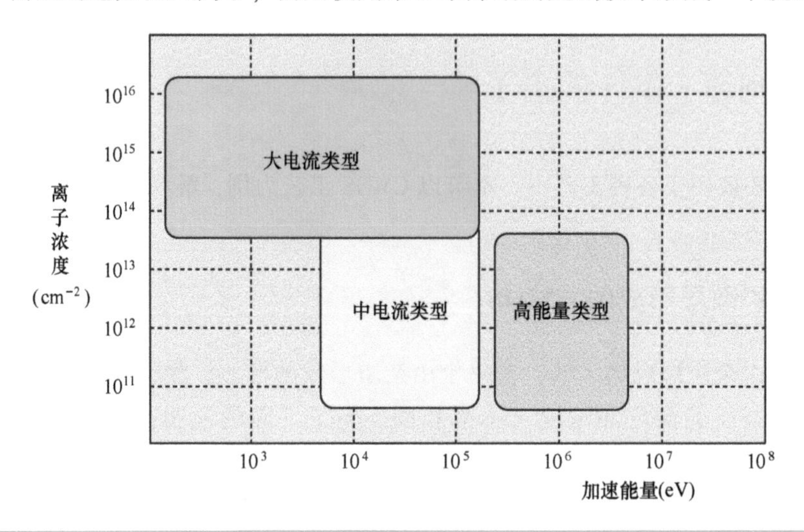

用在CMOS中的离子注入技术（图4-7）

不同加速能量和束电流的离子注入设备

这些扩散层和离子注入区域在杂质浓度和扩散深度上不尽相同。这是通过用离子注入设备的加速能量控制扩散层的深度和用离子束电流控制杂质浓度来实现的。例如，由于井的扩散深度，需要足够的加速能量，而源-漏极则需要高浓度的杂质来驱动晶体管。每一种工艺都有专门的设备，它们可以分为三大类：高能量、大电流（也称为高浓度）和中电流（也称为中浓度)。图4-7中给出了设备的分类概要。可以简单地把高能量看作是井，把大电流看作是源和漏极，把中电流看作是其他部分。特别是，随着元器件小型化的进展，源极和漏极需要高电流但低能量的离子注入设备的需求增大。图4-8显示了每个离子注入工艺的加速能量和离子浓度。这只是一个粗略的指南，可以结合图4-7进行对比观察。可以毫不夸张地说，如果没有离子注入技术，这里介绍的双井CMOS是不可能出现的。

其他离子注入技术

上述的离子注入技术是先进半导体工艺不可或缺的部分。不仅限于CMOS方面的应用，还有为了降低多晶硅的电阻值而向多晶硅实行的离子注入，以及为了减小扩散层和接触孔金属塞之间的接触电阻，所进行的接触离子注入等诸多例子。限于篇幅，这里就不展开说明了。

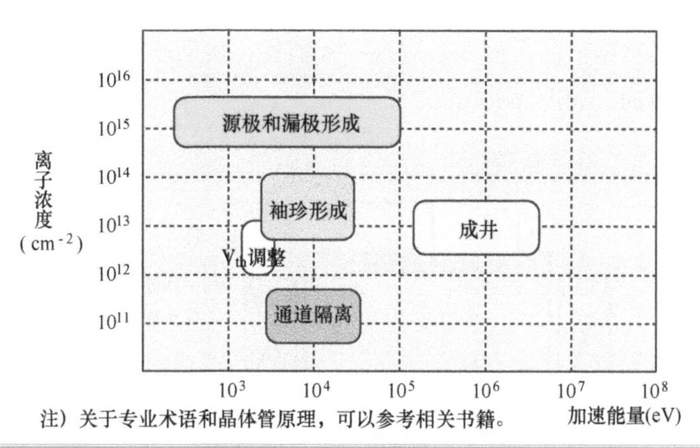

各个离子注入工艺的能量和离子浓度（图 4-8）

4-5 离子注入的替代技术

离子注入是半导体工业中一个成熟的工艺，但进行该工艺所需的设备过于昂贵，因此很多掺杂技术被提出用于替代离子注入。

等离子掺杂设备

在历史上，有各种替代离子注入的技术来进行杂质掺杂。在改进离子注入技术方面，有簇离子注入法和气体簇离子注入法等，虽然是改良，但其设备仍然非常庞大。

在本节中，将讨论等离子体掺杂和激光掺杂这两种不使用离子源的设备。

等离子体掺杂系统的概念已经存在了一段时间。在使用等离子体这一点就和第 8 章讨论的等离子体 CVD 成膜法、第 7 章讨论的蚀刻法相同。图 4-9 显示了等离子体掺杂系统的概况。基本上，与第 7 章中的干式蚀刻设备以及 8-6 节中描述的等离子体 CVD 设备大同小异。工艺室被抽成真空，利用高频放电电解杂质气体，从而实现晶圆的掺杂。如图所示，在晶圆一侧施加一个负的偏压电源，以促进杂质离子的掺入。此外，还安装了线圈，以产生高密度的等离子体。关于高密度等离子体的更多信息，请参考 7-6 节。

与离子注入设备相比，该设备不需要大型高真空设备，也不需要离子加速，从而降低了设备的成本。没有离子束意味着不仅可以在正面，也可以在侧面进行掺杂。最近也有利用等离子掺杂的方法尝试实现鳍状结构⊖这种具有三维结构的掺杂。在笔者看来，虽然等

⊖ 鳍状结构：不同于源极和漏极的第二代栅极结构，使得栅极能够拥有第三代结构，从而提升栅极的支撑力，实现晶体管精细化的结构。作为一种挑战晶体管精细化极限的技术被提出。

离子体掺杂设备已经被离子注入设备挤压得一度消失，如果能看到等离子体掺杂装置再次被重视，将是很有趣的，如图 4-10 所示。

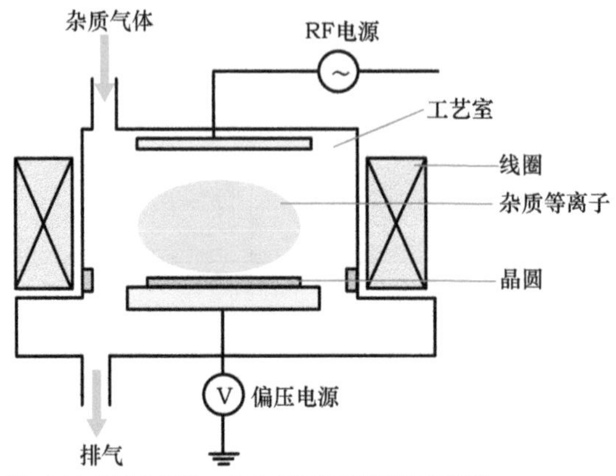

注）图中并没有标明，各个电源和工艺室是绝缘的。

等离子掺杂设备的概念图（图 4-9）

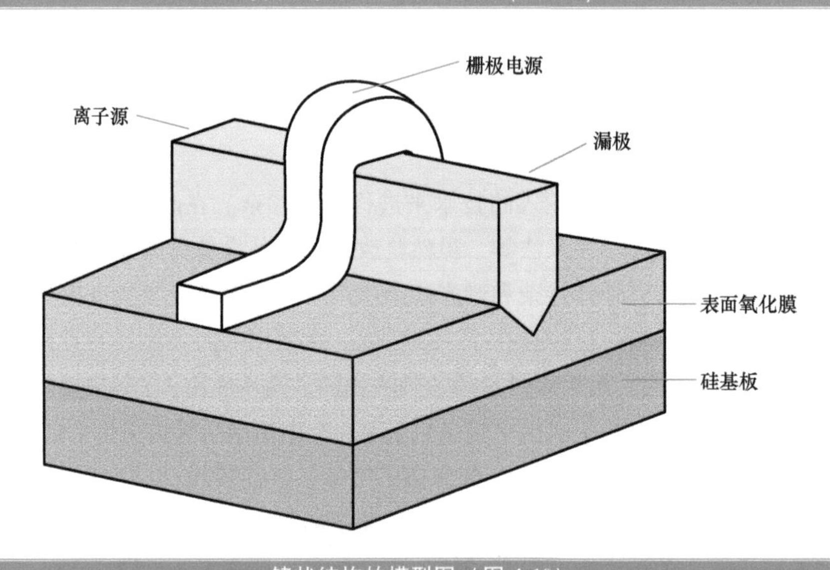

鳍状结构的模型图（图 4-10）

然而，正如在前面的介绍中，读者可能已经注意到了，由于离子没有被加速，掺杂的深度没有办法做得很深。所以它主要应用于超浅源极和漏极的形成。关于超浅接合的更多信息，请参考 5-3 节。

激光掺杂设备

它基本上是下一章中介绍的激光热处理设备的应用版本。图 4-11 显示了设备的概况。杂质气体在减压的情况下被引入工艺室中，并由激光照射以熔化晶圆表面并实现掺杂。当然，这个过程没有办法使用抗蚀剂掩膜。

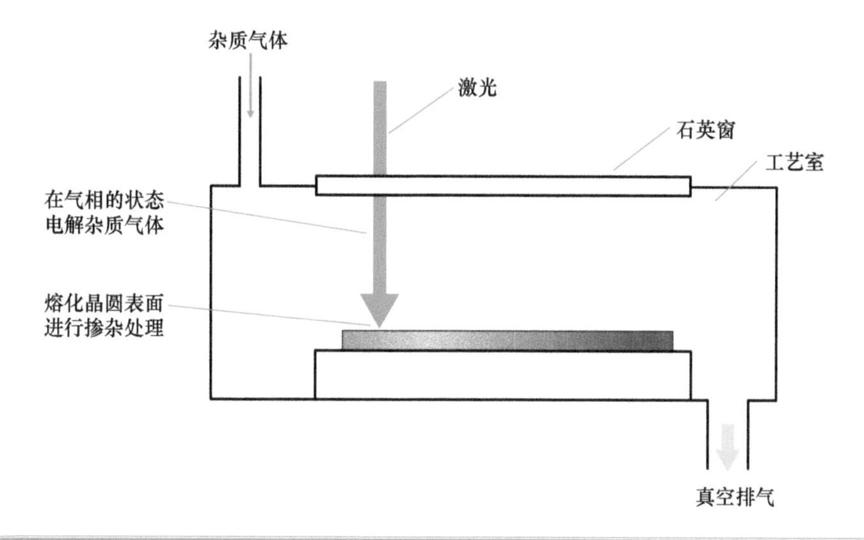

激光掺杂设备的概念图（图 4-11）

这种技术对于掺杂深度也没有办法到达很深。与等离子体掺杂一样，它主要用于超浅结合的形成。

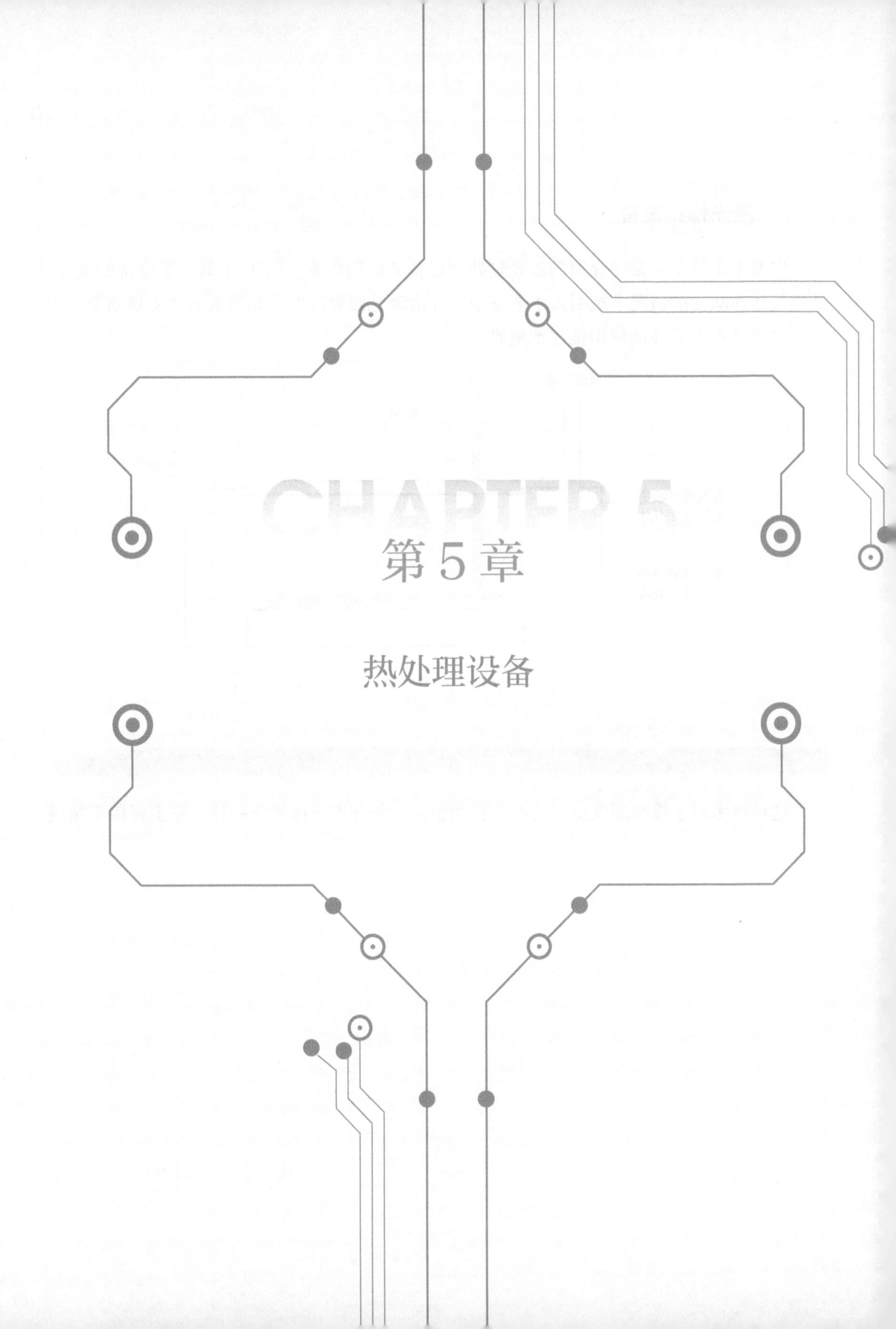

CHAPTER 5

第5章

热处理设备

本章将讨论在离子注入后，用于恢复晶体的各种热处理设备。还将简要介绍现代激光退火设备和相应的激光器。

5-1 什么是热处理设备?

正如上一章所述，加速离子轰击影响扰乱了离子注入后的硅的结晶性质。因此，有必要恢复结晶度。所以用于晶体恢复的热处理设备是不可或缺的。

什么是晶体恢复热处理设备?

当离子被注入晶圆时，硅晶体的晶格被离子的冲击扰乱，而且注入的杂质原子并不能替代硅晶格。何为替代硅晶格可参考图5-1。在晶圆初次被掺入杂质时的状态为“激活”。晶体的恢复需要通过加热的方式让杂质原子转移到硅单晶中，并与硅的晶格点相适应（即实现替代硅晶格）。这个过程被称为固态扩散。固态扩散需要足够的温度和时间，需要由热处理设备来实现。相关模型在图5-2中显示。

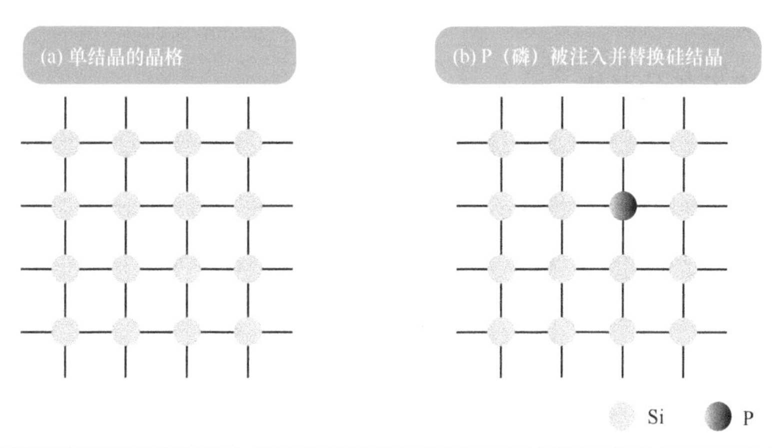

硅晶体的晶格被注入离子替换的例子（图5-1）

关于热处理设备的分类，有各种各样的方法。首先能想到的是，可以根据是批量式还是单片式这种晶圆处理方式来进行分类。另外，根据热处理的方法，也有三种主要分类。第一种是使用石英炉作为容器并从外面对其加热的热壁式处理方法。这种方法属于批量式。第二种是RTA（Rapid Thermal Annealing㊀，快速热退火）方法，即使用红外线灯照射

㊀ RTA：也有RTP（Rapid Thermal Process，快速热退火）这样的名字。

晶圆，使其吸收后加热的方法。第三种是激光退火法，即用激光束照射晶圆表面，使其加热熔化的方法。后两种都是单片式的方法。RTA 使用红外线（波长 800nm 以上）是因为晶圆很容易吸收红外线的能量，可以很快地被加热，这就是红外线加热的优点，同时也是为什么会有 Rapid 这样的命名了。

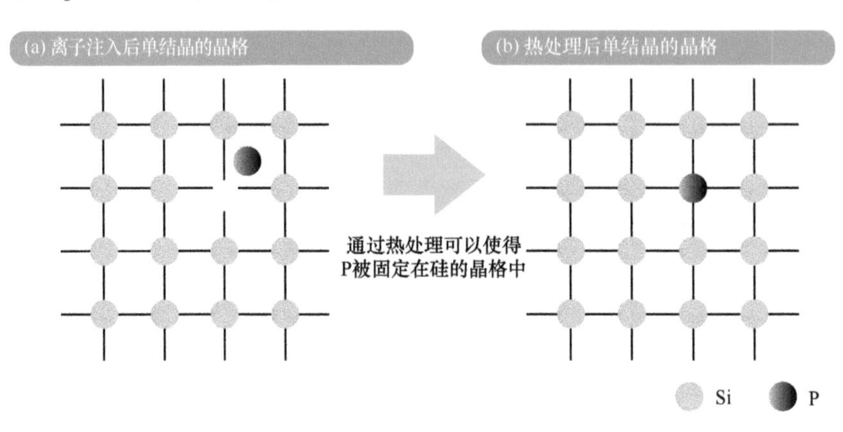

离子注入后和加热后的硅结晶（图 5-2）

热处理设备的要素

构成要素和其他工艺设备基本相同。不同的是热处理设备有着加热系统和温度监控系统。而且加热系统会因为是批量式还是单片式而有很大的不同，已经属于两个系统了。这里将介绍依据加热方式的设备分类。虽然半导体工艺还有其他各种各样的加热工艺，但是使用的设备基本上是相同的。

5-2 历史悠久的批量式热处理设备

这一节将介绍一个可以处理大批量晶圆的热壁处理设备。

关于热处理设备

扩散层的形成是通过在晶圆表面形成一层含有杂质的薄膜，然后通过热处理进行固态扩散。所以热处理本身是一种非常传统的工艺。热壁⊖设备的配置与第 8 章成膜设备中描

⊖ 热壁：晶圆通过石英炉的加热被加热。相比之下，只有晶圆被加热的类型被称为冷壁。这种类型用于成膜。

述的热壁减压 CVD 设备具有相同构成。当然，它不是用来贴膜的，所以不需要使用和成膜相关联的气体，而是使用氮气或者惰性气体作为包围气体。热壁热处理设备可以一次处理大量的晶圆，但加热的过程是缓慢的，所以每次处理都需要好几个小时。

如图 5-3 所示，有两种类型的热壁炉：卧式炉和立式炉。卧式炉处理 150mm 左右的晶圆，立式炉处理 200mm 左右的晶圆已成为标配。卧式炉的结构决定了其占地面积会随着晶圆直径的增大而变大。还有一些问题，如在装卸晶圆时，外部空气容易进入炉子，当载板接触到石英炉壁时，容易产生颗粒。此外，因为在立式炉中载板可以旋转，所以它能提供更好的工艺均匀性。

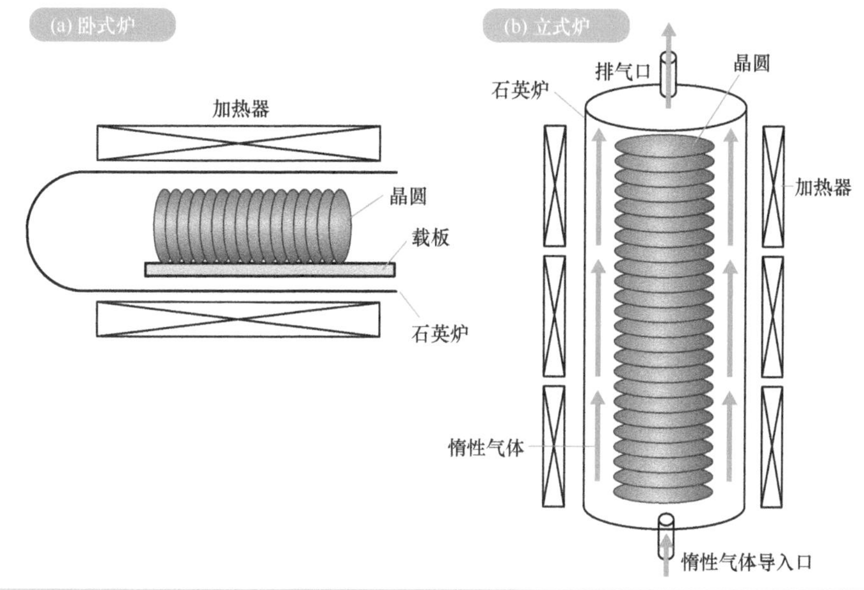

批量式热处理设备的概念图（图 5-3）

热壁设备的瓶颈之一是它是由一个加热器在外部加热的，所以在成膜处理的时候，薄膜也会附着在炉壁里面。即便是在热处理的情况下，晶圆中的杂质也会向外扩散一些，所以石英的内壁上仍有少量的杂质。因此经常清洗内壁是很有必要的。

在载板两端的晶圆处理效果很难得到保障，所以一般用虚拟晶圆进行替代。

另外，如果同一批次数量不足，也会添加虚拟晶圆充数。通过炉内的晶圆数量始终保持不变，以确保气体流量和加热方式始终相同。

在大多数卧式炉中，通过石英管装载晶圆的过程是半自动的，但在立式炉中其自动化程度越来越高。如图 5-4 所示，晶圆从石英炉的下方插入炉内，所以设备高度与无尘室天花板的高度可能成为设备布局和产能的瓶颈。

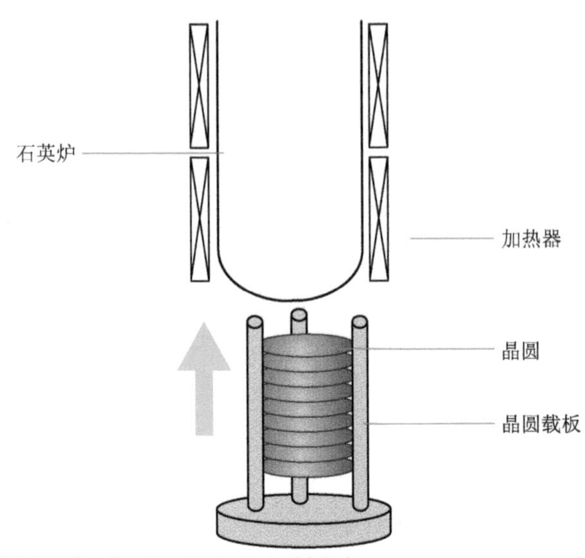

注）晶圆数量仅为示意，实际晶圆数量比图中要多很多。

批量式热处理炉中的晶圆装载（图5-4）

热处理设备的石英炉

顺便提一下，热壁炉已经存在了很长时间，也有许多不同的名称，比如石英炉。它由石英制成一个芯管或电炉，由电加热器进行加热。实际生产中有很多叫法，但它们都是一个东西，需要注意。

回到主要问题上，之所以会使用石英，是因为它的高耐热性，而且它的纯度很高。不难想象，一个能够装载100块300mm晶圆的石英炉将是相当昂贵的。石英炉是由专业石英夹具制造商制造的。

石英炉需要不定时进行清洗，当然，不可能用清洗晶圆的设备来清洗，所以在前段制程晶圆厂中需要安装专门的石英炉清洗设备。这样一来，晶圆厂就配备了各种设备来清洗制造设备的夹具和零件。这一点在3-5节中也有提及。

5-3 单片式RTA设备

用红外线照射硅晶圆，可以迅速加热晶圆。这就是RTA（快速退火）设备的原理。

什么是RTA设备？

RTA使用发出红外光的灯具（例如卤素灯）。这样做的好处是，硅元素非常容易吸收红外光，因此整个晶圆的加温会很快。这就是为什么它被称为 Rapid。

如上所述，热壁式可以一次加工大量的晶圆，但是很难实现快速加热，一次处理可能需要几个小时。另一方面，RTA 可以在大约 10 秒钟内加热一个晶圆，一个晶圆的处理包括加热和降温，只需要大约一分钟。图 5-5 显示了一个典型的双面加热式的 RTA 设备的概况。从原理就可以看出，这是一个单片式设备。

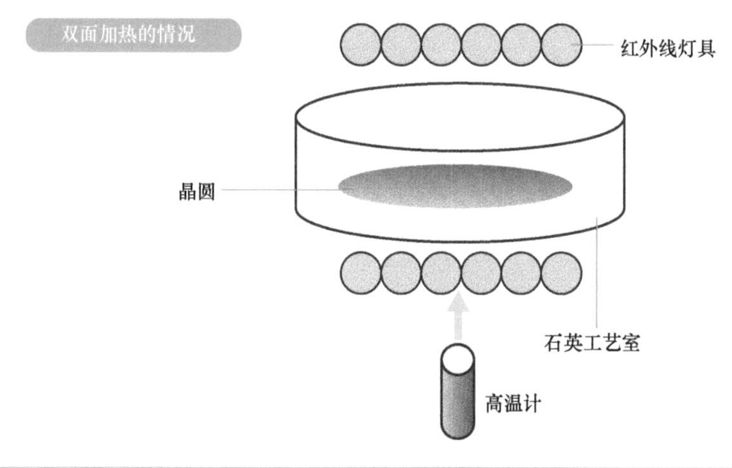

RTA 热处理设备的概要图（图 5-5）

如图 5-6 所示，也有单面加热的 RTA 设备。单面加热是为了晶圆加热的均匀性。在高于 1000℃时，温度变化即使只有几度，也会在晶圆中诱发晶体缺陷，即所谓的滑移。单面加热的方法则会测量多个点的温度，并反馈到每个区域的灯具功率的输出，以确保晶圆能获得均匀的加热。

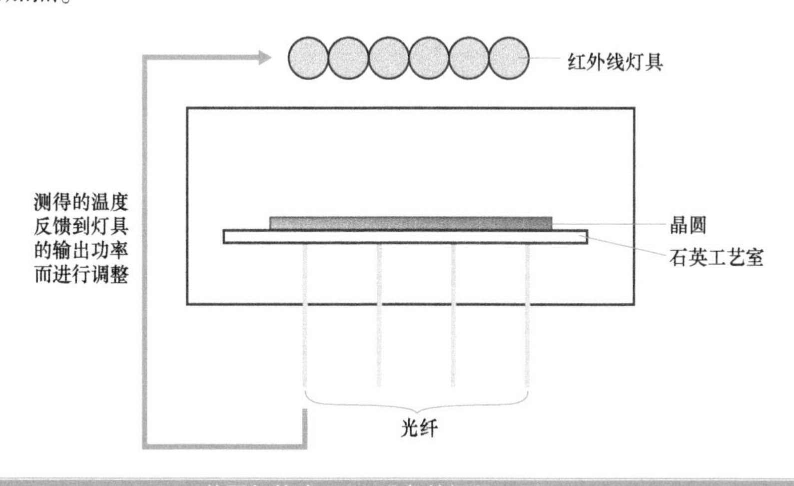

单面加热式 RTA 设备的概要（图 5-6）

这种方法的优点是可以旋转晶圆，以提高加热的均匀性。能够测量多点的温度是单面加热法的另一个优点。

温度测量

温度测量使用的是高温计（pyrometer），一种用于高温测量的光学温度计。它可以测量晶圆的热辐射，并将其转换为温度。然而，如果在晶圆表面形成了一层薄膜，晶圆表面的放射率（Emissivity）就会发生变化，导致无法准确测量温度。所以需要在测量中加入一个温度补偿系统。

RTA 设备的灯具

对于 RTA 设备，需要一个红外灯具。通常情况下，卤素灯是最常见的。灯具可以是管状的，也可以是球状的，但现在大多数是球状的。然而，灯具本身的问题是消耗更多的电力。因为在加热过程中会使用大量的灯具。根据估计，RTA 设备的功率可高达数 10kW。一般认为单片晶圆平均下来的运行成本要高于批量式设备。如何降低能耗成为 RTA 设备的课题。

随着最近 LSI 的微型化，需要超浅的接合深度，所以使用了氙气闪光灯。这就是所谓的闪光灯退火设备。这样做的好处是，它能瞬间加热晶圆，而传统的红外灯需要几秒钟到十几秒钟来加热晶圆。超快速的加热速度使得超浅层的接合得以实现。

顺便说一句，“junction”一词也许让人联想到线与线之间的连接，如高速公路的交界处，但在英语中它也可以表示表面之间的连接，如 pn 结合。作为参考，图 5-7 中从斜对角的角度显示了 MOS 晶体管的结构。

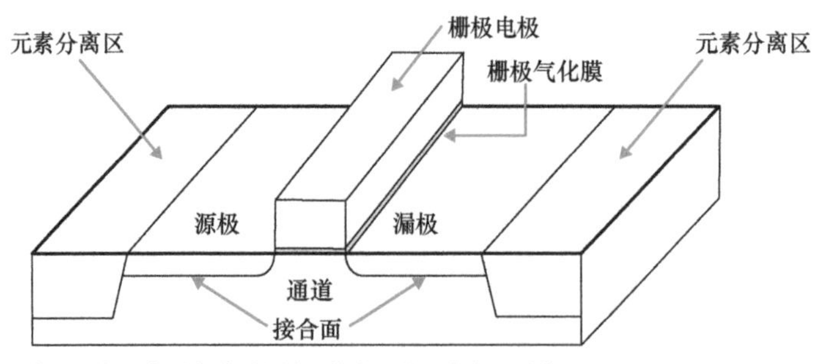

晶体管的接合面（图 5-7）

5-4 最新的激光退火设备

当晶圆被紫外线照射时，紫外线的能量会使晶圆表面熔化。激光退火设备利用这种能量来进行热处理。

什么是激光退火？

激光退火是一种由来已久的方法。这个方法是，通过在石英或玻璃基底的表面形成一层硅薄膜并使其结晶，而不使用晶圆就可以制造硅元件。这个方法被应用于驱动 LCD⊖液晶而使用的 TFT 生产，它也作为一种用激光使非晶硅结晶，以提高性能的技术而幸存下来。然而，当时并没有合适的激光设备可以用于结晶，之后到 1976 年才考虑将准分子激光器用于实际应用。最近，由于气体激光设备所需体积较大，固体激光设备已被投入使用。

图 5-8 显示了激光退火的概况。激光源是一种使用紫外线的激光器（400nm 以下的短波长）。紫外线激光器大多是使用惰性气体和卤素气体的准分子激光器（如 XeCl，308nm）。作为参考，蓝色激光使用波长为 405nm 的蓝光，输出功率也不同。蓝色激光器是一种用于复合半导体晶体的固态激光器。准分子激光器通过使用镜子和光学器件来缩小光束，并使能量均匀地照射到晶圆上进行扫描。如图所示，紫外线激光只被硅的最表面吸收，所以只有最表面的部分会被熔化和再结晶，从而形成陡峭的杂质分布，这种陡峭的杂质分布就属于和 LSI 微型化有关的超浅层接合。

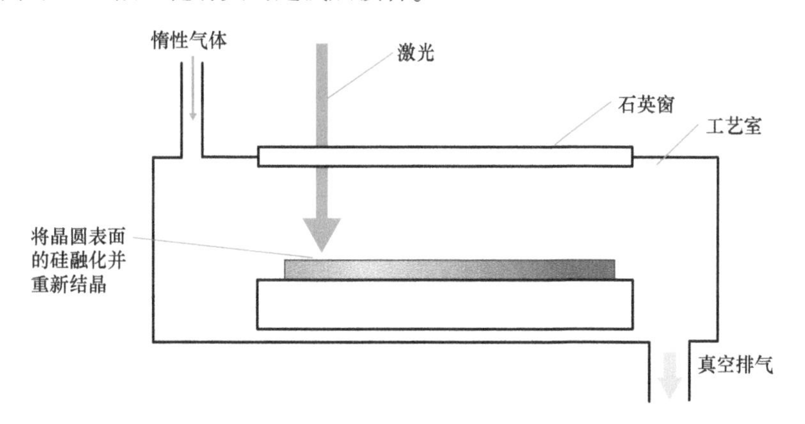

准分子激光退火设备（图 5-8）

⊖ LCD：Liquid Crystal Display（液晶显示器）的缩写。这是一种利用液晶的作用来显示信息的设备。

激光退火设备和 RTA 设备的区别

如上所述，RTA 使用红外辐射。这样做的好处是，硅很容易吸收红外线，因此晶圆温度可以迅速提高。此外，由于光源是灯管，可以使用多个灯管，以确保晶圆受到均匀的照射。另一方面，激光退火受限于光束的大小，必须在晶圆上进行扫描。图 5-9 显示了这种差异。就产量而言，扫描激光退火设备与 RTA 相比处于劣势，RTA 可以成批地进行照射，实现热处理。

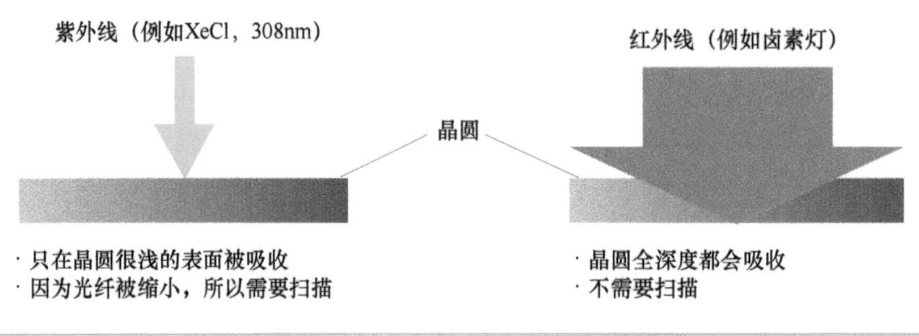

激光退火和 RTA 的区别（图 5-9）

5-5 准分子激光源

这里将介绍激光退火设备中使用的准分子激光源。因为它也是用于光刻的光源，我们也会在第 6 章中做介绍。同时也会简单地讨论固体激光器的内容。

什么是准分子激光器?

Excimer 是“Excited Dimer”的缩写，直接翻译为处于激发状态的双原子。这两个原子是一个惰性气体原子和一个卤素原子。顾名思义，惰性气体不具有反应性，不会与其他原子发生反应，但当它们被放电激发为离子状态时，就会变成准分子，而准分子只在激发状态下可以与卤素原子结合。这种准分子的寿命很短，会发出紫外线并返回到基态，成为原来的惰性气体原子和卤素原子，如图 5-10 所示。从能量平衡的角度来看，可以说放电的电能被转化为光能。准分子激光器使用的就是这种紫外线⊖。

⊖ 紫外线：这种紫外线的波长比普通紫外线（Ultra Violet）的波长短，因此在光刻领域通常被称为 DUV（Deep UV）。

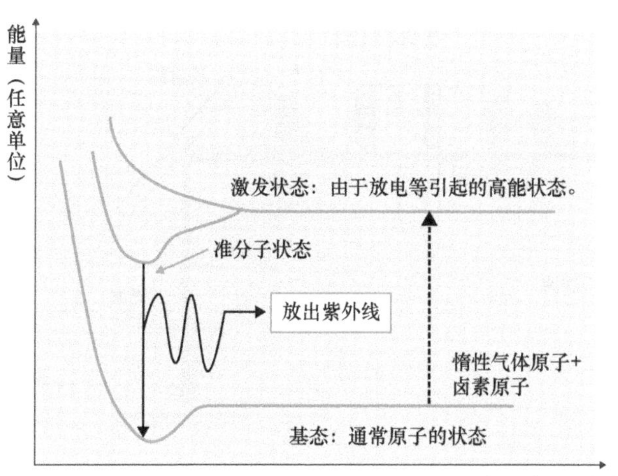

准分子激光的原理（图 5-10）

为了长期使用这种设备，就需要维持放电的状态。实际的准分子激光设备使用预放电来启动和维持放电，这是一个复杂的过程，不仅涉及放电，还涉及光轴的对准和调整，以及气流的安装。

1970 年，第一台准分子激光器在实验中振荡成功，1976 年，XeF（波长 351nm）准分子激光器振荡成功，据说这次成功激发了工业应用。使用气体激光器的原因是可以根据所使用的气体类型来选择振荡的波长。然而，激光器中的气体也是有使用寿命的，所以需要定期更换气体。不过这与本章所述的激光退火系统关系不大，在第 6 章中介绍的曝光光源有 308nm 的 XeCl，248nm 的 KrF，193nm 的 ArF 等，具体可参照第 6 章的内容。

应该注意的是，用于激光退火的激光⊖的功率密度与用于光刻的激光的功率密度是不同的。

通往设备的激光路径

图 5-11 是一个从准分子激光器到晶圆的路径的一个例子。激光束由一个镜子送入光束形成系统，也叫作光束均质器。它使用复杂的透镜和狭缝组合，将激光束塑造成一个均匀的形状，并改善光束内的能量均匀性。光束内能量的均匀性对热处理过程至关重要。光束的形状可以是线性或平面的。然后，成形的光束被镜子引导到工艺室中的晶圆上。

⊖ 激光（Laser）：Light Amplification by Stimulated Emissin of Radiation 的缩写。

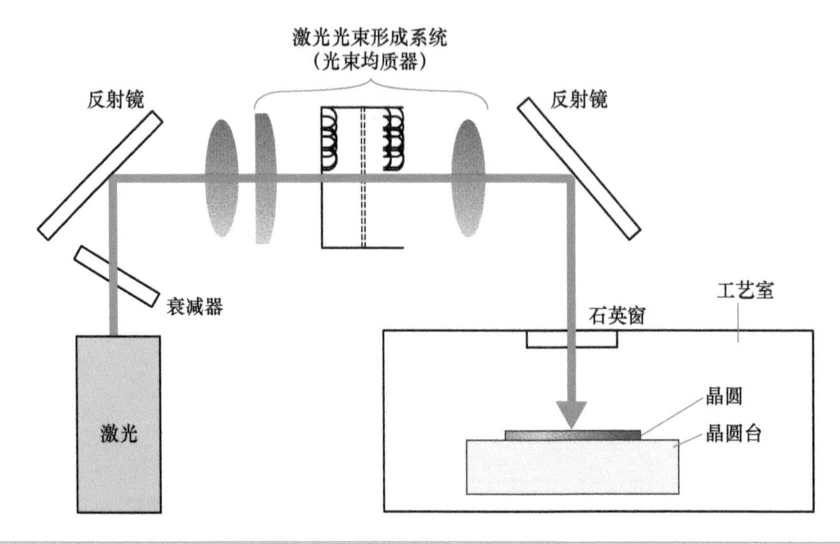

准分子激光退火设备的概要（图5-11）

什么是固体激光器？

如上所述，属于气体激光器的准分子激光器可以产生高功率的激光，但它们需要大量的时间和精力来更换气体等。最近，人们考虑使用固体激光器的激光退火设备。例如，固体激光器通过向（图5-12所示）半导体晶体施加电压而产生激光振荡。由于单个固体激光器的输出功率不足，目前正在开发一种使用多个激光器的退火设备。

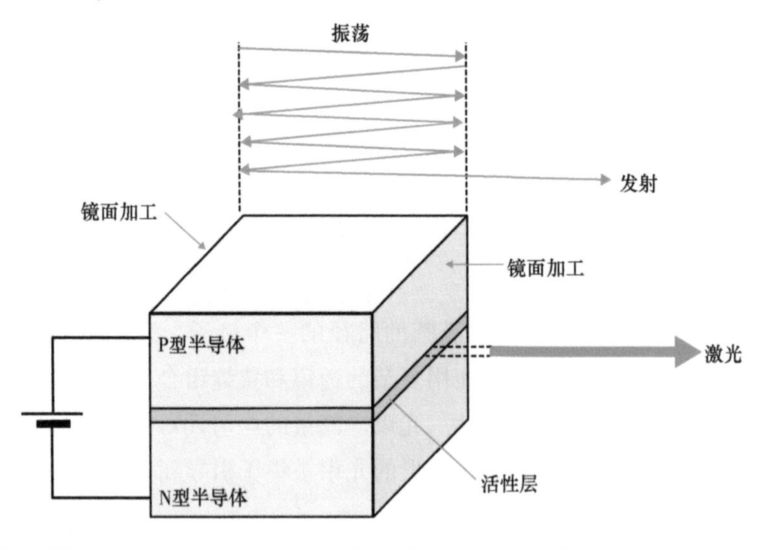

固体激光振荡的原理（图5-12）

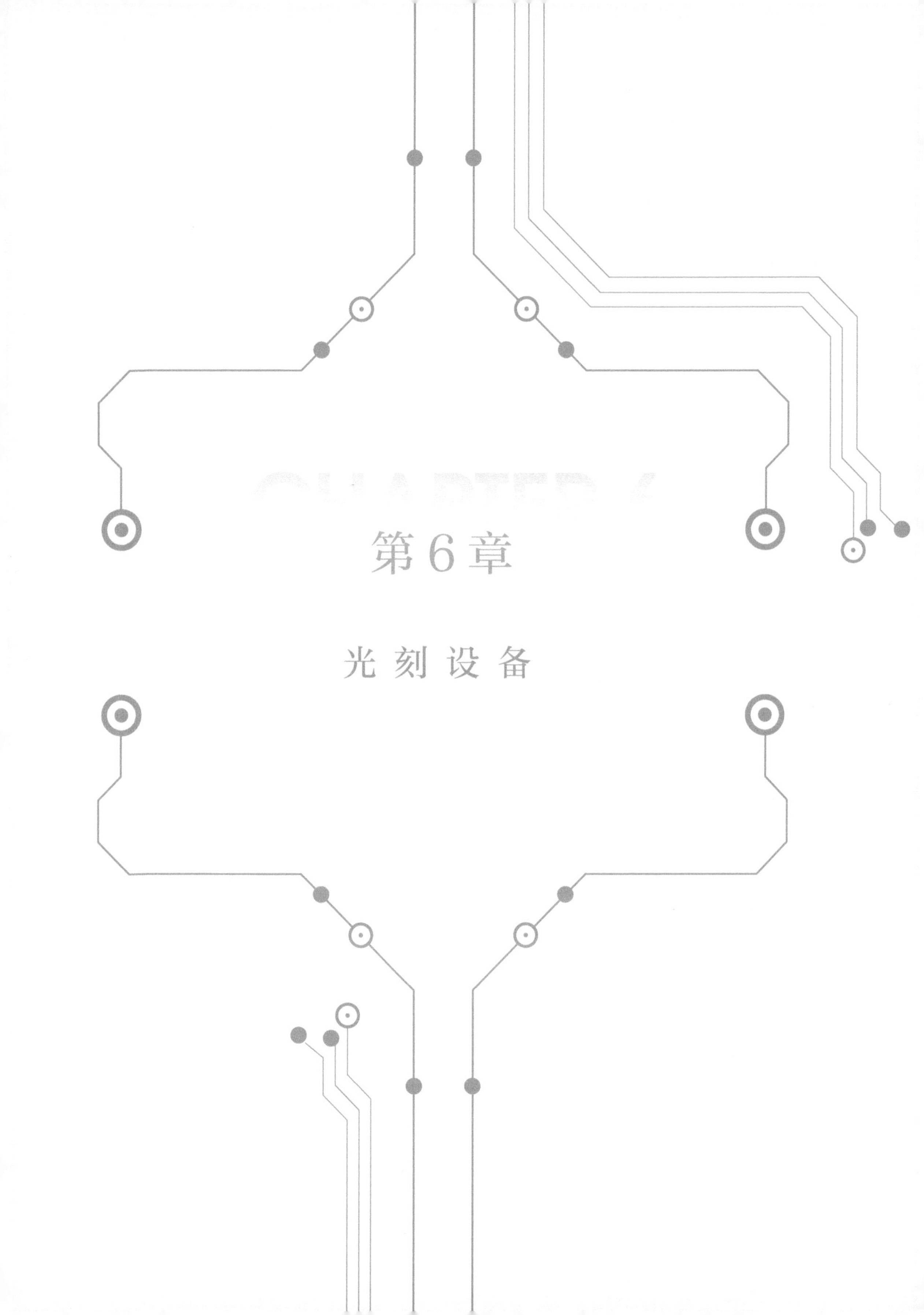

第6章

光刻设备

本章涵盖了广泛的光刻设备，这些设备一直是半导体小型化技术的推动力，包括曝光设备、抗蚀剂涂布设备、显影和灰化设备。还涉及浸入式曝光、多图案和 EUV 曝光设备的最新发展。

6-1 多样的光刻设备

光刻工艺本身不会在 LSI 上留下任何产物。如果比作绘画，它就像画一张草图，而且是一张粗糙的草图。然而，通过使用蚀刻和其他工艺实现了将粗略的草图转换成布线图案的过程，从而促进了半导体的小型化。

什么是光刻工艺和光刻设备？

为了简单起见，笔者将做适当的简化。如图 6-1 所示，光刻技术的组成部分是光源（曝光设备）、作为光敏材料的抗蚀剂和作为原画的掩膜（也称为光罩，但在本书中使用“掩膜”一词）。曝光后，掩膜被显影，以留下抗蚀图案。光刻的工艺流程从上游开始如下：压模制作工艺、抗蚀剂涂布工艺、曝光工艺、显影工艺、灰化工艺（去除抗蚀剂涂布，图中未显示）。

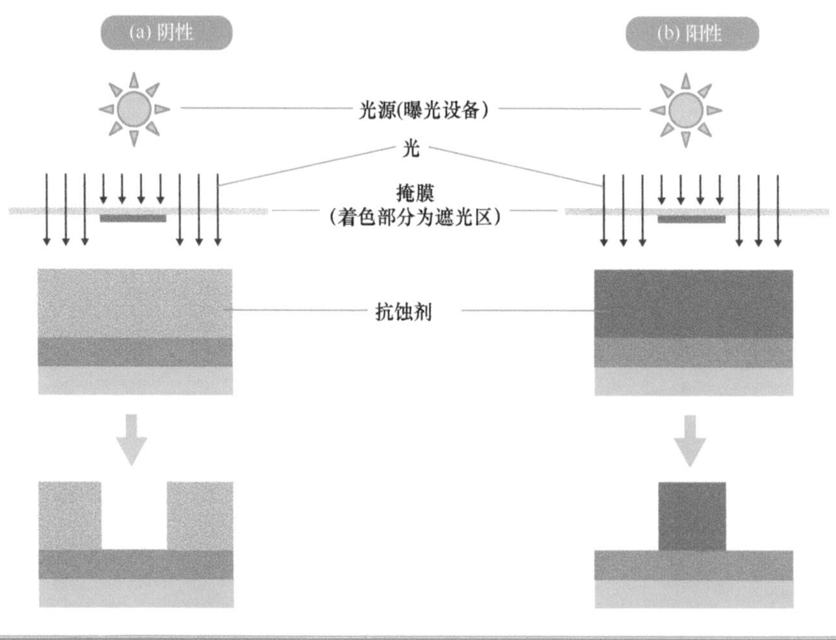

光刻技术的要素（图 6-1）

可以看出，光刻技术中有许多不同的过程，而每一个过程都需要有自己的设备。图中的“阴性”和“阳性”的主要不同是抗蚀剂，具体将在6-5节中解释。

光刻工艺流程和设备

图6-2显示了光刻工艺的流程，包括蚀刻和灰化。阴影区表示本章中使用的光刻设备。在过去与蚀刻一样，采用灰化湿法，而不是6-7节中所述的干法。灰化相当于蚀刻后的清洗工艺。

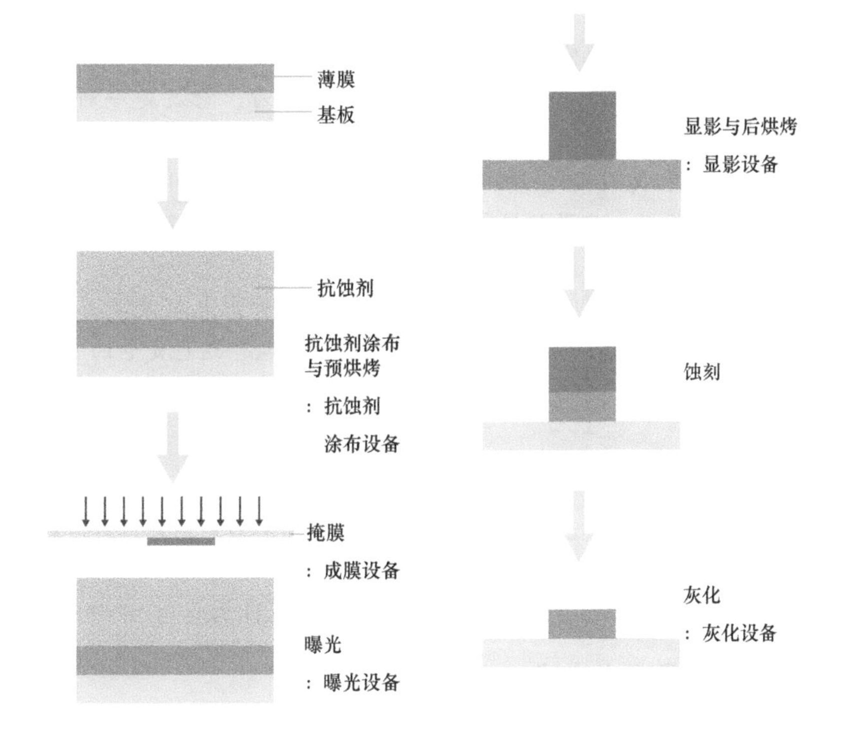

光刻工艺流程和需要的设备（图6-2）

一系列流程的第一步是在要蚀刻的薄膜上涂抹一层抗蚀剂。这是用6-4节中介绍的抗蚀剂涂布设备完成的。然后在70℃~90℃下进行预烘烤，以去除抗蚀剂中含有的溶剂。然后使用曝光设备将掩膜图案绘制在抗蚀剂上。曝光设备可参考6-2节。然后抗蚀剂被显影，只留下所需的抗蚀膜。随后在100℃左右进行后烘烤，以完全去除显影剂和冲洗液成分，并增加对被蚀刻材料的附着力。这些都是使用6-5节中描述的显影设备进行的。预烘烤有时称为软烘烤，后烘烤有时称为硬烘烤。

这就是光刻的工艺流程了。到此为止，我们完成了抗蚀剂的图案。这部分属于光刻的草图部分。然后是蚀刻和灰化工艺，用来在晶圆上进行刻画。蚀刻和灰化分别在第7章和6-7节中做详细介绍。

为了避免任何误解，需要说明的是图6-2只是显示了光刻工艺的基本流程。虽然基本流程都有其对应的设备，但目前大多数晶圆厂都是按照流程对这些设备做了一体化的整合。这将在6-6节中讨论。

光刻生产车间

光刻设备被安装在无尘室的一个稍微特殊的区域。这是因为光刻工艺中使用的光敏电阻可以被普通的荧光灯感光，造成类似于卤化银摄影的“雾霾”现象。换句话说，如果抗蚀剂在正常曝光前被感光，它将无法在光刻工艺流程中正确绘制图案。

在光刻生产车间中使用的是抗蚀剂不敏感的波长光源进行照明。

用肉眼看，它就是一种充满黄光的生产车间。这也是为什么有时光刻生产车间被称为Yellow Room的原因。当然，已经做了隔离其他车间光源的措施。

除此之外，光刻生产车间也必须做好防震措施，这也是它的一大特色。

6-2 决定精细化的曝光设备

曝光设备使用来自光源的光将掩膜的图案转移到光敏抗蚀剂上。某种意义上来说，它就是半导体制造设备的象征。最先进的设备价格可达数十亿日元。

曝光设备的不同曝光方式

让我们先来解释一下接触式曝光设备和缩影式（缩小投影）曝光设备之间的区别。接触式曝光设备是通过直接将掩膜和涂有抗蚀剂的晶圆接触来完成一次性曝光。这种曝光方法简单而便宜，但掩膜在接触晶圆过程中可能沾染上灰尘，并且在某些情况下，当它与抗蚀剂接触时，还会出现划痕。此外，掩膜的最小尺寸将由烘烤它的晶圆的尺寸决定。此外，掩膜的最小尺寸必须与能够在晶圆上刻画的最小尺寸匹配，这个特性就妨碍了半导体制造的精细化。所以在最近的半导体工艺中很少使用这种曝光方式。曾经出现过一种使用非接触的相同倍率的镜面投影光学系统的曝光设备，但由于不适合微细加工，目前已经很少用了。

缩影式曝光设备使用掩膜⊖(Reticle，瞄准镜）的图案并利用光学系统对其进行缩小，然后对晶圆进行曝光处理，所以不会发生接触，也就不会沾染上灰尘或者造成划痕。另外掩膜通常被缩小为1/4或1/5的尺寸，所以它还有一个好处，就是可以以较大的尺寸进行掩膜的制作。

缩影式曝光设备的绘制方法

然而，由于掩膜图案被缩小后进行曝光，所以不太可能像接触式曝光那样在一次曝光中就把掩膜图案刻录到晶圆上。会通过掩膜和晶圆的相对移动，从而将掩膜图案刻录到整个晶圆上。有两种掩膜和晶圆相对移动的方法：步进重复法（设备称为步进器）和扫描法(设备称为扫描仪)。现行的方法均为扫描法。g射线和i射线包括一部分的KrF采用的是步进重复法。图6-3显示了两种方法的比较。

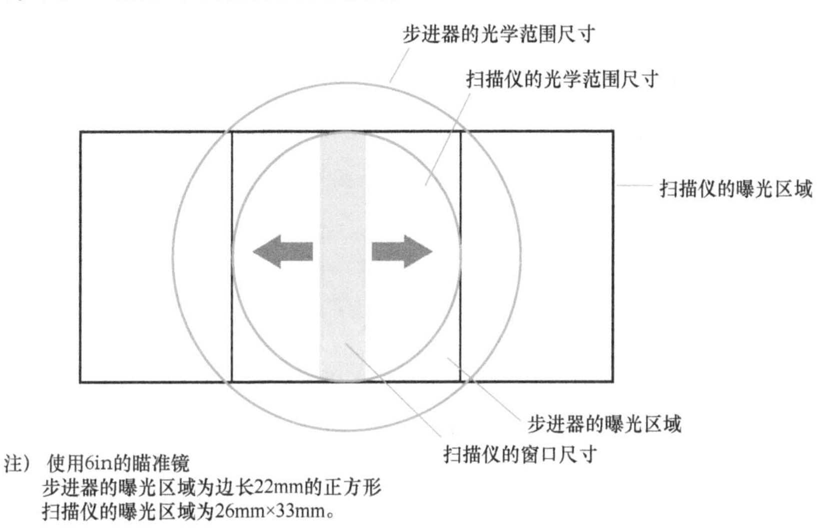

步进器（1/5×）和扫描仪（1/4×）的曝光面积比较（图6-3）

图6-3中很难准确知道，对于一个6in的瞄准镜，步进器可以产生一个边长为22mm的曝光区域，扫描仪可以产生一个26mm×33mm的曝光区域。步进器一次曝光中只能获得图中圆圈内接正方形的曝光，但由于扫描仪可以边扫描边转移，所以可获得图中横向较长的曝光区域。由于先进的半导体逻辑需要大的曝光面积，因此扫描仪成为高级曝光设备的主流。关于g射线的介绍将在6-3节涉及。

⊖ 掩膜：在缩影式曝光方法中也会称为Reticle（瞄准镜）。瞄准镜在光学上意指便于观察且带有十字刻线的视镜。

曝光设备的构成要素

图6-4是ArF扫描器设备的示意图。因为是曝光系统，所以有光源、光学器件（光束均质器和投影镜头）和晶圆台。此外，还有晶圆装载机、瞄准镜装载机和整个控制系统。在设备顶部有一个下行气流过滤器，因为曝光系统需要精细的温度和湿度控制，所以这个过滤器比无尘室中的过滤器更严格。另外，现在使用的是化学放大抗蚀剂[1]，所以必须注意避免化学污染[2]。振动是精细图案形成的干扰因素，晶圆台配备了防振功能。也有不依托于其他设备单独设立防振台的情况。

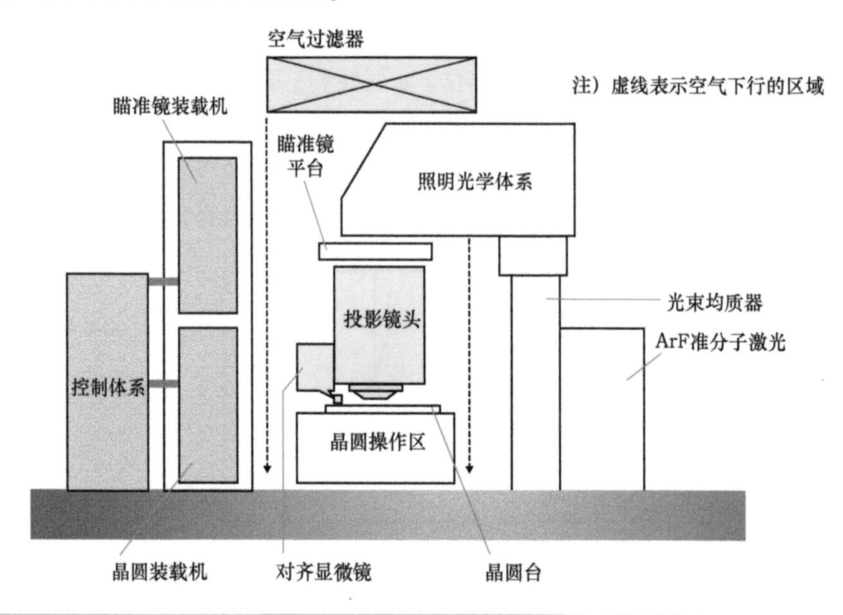

ArF扫描曝光设备（扫描仪）的概略图（图6-4）

也可以参考本节的专栏内容。LSI的制造不是能够在一次的曝光过程中一蹴而就的。所以需要多次曝光才行，而每次曝光都必须与之前的曝光形成图案对齐。这个对齐是极其严格的，所以晶圆台必须有对应精度要求的对齐设备。在10-7节中会介绍对齐检查的方法。当然各个曝光设备同时使用时，需要确保它们组合后的精度能够得到保证。曝光设备对于这种精度的混合和匹配是很重要的。这是因为LSI的制造可能需要数十枚掩膜（瞄准镜）相叠加才能完成。诚然在生产环境中，由于晶圆厂的运营方式不一样，自然会对相关

[1] 化学放大抗蚀剂：曝光的时候使用氧化剂，它作为催化剂促进抗蚀剂中的化学反应，增加其敏感性。

[2] 化学污染：因化学反应而起。氨是化学放大抗蚀剂的主要敌人。

设备的喜好或者偏好也不一样。

曝光设备的光学系统

目前的曝光系统是以透镜为基础的。图6-5显示了一个ArF扫描仪的光学系统示意图。从准分子激光源发出的光通过光束均质器形成均匀的光束，然后通过照明光学系统转换成适合用于曝光的照明光，最后通过瞄准镜和其下方的投影镜头实现将图案印在晶圆上的目的。

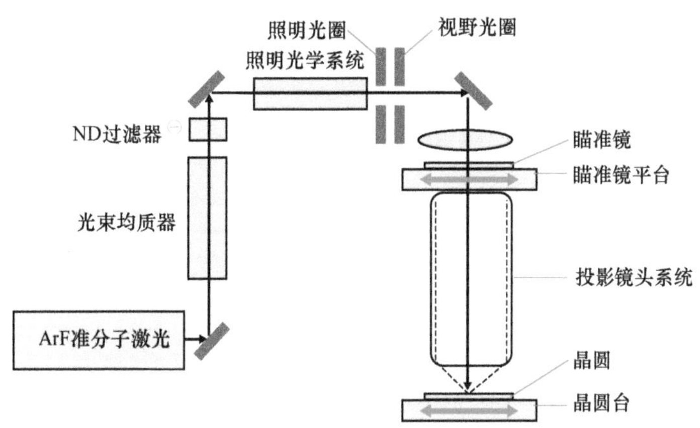

ArF扫描曝光设备的光学系统概略图（图6-5）

投影透镜是由更多的透镜组合而成的，比图中所描述的要多。仅仅是这个镜头系统的重量就已经相当可观了。如图所示，瞄准镜平台也与晶圆同步移动，进行扫描式曝光。

有精细化需求的曝光设备

关于光刻设备的安装，还有一个非常重要的事情就是曝光设备的防振措施必须极其严格。这是因为曝光过程中的振动会影响图案的绘制。如果附近有铁路线，就会引起振动，所以从建造无尘室开始，就需要对这些进行考量。把曝光设备安装在防振台或者除振台上是一个很好的解决办法。尤其是精细化程度越高，防振措施就越严格。

还应该补充的是，曝光设备所在区域的空气温度和湿度控制要比其他区域更严格，因为它可能会影响到抗蚀剂的感光。特别是使用化学放大抗蚀剂的情况更是需要严格的控制。

㊀ ND过滤器：Neutral Density过滤器的缩写。用于进光量的调整。

6-3 推进精细化进程的曝光光源的发展

光刻技术尤其是其中的曝光设备的光源发展推动了半导体的小型化。

光源的历史

在光刻技术中使用的波长范围如图6-6所示，通过瑞利（Rayleigh）公式，可以知道想要提升分辨率 R（Resolution 的缩写），需要满足以下要求。

分辨率：$R=k\frac{\lambda}{NA}$（瑞利公式）

λ：曝光波长
NA：镜头口径（NA：Numerical Aperture）
k：工艺的依存因子）

提高分辨率可以：
① 缩短 λ ➡光源
② 增大 NA ➡改良镜头
③ 改善 k 因子➡改良抗蚀剂、采用其他超分辨率技术

光刻的分辨率（图6-6）

① 曝光光源波长的缩短。
② 镜头的 NA 的增大。

笔者想补充的另一件事是使用超级分辨率技术来提高k因子。超分辨率技术将在6-11节中稍加讨论。理论上，镜头的 NA 的极限是1，目前的值已经很接近这个极限，没有更多的发展空间了。所以这里会讨论一下光源。

光源的历史可以追溯到接触式曝光和使用超高压汞灯的时代。这些灯可以发射含有不同波长的光谱：g线（436nm）、h线（405nm）、i线（365nm）是最突出的几个。g-射线和i-射线被用作光刻技术的光源。使用以上光源进行的曝光被称为UV（Ultra Violet，紫外）曝光。从亚半微米（0.35μm）开始，使用KrF（248nm）的准分子激光作为光源。在5-5节中对准分子激光器进行了介绍。随后，从0.1μm左右开始使用ArF（193nm）作为光源。大约在20世纪80年代中期，对准分子激光器在半导体加工中使用的研究和开发有所增加。当时，有一个想法是将准分子激光器不仅用于光刻，还用于其他工艺，但最终

只用于光刻。使用以上光源进行的曝光被称为 DUV（Deep Ultra Violet，深紫外）曝光。

图 6-7 显示了能量和波长之间的关系。波长越短，能量越高。人眼的可见光约为 1.55~3.1eV，而 ArF 约为 6.4eV，所以它有很高的能量。

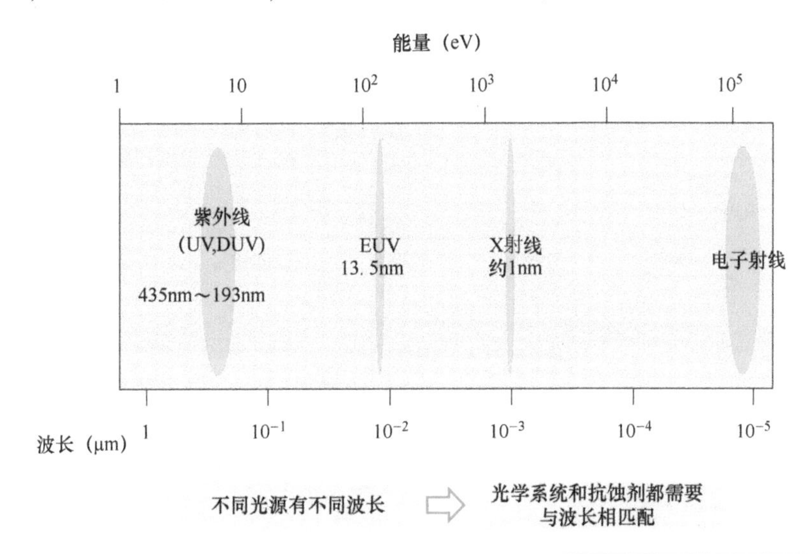

曝光波长的区别（图 6-7）

这很容易引起误解，所以笔者想提一下，这里介绍的先进光学曝光设备是 ArF 扫描仪，并不意味着所有先进半导体生产线的曝光系统都是 ArF 扫描仪。用于制造半导体设备的一些图案并不总是需要那么精细，有时候粗略图案也是满足需求的。

为此，即便是今天 i 线或者 KrF 的步进器仍然被用于实际生产。

图中还指出，不同的光源能量（波长）需要不同的抗蚀剂和光学系统与其匹配。

未来的光源

曝光光源的短波长已经达到了 ArF（193nm）的极限。事实上，在 ArF 之后，F_2（157nm）激光器作为短波长光源的实际应用也得到了考虑，但由于还需要处理光学系统的透镜材料等问题，实际应用变得很困难，而液浸式的实际应用正在进行。此外，EUV（Extreme Ultra Violet：远紫外光）有望成为下一代的光源。这将在 6-10 节讨论。这些趋势显示在图 6-8 中。应该指出的是，自 KrF 以来，尺寸短于所用波长的图案的曝光问题已被解决。这要归功于超分辨率和其他技术的进步。

如上所述，ArF 在曝光光源的短波长方面已经达到了极限，而浸入式和双重图案可以看作是一种延长寿命的方式。同时也是不同性质光源的 EUV 实用化的关键技术。

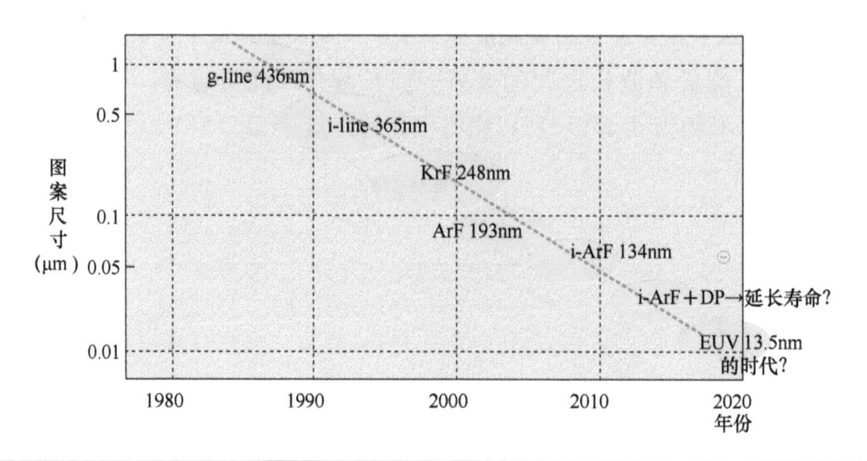

曝光波长的变化（图6-8）

6-4 曝光所需的抗蚀剂涂布设备

用于光敏抗蚀剂涂抹晶圆的设备被称为抗蚀剂涂布设备。英文为coater，所以也被称为镀膜设备。

抗蚀剂和涂布机的关系

光敏抗蚀剂需要在晶圆上形成均匀的薄膜厚度，能够实现的就是旋涂法。这种方法的实现是，晶圆面朝上放在一个旋转器上，旋转器的背面由真空吸盘固定，并将预定数量的抗蚀剂滴在晶片上，然后旋转器高速旋转，以在晶片上获得均匀的薄膜厚度。如图所示，平台的直径通常比晶圆的直径小。这方面的原因将在后面解释。这种设备被称为旋涂设备(旋转涂布设备)。原则上，这种设备一次只能加工一个晶圆，所以不管晶圆的直径如何，都属于单片式设备。旋涂设备可能是第一个用于半导体加工的单片式设备。抗蚀剂薄膜的厚度由旋转的次数和抗蚀剂的黏度控制。当然，速度越高，薄膜越薄，而抗蚀剂的黏度越高，薄膜越厚。这种关系在图6-9中有所显示。抗蚀剂薄膜的厚度由许多因素决定，包括曝光时间和抗蚀剂的抗蚀性，以及抗蚀剂的黏度。

如6-6节所述，旋涂法的高产量、设备的简单性以及与其他设备的在线整合的适应性，使这种方法得到了很好的应用。

⊖ DP：双重图案的缩写。参见6-9节。如前所述，与其说是双重图案，不如说正在朝着多重图案方向发展。

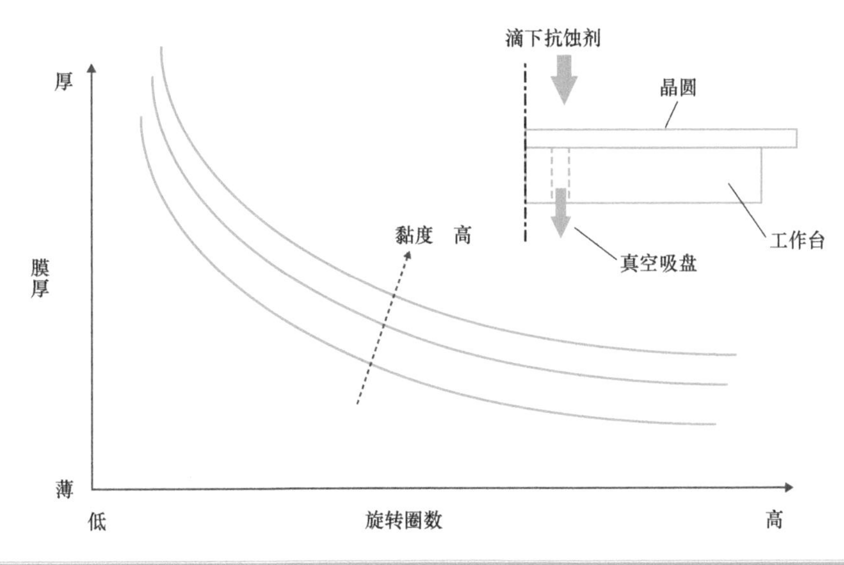

抗蚀剂涂布薄膜厚度的控制（图 6-9）

现实中的旋涂设备

除了晶圆的装卸，旋涂设备的主要组成是旋涂和烘烤。涂有抗蚀剂晶圆的烘烤通常是在加热板上进行的，因此有时被称为热板部。在某些情况下，虽然现在不是很常见，但晶圆通过皮带被送入隧道，在那里以流动的方式进行加热和烘烤。抗蚀剂在空气中会干燥成固体，因此在将抗蚀剂涂在晶圆上之前，要从喷嘴中丢弃少量的抗蚀剂，以确保始终有新鲜的抗蚀剂被用于涂布。

抗蚀剂薄膜必须均匀地涂在晶圆上，但在晶圆的边缘会有一小块厚度增加的区域，称为边缘堆积，通过边缘冲洗和背面冲洗的功能，可以防止抗蚀剂薄膜扩散到晶圆的背面。图 6-10 说明了这一点。这也是前面提到的晶圆直径大于平台的原因。抗蚀剂和漂洗液储存在各自的罐子里，并被输送到喷嘴中。

晶圆表面的亲水性有时候会比较高，从而导致正性抗蚀剂没有办法很好地涂布在晶圆表面。在这种情况下，晶圆表面需要使用一种叫作 HMDS（六甲基二硅氮烷）的有机溶剂进行处理，使其具有疏水性。该处理也是通过涂布设备完成的，所以需要一个专用的喷嘴。

看图可能觉得很简单，但要实现高水平高完成度的工艺和设备，就会涉及大量的技术积累。为了防止旋转过程中散落的抗蚀剂在杯子周围被反弹后重新附着在晶圆上，工作台的下方需要处于负压状态的细节处理，就是一个很好的例子。

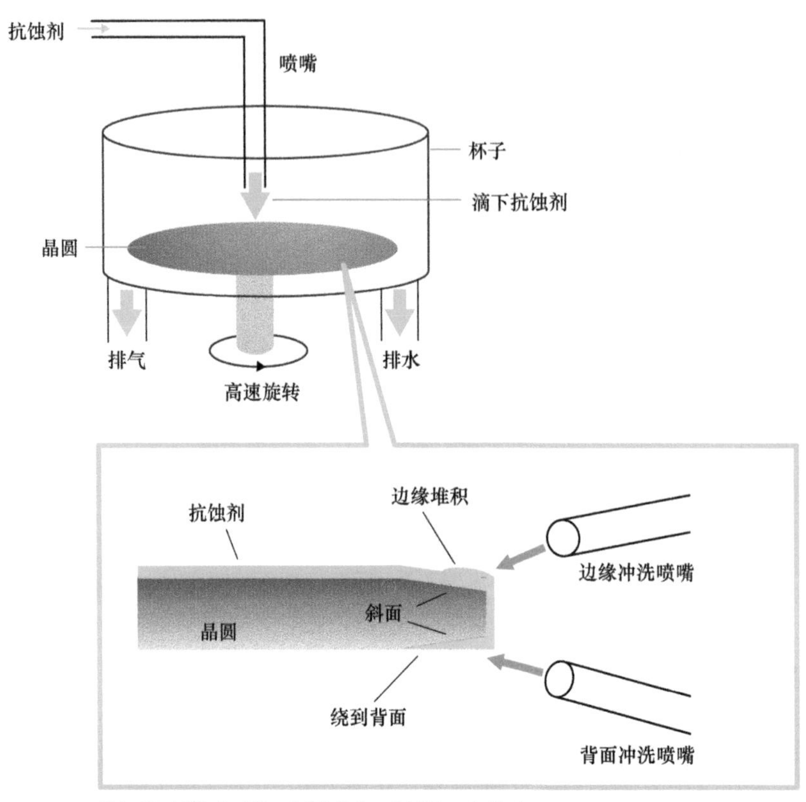

注）晶圆边缘由于做工问题形成了上图的一个斜面。

旋涂设备的概念图（图6-10）

抗蚀剂涂布设备的要素

除了晶圆的装载和卸载，抗蚀剂涂布设备的主要组成部分是旋涂和烘烤。抗蚀剂和漂洗液也储存在各自的罐子里，并被输送到喷嘴中。然而，实际的抗蚀剂涂布设备并不是作为一个独立的机器存在，而是与显影和曝光设备集成在一起。抗蚀剂涂层、曝光和显影的工艺流程一起形成了流水线。具体将在6-6节中介绍。

6-5 曝光后所需的显影设备

在感光抗蚀剂被曝光后，需要去除不需要的部分并留下必要的部分。这个过程就是显

⊖ 斜面：bevel表示斜面。在机械工程领域，伞形齿轮被称为Bevel Gear（伞形齿轮）。

影，而完成这个工作的设备被称为显影设备。

什么是显影工艺？

图 6-11 显示有两种类型的抗蚀剂，即阴性和阳性。在光刻中，如果是阴性抗蚀剂，被光聚合的部分保留。而在阳性抗蚀剂中，被光照射的部分是水溶性的，没有被光照射的部分保留。如果是阴性抗蚀剂，显影过程会去除非光聚合的区域，如果是阳性抗蚀剂，则会溶解暴露在光线下的区域。

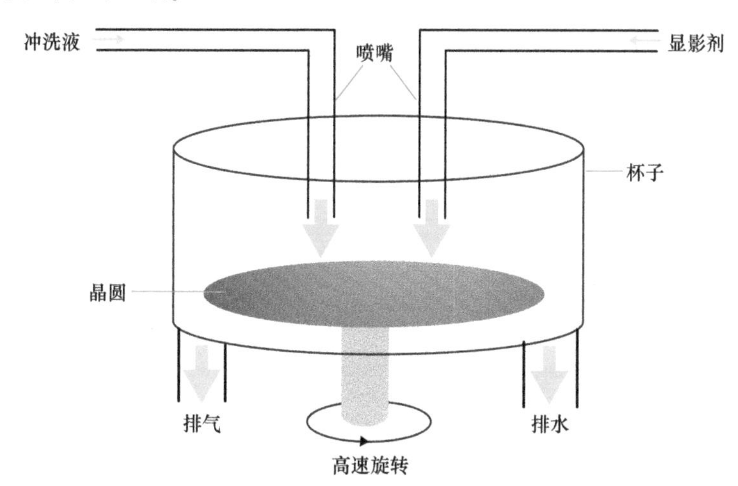

显影设备的概要（图 6-11）

阴性抗蚀剂的显影剂是二甲苯或乙酸丁酯，而阳性抗蚀剂的显影剂主要成分是氢氧化铵。换句话说，它是一种湿法。阳性抗蚀剂不会像阴性抗蚀剂那样膨胀，更适合小型化，因此阳性抗蚀剂被用于先进的半导体工厂。

现实中的显影设备

实际的显影机类似于图 6-11 中所示的旋涂设备。唯一不同的是，它有两个喷嘴，一个用于喷显影剂，一个用于喷冲洗液，因为显影后必须冲洗。漂洗是指冲洗掉显影剂的过程。这与清洗工艺中的漂洗相同。顺便说一下，显影设备并不是作为一个独立的单元存在的，而是作为一个由抗蚀剂涂布设备、曝光设备和显影设备所组成的系统。流程按顺序进行，也被称为内联，这将在 6-6 节中介绍。

关于显影工艺的液体堆积

显影设备，就像第 8 章中讨论的抗蚀剂涂布设备和绝缘膜涂布设备一样，通过从喷嘴滴下液滴来处理晶圆。在抗蚀剂涂布和成膜工艺中，只需滴入液体并旋涂即可，但在显影的情况下，显影剂必须立即均匀地分布在整个晶圆上，否则显影会不均匀。如图 6-12 所示，可以使用喷嘴将显影剂喷洒在整个晶圆上，也可以使用狭长的喷嘴来代替。

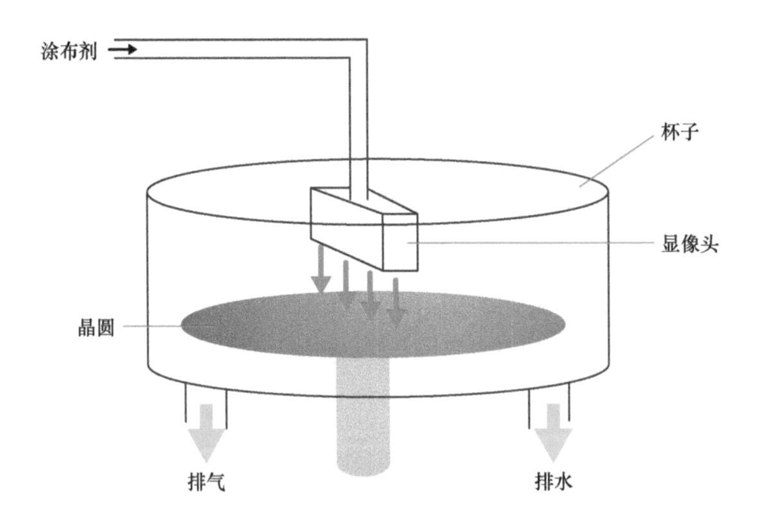

狭缝式显影设备概念图（图 6-12）

6-6 光刻设备的集成

到目前为止，所介绍的曝光、抗蚀剂涂布和显影设备并不独立存在。在本节中，将看到这些设备是如何有机地组合在一起的。

什么是内联化？

如 6-1 节中所述，抗蚀剂涂布、曝光、显影和烘烤是一系列的流程。通常情况下，晶圆从抗蚀剂涂布设备，到曝光设备，再到显影设备已经形成一套流程。为了符合“干进干出⊖”的原则，不管是进入抗蚀剂涂布设备之前，还是离开显影设备之后，晶圆都必须是干燥的。在实际生产中抗蚀剂涂布设备、显影设备和曝光设备已经被内联化，见图 6-13。图中所示的思想也适用于其他设备的光刻工艺。笔者见过用于液晶显示器的 TFT 阵列基板工艺的内联设备，第四代玻璃基板的内联光刻设备可以达到 30m 长。现在的玻璃基板肯定更长了。

⊖ 参见 3-1 节。

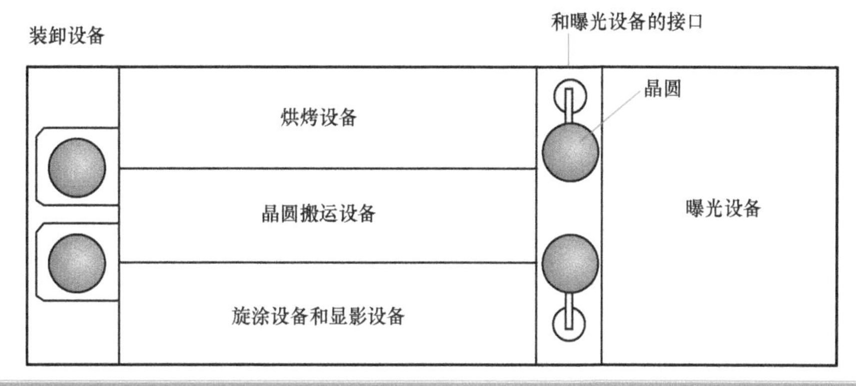

光刻设备的内联化（平面图）（图6-13）

三次元的趋势

就实际晶圆厂中的抗蚀剂涂布和显影设备的研发人员而言，当晶圆直径达到300mm时，二次元的排布会占用大量的面积已经成为问题。所以研发人员对旋涂设备、显影设备和烘烤设备进行了三次元的排布，见图6-14。图中显示了在每个设备的顶部使用穿梭机构进行晶圆搬运的例子。如第2章所述，制造设备的挑战之一就是减小无尘室的面积，如今300mm尺寸的旋涂设备和显影设备都是三次元堆叠式的。另一个问题是不同工艺设备的产能（吞吐量）之间的平衡：抗蚀剂涂布设备、显影设备和曝光设备。这三者中，曝光设备产能比较低，所以会成为瓶颈。

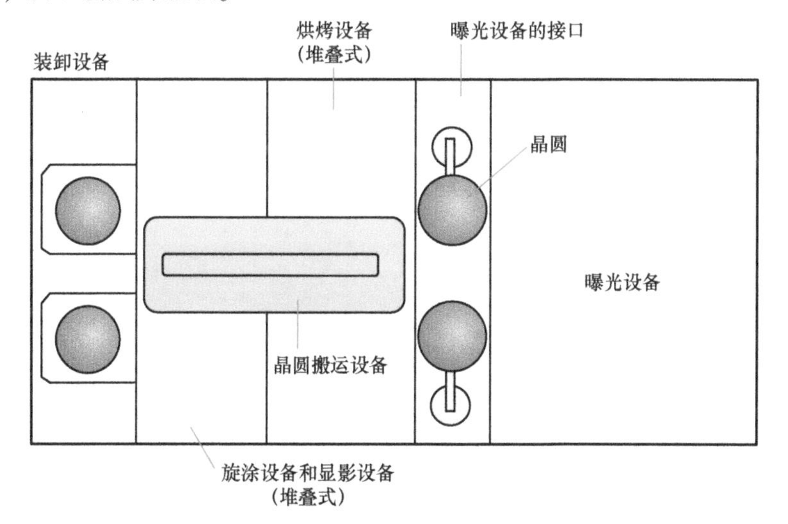

注）图中没有画得那么清楚，晶圆搬运设备既可以左右移动，又可以前后移动。

三次元堆叠的旋涂设备和显影设备的例子（平面图）（图6-14）

6-7 灰化设备

蚀刻工艺结束后，已经不再需要用于形成图案的掩膜了，所以可以通过灰化（ashing）对其进行去除。

什么是灰化？

在过去，蚀刻后抗蚀剂的去除是湿法工艺。在当时，蚀刻主流也是湿法的，所以不存在干法蚀刻造成损害的情况。市场上有专门用于清除湿法蚀刻中多余抗蚀剂的剥离液出售，被称为“抗蚀剂剥离工艺”。后来，随着干法蚀刻成为标准，蚀刻工艺造成的损害使得使用湿法完全去除多余抗蚀剂变得困难。同时废液处理也是个问题，所以从20世纪70年代末开始，出现了通过干法工艺去除抗蚀剂的趋势，该工艺名为Ashing。Ashing被翻译为“灰化”，因为抗蚀剂本身就是有机材料，所以正好符合字面意思：将东西烧成灰烬。图6-15显示了相关的工艺流程。

用氧等离子体使抗蚀剂（有机物）灰化

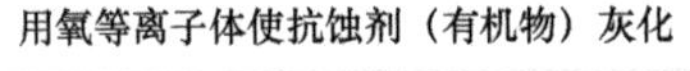
$$CxHy+(x+2y)O_2 \rightarrow xCO_2 \ +y/2H_2O$$

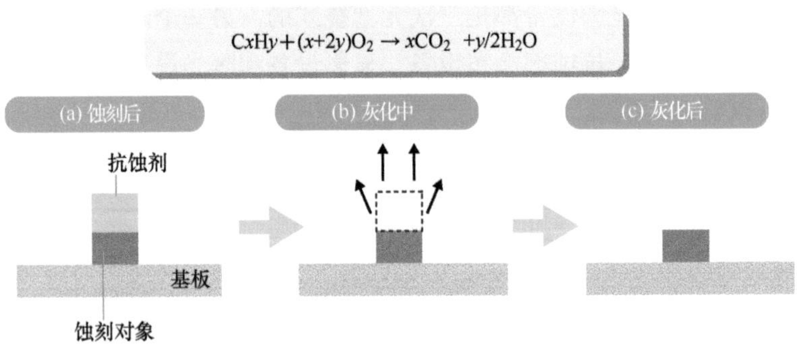

灰化工艺流程（图6-15）

灰化工艺和设备

在灰化工艺中，会产生一个氧等离子体，等离子体中的氧自由基会烧掉抗蚀剂的有机成分，如图6-15所示。该工艺使用的设备包括一个真空室，就像在蚀刻部分中描述的那样，氧气被引入其中，以产生等离子体。当晶圆直径尺寸达到4in或5in的时候，如图6-16所示的桶式灰化设备成为主流。刚开始由于灰化工艺不用在意批量式加工的不均匀性，批量式设备得到广泛使用。不过随着晶圆直径的增加，单片式设备的使用也逐渐在增加。图 6-17 中显示了两个相关例子，其中一个是微波型灰化设备。微波型灰化设备，通过引入微波（如 2.45GHz）产生等离子体。该类型设备的优点是，与 7-2 节中介绍的平行板类型不同，它不需要在等离子体生成室中安装电极。另外一种就是平行板灰化设备（如右图），也就是当抗蚀剂变质严重时使用的设备。灰化设备的特点是更新换代比较快，可能是因为用氧气等离子体去除抗蚀剂的工作原理比较简单吧。

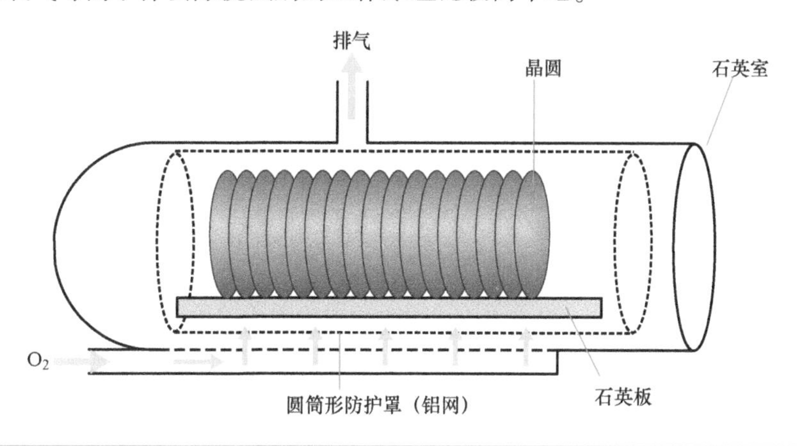

桶式灰化设备（图 6-16）

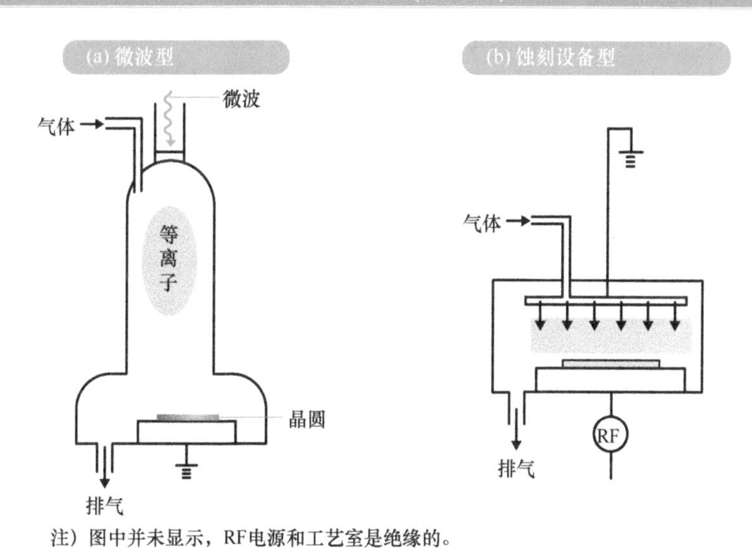

注）图中并未显示，RF电源和工艺室是绝缘的。

各种灰化设备的例子（图 6-17）

内置灰化设备

灰化设备并不像到目前为止介绍的其他设备那样实现内联，它们是独立设备。因为灰化是在蚀刻之后进行的，所以没有办法进行内联。当然，也有将灰化视为蚀刻一部分的意见。有些书也将灰化解释为蚀刻的一部分。

曾经有一段时间，通过向铝中掺入铜来提高铝线的品质。由于蚀刻工艺中使用到氯气，容易造成布线腐蚀。通过铝蚀刻机与灰化设备连接在一起，可以避免蚀刻后的晶圆在不接触空气的情况下进行蚀刻，从而防止了布线的腐蚀。这种方法被称为内置灰化设备。这一概念沿用至今，灰化室则作为一个选配已经和布线蚀刻设备形成一整套方案。

6-8 液浸式曝光设备

液浸式设备的设计是为了利用 ArF 光源实现进一步的精细化。设备本身是在 6-2 节介绍的 ArF 扫描曝光设备，在晶圆工作台上面有所改进。

什么是液浸式曝光设备？

传统的无浸液的 ArF 曝光设备被称为干法 ArF 或者 d-ArF，而液浸式有时被称为i-ArF，i 为英语的 immersion。

当你还是个孩子的时候，可能会想，为什么把筷子放在茶杯里，或者把吸管放在杯子里，会看到筷子或者吸管出现弯曲的情况。这是一种叫作光的折射的现象。这是因为光的折射率在空气和水之间是不同的，并且在水中的折射率更大。曝光光源的短波长在 ArF（193nm）已经达到了极限。如上所述，F_2激光（157nm）的实际应用被认为是 ArF 光源的延续，但由于在如何处理光学系统的透镜材料方面遇到了问题，实际应用变得困难。为了延长 ArF 光源的寿命，决定采用液浸式。液浸的想法不是直接缩短光源的波长，而是通过增大折射率 n 来有效地缩短波长，如表 6-1 所示，i-ArF 的等效波长为 134nm。

液浸曝光时的等效曝光波长（表 6-1）

光　源	光源的波长（λ"）	媒介	媒介的折射率（n）	λ/n
d-ArF	193nm	空气	1.00	193nm
i-ArF	193nm	水	1.11	134nm
d-F2	157nm	氮气	1.00	157nm

注）d（dry）代表正常曝光，i（immersion）是液浸的缩写。

这种想法已经在光学显微镜中得到了实际应用，被称为液浸式显微镜。这一想法现在也已被应用于半导体工艺。

液浸曝光技术的原理和课题

如图6-18所示，液浸式光刻的想法是有效地提高 NA，因为曝光光源的短波长已经达到极限。如图所示，如果在晶圆和透镜之间填充纯水，光线将遵循纯水的折射率，NA 计算如下。

$$NA = n\sin\theta$$

纯水的折射率 n 在波长 λ 为193nm时约为1.44，θ 约为70°以上，就可以保证等效 NA 在1以上。

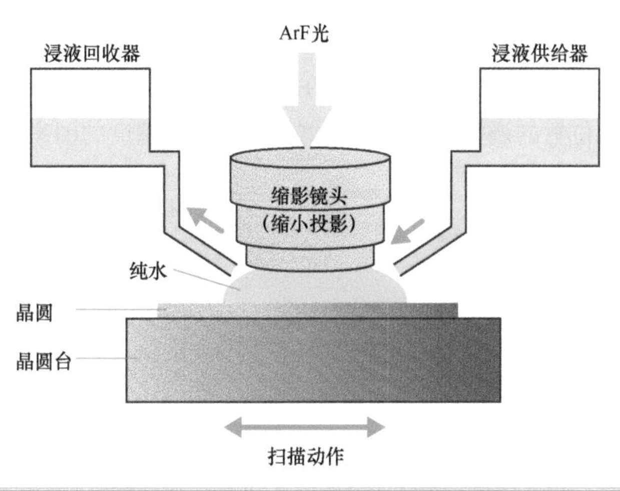

液浸式曝光设备的概要（图6-18）

实际的液浸式光刻设备看起来就像一个普通的ArF扫描光刻设备，只不过多了一个纯水供应和回收系统，如图6-18所示。虽然有各种问题需要解决，如浸液的稳定供应和回收，曝光后晶圆表面的完全干燥，以及防止溶液中出现气泡等，但该系统已被引入前沿的晶圆厂。所谓“高折射率液体”的开发也已经进行，它的折射率比纯水高，现在也正被用于下一节所述的双重图案工艺。

6-9 双重图案所需的设备

双重图案化是延长ArF液浸寿命的一个可行方法。本节将对其做一个简单的介绍。

什么是双重图案?

双重图案只是工艺的名称，并没有专门的双重图案设备。尽管如此，它仍然是很重要的，所以在这里介绍它的工艺和相关设备。正如在6-8节结束时提到的，它的中心思想是考虑使用折射率高于纯水的浸液来进一步提高分辨率，从而提高实际等效的NA。然而半导体行业对精细化的需求是迫切的，虽然双重图案设计已经先行在实际中被应用，但它只是通往EUV的一个过渡。双重图案是指使用两次曝光来创造一个更加精细的图案。换句话说，单次曝光的分辨率虽然没有办法提高，但是可以通过两次曝光来提高。

需要什么设备？

图6-19中显示了一个典型的双重图案工艺。从图中可以看出，与普通的光刻工艺相比，双重图案工艺的不同之处在于其对晶圆进行了两次曝光。第一次曝光作用在硬掩膜上形成一个最小间距的图案，第二次曝光作用在重新涂布的抗蚀剂上同样形成一个最小间距图案。通过两次曝光位置的调整，实现了两倍于曝光设备精度的图案绘制。

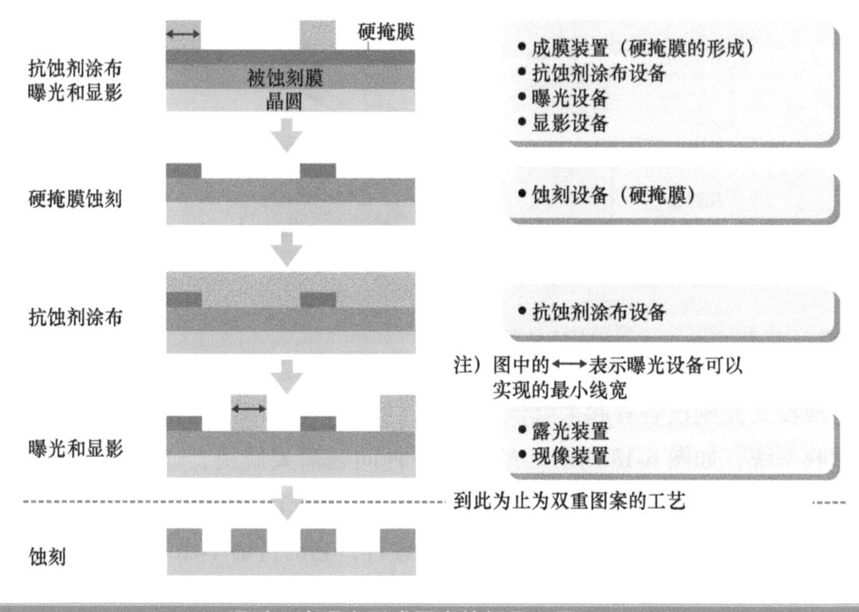

通过二次曝光形成图案的例子（图6-19）

另一方面，也在考虑采用单一的曝光方法，因为双重曝光需要使用更昂贵的、最先进的曝光设备，导致工艺成本更高。图6-20是这方面的一个例子。它采用成膜和蚀刻的方法在硬掩膜上形成侧壁，从而形成密度大于曝光设备分辨率的图案。为了简化示意图，没有填写需要哪些设备，这些设备和图6-19中工艺使用的设备相同。

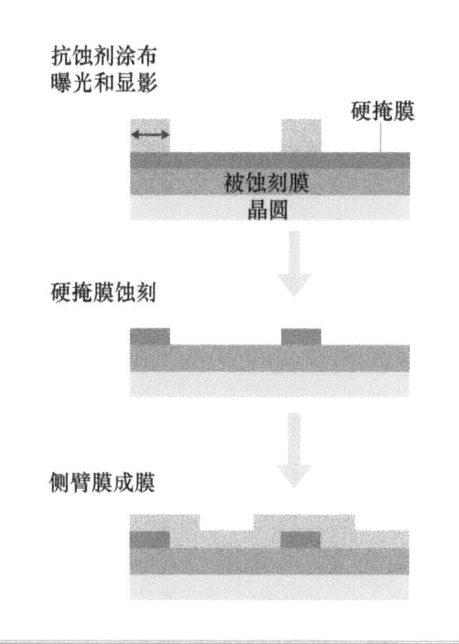

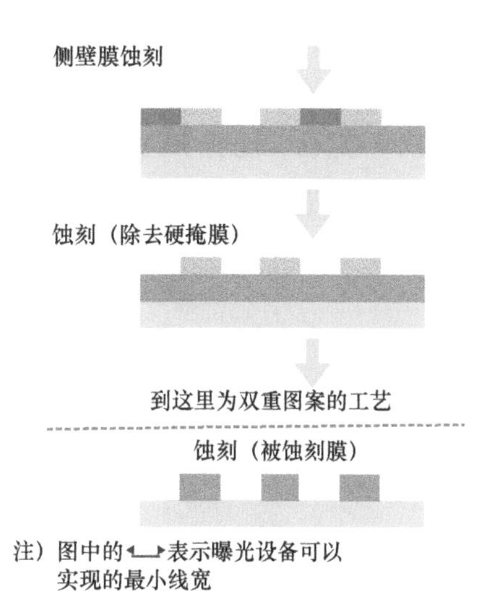

双重图案的例子 2（图 6-20）

侧壁可以使用成膜设备形成，但是需要使用和硬掩膜不同的膜。因为需要和硬掩膜区隔开来，可以使用湿法蚀刻去除硬掩膜。例如，可以用氧化硅薄膜做硬掩膜，用氮化硅薄膜做侧壁膜。两者都可以通过等离子 CVD 形成。这种方法只需要使用一次曝光，但成膜和蚀刻的次数比前一种方法多了一次。这两种方法除了需要通常的光刻设备外，还需要成膜和蚀刻设备。其实不光是半导体制造商，相关设备制造商也对双重图案很感兴趣。

除了这里介绍的方法外，还有许多其他方法正在被提出。虽然双重图案的时代持续一段时间后，为了寻求低成本工艺，可能会催生进一步的技术发展。事实上，半导体设备制造商和 LSI 设计公司之间的联合研究已在进行。此外，多重图案技术的发展也在不断进步，我们现在生活在一个称为多重图案而不是双重图案的时代。

未来的课题

从图 6-19 和图 6-20 不难看出，工艺日趋复杂也是一个课题。同时该方法在线条图案中留下了其他线条图案，并使用了侧壁工艺⊖，所以对某些线条以一定间距重复的图案是有用的。换言之，它并不适合所有图案。此外，在掩膜设计阶段也有一些问题需要解决，如减少相邻图案的组合和工序间的变化也是一个课题。出于这个原因，我们目前正在与掩膜设计和仿真模拟公司进行联合开发。

⊖ 侧壁工艺：如图 6-20 所示，指一种在线型的侧壁上形成别的薄膜的工艺。

至于今后的发展，液浸式+双重图案的方案将继续使用，直到 EUV 能够实现商业化。虽然最初它被认为是液浸式和 EUV 之间的“过渡技术”，但现在它可以被看作一种延长液浸式寿命的技术。然而，随着 EUV 技术的日益完善，这种情况可能会发生变化，因此需要密切关注未来的发展。

6-10 进一步追求精细化的 EUV 设备

EUV 被认为是终极曝光光源。在这里提到它，是因为我们现在正在将其纳入精细化图案的候补和进行大规模生产的评估。

什么是 EUV 曝光技术？

EUV 是 Extreme Ultra Violet（远紫外光）的缩写。虽然还没有实现量产，但已经进入量产评估阶段了。用于评估的设备在 2011 年就已经有了，而且领先的半导体制造商和研究机构正在进行评估。笔者不确定这里是否适合介绍一种还没有量产的技术，但行业媒体上已经有很多文章了，所以在这里将集中讨论它的原理和课题。EUV 的特点是使用的光源比传统的曝光技术有很大的飞跃。使用的波长是 13.5nm，不到目前 ArF 光源 193nm 波长的 1/10。这意味着，之前介绍的曝光设备、掩膜、抗蚀剂和许多其他部分都将发生巨大的变化。

第一个主要区别是，在这个波长范围内，不能用透镜这样的光学系统。如图 6-21 所示，采用了基于反射镜的光学系统。来自光源的 EUV 被掩膜反射，然后通过一个带有多个非球面镜的反射光学系统在晶圆上进行图案的刻画。

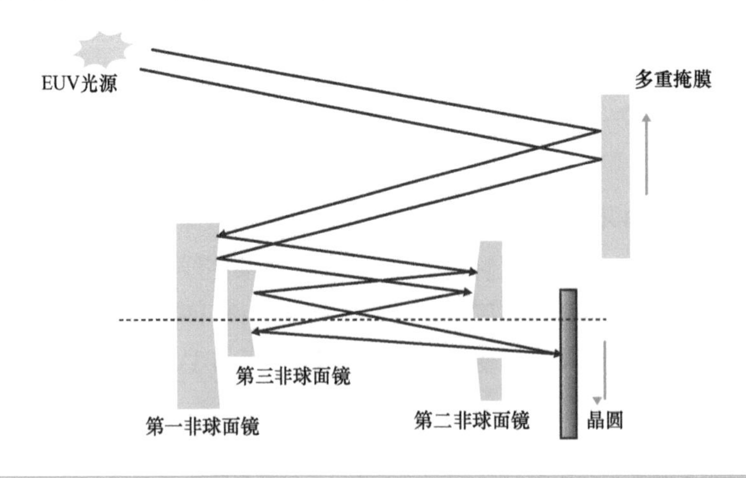

EUV 曝光设备的概要（图 6-21）

反射光学系统和掩膜

由于该掩膜是一种反射光学掩膜，它与传统的透射光学掩膜有很大不同。对于 EUV 曝光，掩膜为 Si/Mo 的层压结构㊀，可以反射 EUV。掩膜图案由吸收 EUV 的吸收体被蚀刻而成。吸收体包括 Cr、W 和 Ta（TaN）等。

蚀刻阻止器是一种防止底层 Si/Mo 层压板在蚀刻过程中被蚀刻的设备。掩膜制造也是 EUV 光刻技术的一个主要课题，因为它在结构上的实现估计是相当困难的。不仅是制作方法，包括反射系掩膜的监测方法的确立、防护膜㊁的使用以及其他需要代替的东西，其实有很多课题。不管是掩膜坯件的监测，还是 EUV 独有的相位缺陷，也都是需要解决的难题。

图 6-22 为 UV 曝光和 EUV 曝光的掩膜比较。

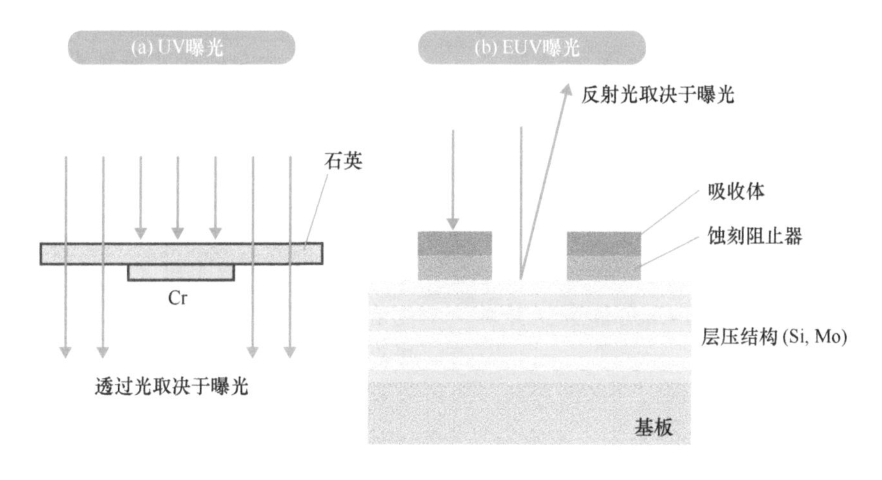

UV 曝光和 EUV 曝光的掩膜比较（图 6-22）

EUV 曝光设备的课题

如上所述，与传统光刻技术相比，掩膜制造方法、稳定和可大规模生产的 EUV 光源、反射光学系统和抗蚀剂开发是主要的课题。在欧洲和美国的大厂商正致力于这项技术的实际应用。在日本，MIRAI、Selete 和 EUVA 等也一直在研究这项技术的实际应用。

㊀ Si/Mo 的层压结构：通过将 40 多层重元素和轻元素分层堆叠，形成一个个伪晶格，其波长是 EUV 的一半（约 6.5nm），反射的原理与 X 射线的布喇格反射相同。

㊁ 防护膜：一种可渗透的有机薄膜，涂在掩膜图案上，以防止颗粒黏附在掩膜上。它对大规模生产至关重要。

为了整合过去的技术，日本于2011年成立了EIDEC有限公司，但它在2019年3月解散了。这是由于日本对高精细图案的需求在下降。在欧洲和美国，联合研究仍在进行，例如开发和制造EUV设备的ASML公司和比利时的研究合作机构mec公司。

本书没有提到的还有关于EUV光源高功率化等面向量产的各种课题。EUV光源有两种类型，日本的光源制造商也参与其中的研发。

如果您对液浸式、双重图案或EUV这种更新很快的技术感兴趣，请密切关注相关进展。

EUV技术的历史

笔者认为EUV是一个煞费苦心的名字。笔者不记得是听说过还是读过，美国相关机构为了获得软X射线曝光技术的开发资金，想出了EUV这个名字，因为如果使用X射线这个词，就会被分类到X射线。这是发生在1990年中期的事情。后来，英特尔和美国的其他主要半导体制造商组成了一个名为EUVLLC的联合研究协会，并加快了他们的研究。

1998年，日本也在ASET内部建立了EUV研究室，总结了很多研究成果，推进了相关方面的研究和发展。

作为短波长光源趋势的一部分，使用X射线作为曝光光源的想法自20世纪70年代以来就存在了。当时还是1:1的曝光。EUV曝光的特点是，它是一个4:1的缩影曝光。EUV技术可能看起来很新，但它其实已有很长的历史了。

6-11 掩膜形成技术和设备

最后，我们将讨论用于光刻工艺中使用的掩膜制造设备。本节将介绍现行的掩膜结构和用于形成掩膜图案的设备。

掩膜（瞄准镜）和它的进展

紫外线曝光的掩膜通常是在石英基板上使用铬和氧化铬层压膜，用于形成图案，见图6-23。这种掩膜是由专门的制造商制造的。曾经有一段时间，半导体制造商自己制作掩膜，但随着半导体小型化的发展，现在基本上是由专业制造商制作。

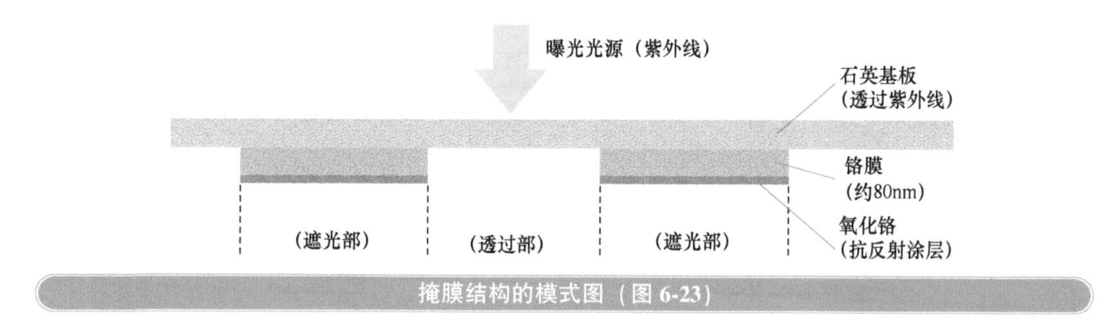

掩膜结构的模式图（图6-23）

然而，随着小型化的需求，不但是铬图案，而且最先进的LSI的掩膜也采用了被称为超分辨率技术㊀的相移和OPC技术。见图6-24和图6-25。本书没有足够的篇幅来详细描述相移和OPC。如图所示，相移法是通过对掩膜图案的边缘进行特殊处理，将曝光光源的相位错位180°实现分辨率的提高。OPC是Optical Effect Correction的缩写，它是一种图案校正方法，在掩膜上形成一个辅助图案，以减少光的邻近效应㊁，提高分辨率。上述解释不明白不要紧，重要的是要明白，先进的精细掩膜的制造是非常昂贵的。一套先进的LSI掩膜制造设备的价格可以超过1亿日元。

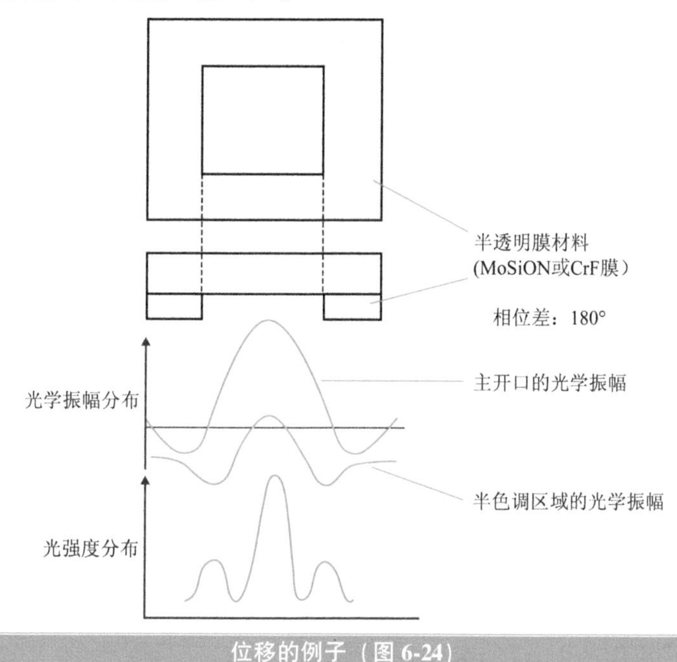

位移的例子（图6-24）

㊀ 超分辨率技术：改良掩膜的一种技术。还有其他技术如变形照明。

㊁ 邻近效应：光是有波的性质的，它与附近的其他波相互干扰，使图像变得模糊。

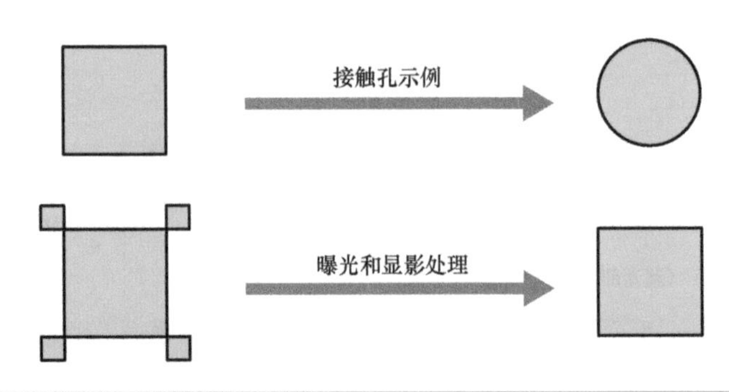

OPC 的例子（图 6-25）

关于 EB 直绘设备

掩膜的图案由 EB 直绘设备完成。EB 是 electron beam 的缩写，也被称为电子束。在图 6-26 中粗略地画出了示意图。

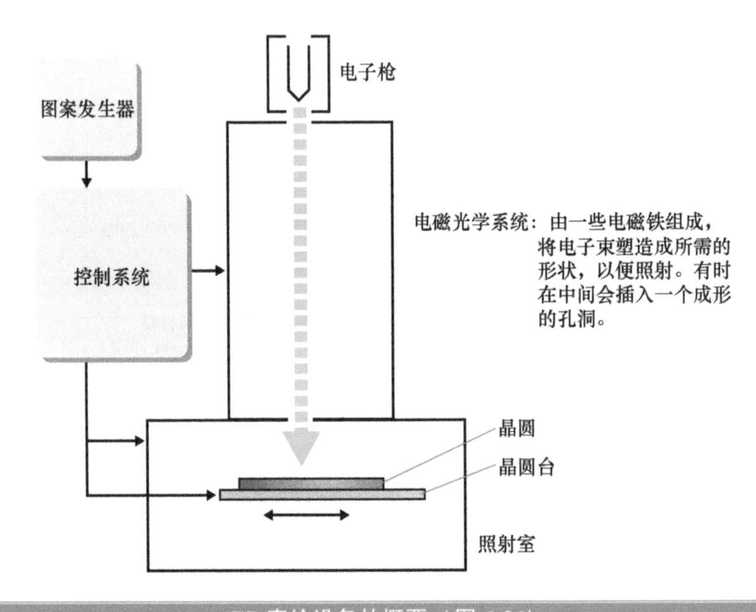

EB 直绘设备的概要（图 6-26）

从电子枪中射出电子束⊖，从而使感光抗蚀剂（和紫外线曝光所用的抗蚀剂不同）形成图案。关于电子束的产生会在 10-5 节中介绍。

当笔者还年轻的时候，有人说紫外线曝光技术仅限于 1μm，亚微米尺寸（小于 1μm）

⊖ 电子束：关于能量参见图 6-7。

将通过 EB 直绘技术得以实现。然而，正如在 6-3 节中提到的，随着短波长光源的发展，紫外线曝光方法后来得到了扩展。当然，这是该领域许多先驱努力的结果，不仅是光源的开发，还有透镜和抗蚀剂的开发，以及超分辨率技术开发的结果。EB 直绘技术的瓶颈是光束的扫描。然而，现在已经有了多波束设备和具有可变形状的波束设备。目前仍有研究和开发 EB 直绘设备的例子。

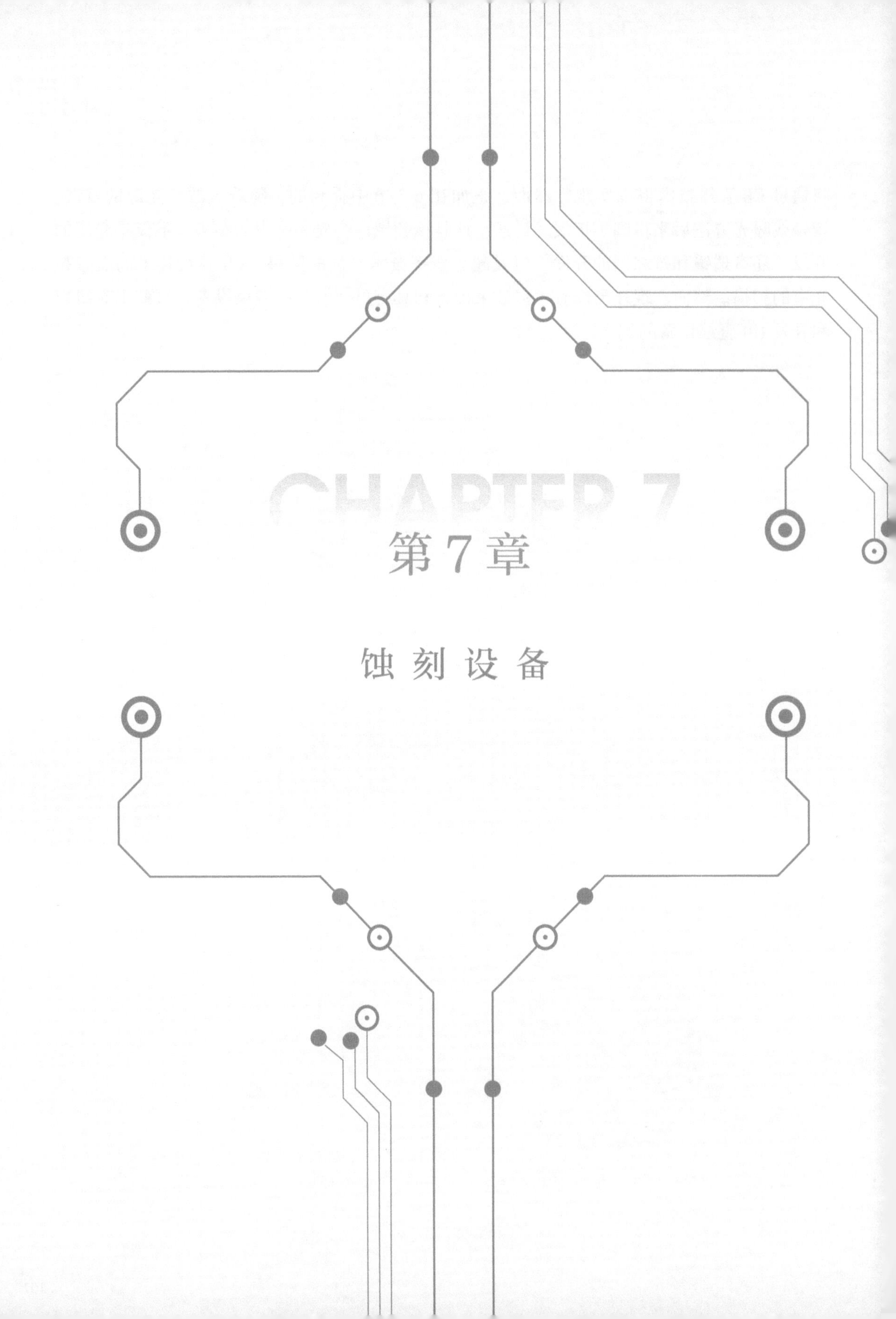

CHAPTER 7

第7章

蚀刻设备

本章将讨论用于蚀刻光刻工艺中形成的抗蚀剂掩膜的蚀刻设备。为了能更广泛地了解，将讨论过去和最近的蚀刻设备。

7-1 什么是蚀刻工艺和设备？

蚀刻设备是用来忠实地按照最先进的光刻设备所形成的抗蚀剂图案进行精细加工处理的设备。为此需要有各向异性加工⊖的能力。

什么是蚀刻工艺？

蚀刻的主流是使用低温等离子体的"干蚀刻"（见 7-4 节）。当然，在某些情况下也会采用使用化学品的湿法蚀刻，但在本书中，称干法蚀刻为蚀刻。蚀刻工艺是一个忠实于最先进的光刻设备所形成的抗蚀剂图案进行精细加工的过程。

图 7-1 显示了蚀刻工艺流程，以及从晶圆角度看到的蚀刻设备的示意图。

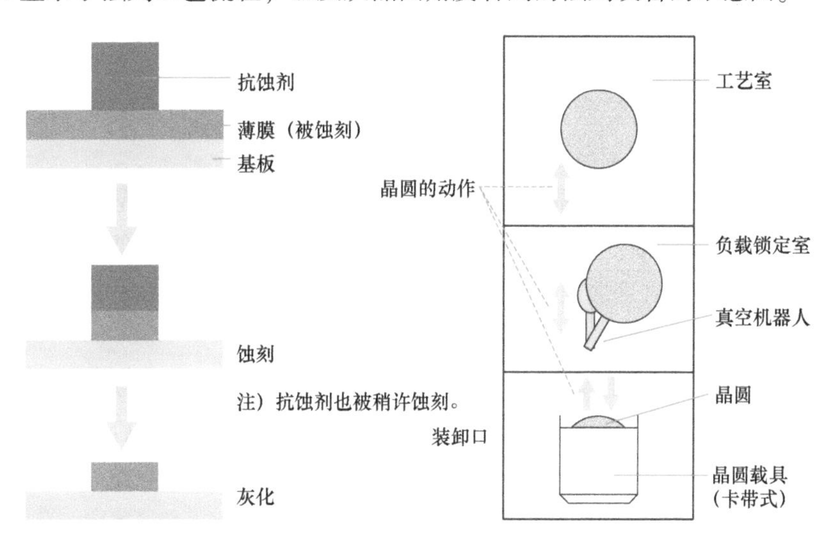

蚀刻工艺流程的设备（图 7-1）

如图 7-1 所示，灰化是在蚀刻完成后，去除不再需要的抗蚀剂的过程，灰化设备在 6-7 节中有介绍。蚀刻设备侧重于晶圆的运动，在图 7-1 中的右侧显示。这是只有一个蚀刻

⊖ 各向异性加工：从狭义上讲，它是一种蚀刻工艺，根据抗蚀剂掩膜的尺寸，在尺寸转换上没有任何区别；从广义上讲，它是一种只在某个方向进行的蚀刻工艺。

室的蚀刻设备的简化例子。唯一的搬运机器人是真空机器人，它将晶圆从装载口传送到蚀刻室。在工艺室和负载锁定室之间以及负载锁定室和装卸口之间有闸阀，尽管出于简化，这些闸阀没有在图中显示。这是出于两个室之间的压力差异所做的考量。负载锁定室被抽真空，工艺室侧的闸阀打开，以传送晶片，然后关闭。工艺完成后，从工艺室侧打开闸阀，取出晶片，关闭闸阀，将加载锁定室设置为大气压，装卸口侧的闸阀打开，以便传送晶圆。

顺便说一下，蚀刻系统的主流是集群式设备（见7-5节），它主要由工艺室组成，是一个具有多个工艺室的设备。

蚀刻设备的主要特点是在蚀刻工艺中会产生等离子体，这将在7-2节中讨论。

让我们从蚀刻工艺流程开始说明。首先见图7-1的左侧显示，使用光刻工艺在要蚀刻的材料上形成一个抗蚀剂图案。这种抗蚀剂也作为蚀刻工艺的掩膜，因此有时被称为抗蚀剂掩膜或掩膜。然后将材料放在干法蚀刻机中，用抗蚀剂作为掩膜进行蚀刻。这些参数包括气体及其成分、进行蚀刻的压力和晶圆的温度。如图所示，在这个过程中，抗蚀剂也会被轻微地腐蚀。抗蚀剂的蚀刻速度与被蚀刻材料的蚀刻速度之比被称为抗蚀剂选择性比率。为了确保晶圆内蚀刻率的均匀性，即使在一些材料已经被蚀刻到可以看到衬底的程度后，仍要进行额外的蚀刻，这一过程被称为"过度蚀刻"，然后基底被蚀刻掉。与抗蚀剂一样，基板和待蚀刻材料的蚀刻速度之比被称为基板选择率。不言而喻，两个参数的值越高越好。另外，我们使用蚀刻速率来描述蚀刻速度（快慢）。

如上所述，使用蚀刻设备对晶圆进行操作时，蚀刻速度的均匀性是非常重要的。为了保障其均匀性，所以还需要一个端点监测的功能。关于端点监测的功能我们将在9-6节结合CMP设备一起解说。对于蚀刻设备来说，还可以通过监测等离子体中的发射波长达到监测蚀刻速率的目的。

正如第6章提到的，最小尺寸的光刻设备是非常昂贵的。为了充分发挥光刻设备的价值，蚀刻过程能够按照光刻尺寸进行操作是非常重要的。蚀刻工艺前后的尺寸变化被称为尺寸转换差，如图7-2所示。

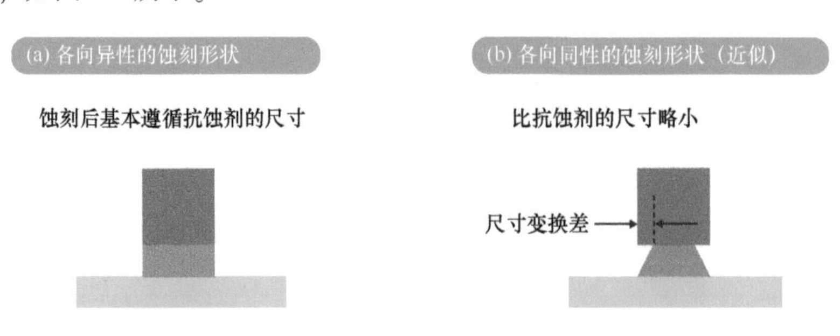

蚀刻导致的尺寸转换差（图7-2）

如果使用化学品进行湿法蚀刻，那么它就是一个各向同性的蚀刻过程。实际操作中，蚀刻剂可能渗透到抗蚀剂的下方，从而导致蚀刻的尺寸转换有相当大的差异，这被称为侧面蚀刻。

无负载锁定的干法蚀刻设备

我们认为，干法蚀刻设备在半导体行业能够得到广泛使用，得益于负载锁定的引入。我们没有在示意图中标记相关内容，因为这已经是众所周知的事情了。负载锁定的引入使得工艺室可以保持在真空状态。在工艺室前面的腔室被抽空一次后，晶圆才会被转移到工艺室中（见图 7-1）。

在笔者年轻的时候，所有的干法蚀刻设备都没有负载锁。很多蚀刻效果很难复现，特别是铝的蚀刻。随后，负载锁不仅在蚀刻设备中得到应用，在其他设备以及用于研究开发的设备中也普遍安装了负载锁。在研究开发的设备没有负载锁的时候，也经常会使用真空泵对其进行改造，以提高设备中的真空度。

7-2 蚀刻设备的构成要素

等离子体是干法蚀刻的必要条件，也会使用成膜工艺中使用的等离子体 CVD 设备。在本节中，我们将讨论蚀刻设备的组成部分和电极的结构。

蚀刻设备的组成

无论何种类型，蚀刻设备的主要组成部分都是相同的。有些部分也与成膜设备中的等离子体的部件是相通的。主要部件在图 7-3 中显示。通用部件如下：

① 工艺室（附带端点监测功能）。
② 真空系统（管道、各种阀门、泵、压力调节功能等）。
③气体导入系统（管道、阀门、气瓶柜等）。
④ 高频电源。
⑤ 控制系统。

除上述之外，蚀刻设备还需要包括晶圆搬运设备、晶圆工艺室的温控设备和废气处理设备（图中显示为净化系统）。

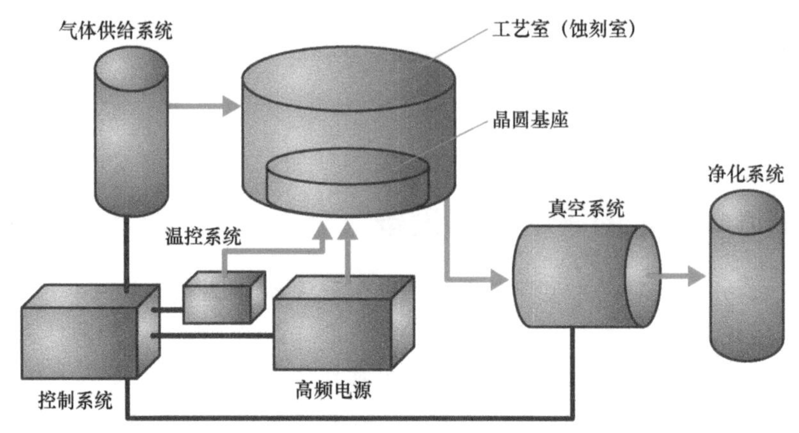

注） 除此之外，还有驱动气体、冷却水、安全监控系统等。这里不一一赘述。

蚀刻设备的组成（图 7-3）

整个工艺流程就是工艺室被抽空后，向其中提供所需的环境气体，并通过高频电流产生低温等离子体，从而进行蚀刻和成膜等反应。低温等离子体将在 7-3 节中稍做讨论。

干法蚀刻设备的工艺室

如图 7-4 所示，干法蚀刻设备的工艺室由两个平行的、面对面的电极组成，其中一个电极是接地的，这样就可以对另一个电极施加高频⊖电源。由于其结构，它被称为平行板型。此部分内容已经在 6-7 节的灰化设备中提前介绍了。此外，如图所示，还有一个用于匹配高频电流的匹配箱，一个用于对腔体抽真空的真空系统，一个用于引入蚀刻气体的气体供给系统。此外，图中还显示了接地侧电极的一个气体喷淋装置（被称为喷头电极）。

晶圆放置在施加高频的电极侧（也称为基座或台）。这种结构称为阴极耦合。

在上图的结构基础上，该工艺室被控制到 $10^{-2} \sim 10^{-3}$Pa（帕斯卡⊖），引入气体，压强达到 10^{-1}Pa 左右后，在电极之间施加电场进行放电。该压力是一个粗略的指导。即使没有真空，也会发生放电现象。例如，当闪电击中或在干燥的冬季，都会发生放电，但它是瞬时的，不过对于半导体工艺中使用的等离子体来说，放电必须是持续的，因此如上所述，要创造一个真空，然后施加一个电场。这种使用活性蚀刻气体的方法被称为活性离子蚀刻（RIE）。现在，这种活性离子蚀刻和 7-6 节所述的使用高密度等离子体的蚀刻统称为

⊖ 高频：这是无线电频率（Radio Frequency）的缩写。一般使用 13.56MHz（如图 7-4 所示）。

⊖ 帕斯卡：压力单位。以 Pa 表示。1 个标准大气压（1atm）约为 1013hPa（hPa：h 表示 hect，意思是 100）。要将 Pa 转换为以前使用的 Torr 单位，除以 133（约值）就可以了。

干法蚀刻。

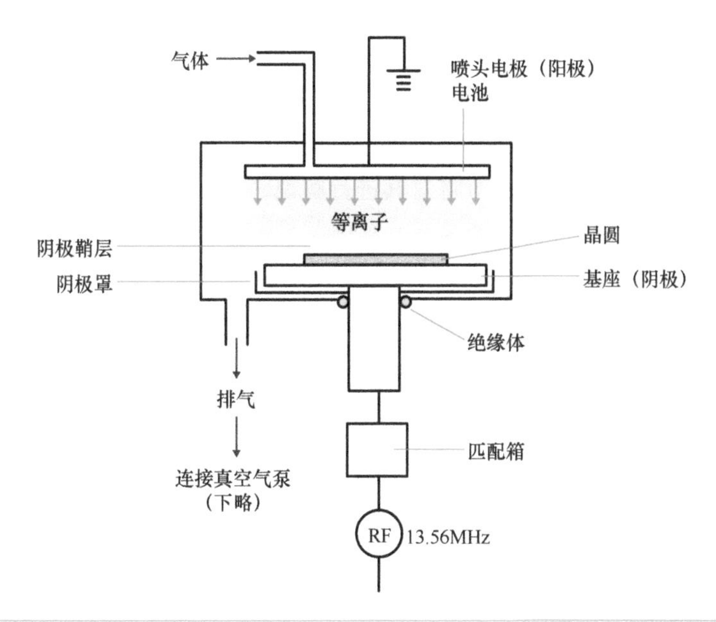

蚀刻设备的工艺室的构成要素（图7-4）

设备故障的教训

作为7-1节中故事的延续，真空系统在20世纪80年代中期进行了修改，当时正处在硅蚀刻工艺构思的初期。

当时，我们正在与半导体公司合作，开发用于DRAM的沟槽式电容器。我们打算使用氯气，考虑到使用氯气进行无负载锁定的蚀刻时，无法获得很好的重现性（铝蚀刻也使用氯气），所以我们将实验设备的真空泵从油扩散泵改为涡轮分子泵，以实现较好的负载锁定。之后得到了验证，并且也取得了良好的结果。

另外，当时设备的真空化和气体引入这些操作都是手动完成的，所以对设备和真空条件方面有了很好的经验积累。今天的大规模生产设备可以由计算机按一个按钮来操作，所以除非设备出现故障，否则你可能学不到什么。另外，笔者认为半导体工程师在操作工艺设备方面的直接经验越来越少。根据笔者的经验，虽然可能会被老板责骂，但是设备故障确实是了解设备的最好机会。

7-3 高频电源的施加方法与蚀刻设备

为了产生等离子体，必须应用高频电源。这也是在介绍成膜设备相关的等离子体 CVD 和溅射设备中会使用到的技术，本节将对其进行解说。

产生等离子体的条件

在将等离子体引入半导体工艺方面曾经有过很多阻力。这是因为人们担心等离子体中的电荷会对半导体造成损害。这将在 8-6 节关于等离子体 CVD 的章节中进一步讨论。等离子体可以粗略地理解为一种电离状态的气体，但是整体电荷平衡为中性。与核聚变中使用的高温等离子体⊖不同，半导体工艺中使用的等离子体通常被称为低温等离子体。那么它是如何产生的呢？图 7-5 显示了等离子体是如何产生的。首先，在工艺室中产生真空，然后引入所需气体。通过一个蝶形阀来设定放电环境的压强。一旦压强稳定下来，就对气体施加一个高频电源，使其放电。在放电过程中，产生的电子与气体分子发生碰撞。因此，产生了离子和自由基，这个过程将反复进行，直到产生等离子体。

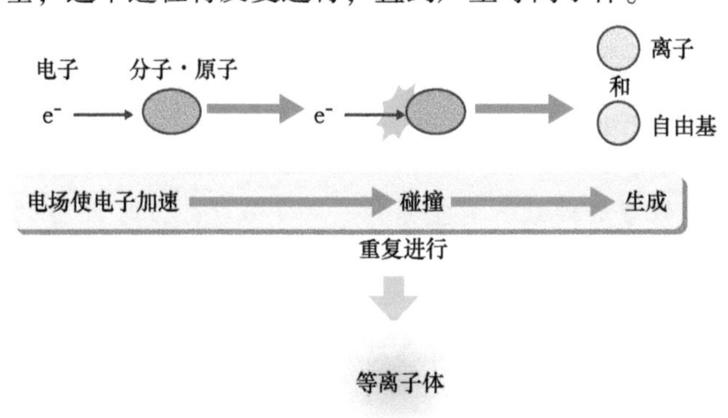

等离子体生成的原理（图 7-5）

什么是等离子体电位？

当等离子体在两个平行相对的电极板上产生时，由于电子和离子的移动性不同，等离子体本身（有时称为主体等离子体）和靠近电极的等离子体之间存在着电位差。这就是所谓的等离子体电位（也被称为等离子体电势）。主体等离子体和基座之间电位变化的区域

⊖ 高温等离子体：高温等离子体是一种具有高电子温度的等离子体。高电子温度意味着电子具有高能量。

称为鞘层。这个区域在成膜和蚀刻中起着重要作用。见图 7-6 中。

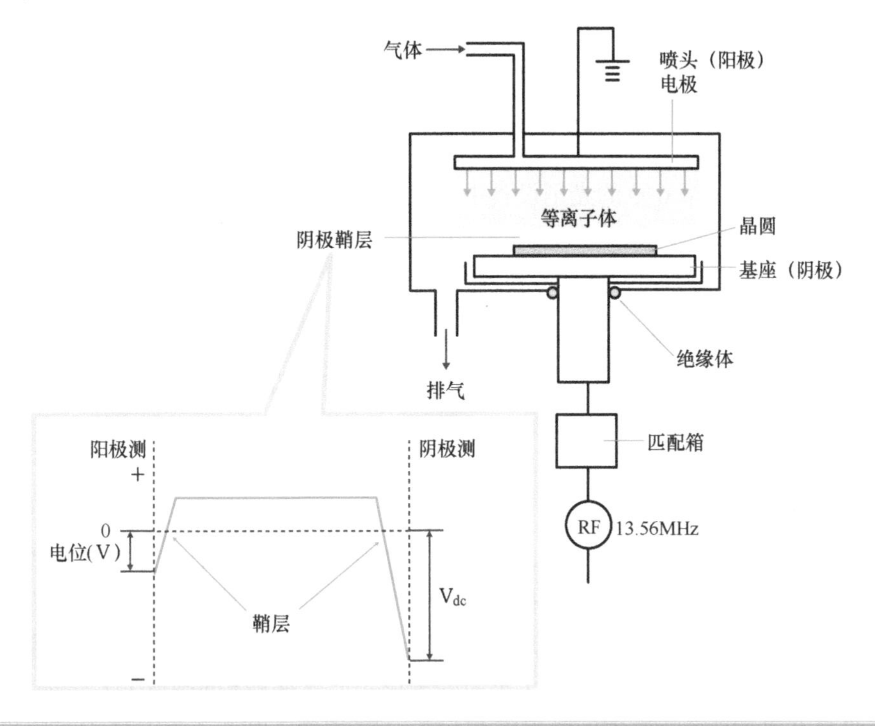

等离子体的阴极鞘层（图 7-6）

阴极耦合的优点

施加高频电源的电极位置会让等离子体的形成有着不一样的结果。一般来说，如图 7-6所示，会在阴极一侧进行高频电源的施加。如此一来，在电源施加一侧的鞘层电位就较高。这个特性是由等离子体的性质决定的，在本书中就不详细讨论了。

如图 7-6 所示，在阴极一侧的鞘层称为阴极鞘层，其电位表示为 V_{dc}。因此，当对这一侧的晶圆进行蚀刻时，由于阴极鞘层的作用，可以实现更多的各向异性的蚀刻。这种阴极鞘层有时称为自偏压。一些旧书中可能会用到自偏压这样的用语。

按工艺分类的蚀刻设备

用于大规模生产的蚀刻设备可分为三大类：用于硅和多晶硅、用于绝缘薄膜和用于金属薄膜。在半导体行业，金属薄膜是用来布线的。每种蚀刻设备在核心组件上面是没有差别的，只在使用的气体上有所区别，差异并不明显。

但是，蚀刻工艺室中各个组件的材料和端点监测功能会依据所蚀刻的材料而有所不同。对于蚀刻设备制造商来说，拥有一系列用于硅、多晶硅、绝缘和金属薄膜的蚀刻设备生产线是很常见的。所有蚀刻设备的主体框架是通用的，可以通过选项和组件实现不同设备的商品化。

不仅是蚀刻设备，不同半导体制造设备的产品在主框架相通的情况下，有时也会被统一命名。主框架有时也被称为平台。我们将会在7-5节中看到，蚀刻设备和成膜设备正日益被整合形成同一种集群工具。同样的趋势也出现在曝光设备、抗蚀剂涂布设备和显影设备的整合中，这一点在第6章的光刻设备中有过讨论。

7-4 蚀刻设备的历史

正是因为经历了很长的历史，才形成了现在利用气相进行蚀刻反应的蚀刻设备的状况。本节将介绍蚀刻设备的相关历史。

干法蚀刻的登场

湿法蚀刻曾经是主流的蚀刻工艺。湿法蚀刻即把使用抗蚀剂形成图案的晶圆浸入化学溶液中，用化学方法溶解要蚀刻的材料。然而，湿法蚀刻是一个各向同性的蚀刻过程，无法应对蚀刻的高精度化。从1970年的3μm开始，使用等离子体的干法蚀刻被应用。然而应该注意的是，湿法蚀刻今天仍被用于不需要考虑尺寸变换差⊖的制造工艺。

过去也存在过如图7-7所示的筒形蚀刻设备。这个设备和6-7节中显示的灰化设备的构造是一样的。不同的是使用的是氟化物气体（CF_4 或者 CF_4+O_2等）而不是氧气。

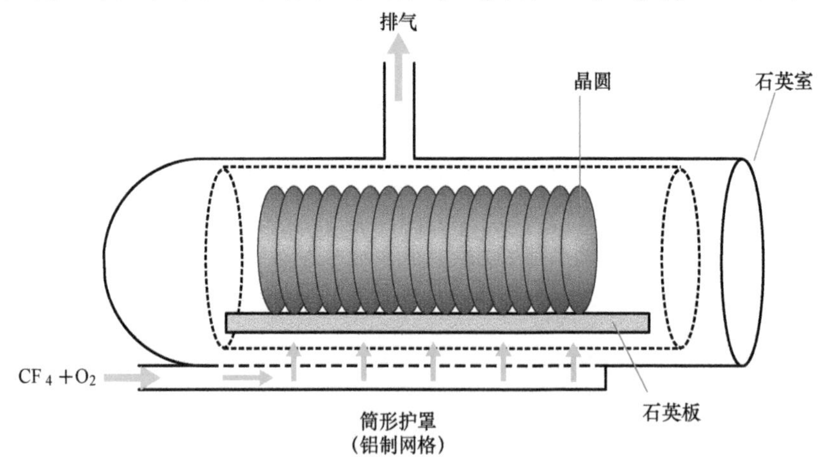

樽形干法蚀刻设备（图7-7）

⊖ 尺寸变换差：抗蚀剂的图案尺寸与蚀刻后的材料尺寸之间的差异。在精细化加工中，这种差异越小越好。

虽然图中没有标出，但是石英室周围都用高频电源的线圈包裹着，以便形成等离子体。筒形护罩可以遮挡离子，所以只有自由基可以穿过护罩，从而进行蚀刻。因其形状，所以形成的蚀刻也是各向同性的。但是它不像湿法蚀刻那样会对抗蚀剂下方的材料进行蚀刻，所以它有它的优点。但是并不足以适用于1μm以下的精细化加工。筒形的蚀刻设备属于批量式设备，虽然可以同时处理很多晶圆，但是同时会消耗很多时间。同时使用该种类型设备进行处理的过程中很容易产生蚀刻均匀性的问题。

干法蚀刻设备的演变

演变的下一个干法蚀刻设备如图7-8a所示，由两个平行的电极组成，其中一个电极接地，以便高频电源可以施加到另一个电极。当然，还增加了用于电源匹配的匹配箱，用于形成真空系统，以及用于引入蚀刻气体的气体供给系统。此外，如7-2节所述，气体将从上部电极喷出（该电极被称为喷头电极）。刚开始的方案是缩窄两个电极的间距（称为窄间隙），晶圆放在接地一侧的电极上。

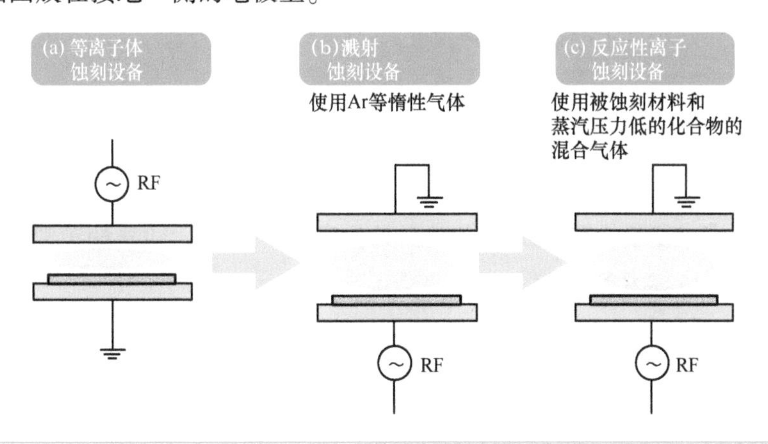

干法蚀刻设备的历史（图7-8）

这种情况称为阳极耦合，也称为等离子蚀刻。在旧的文献中还会出现等离子蚀刻的用语。这种蚀刻方法虽然多少存在各向同性，但是也曾用于批量生产。由于蚀刻气体的高压，它无法适用于高精细化的处理，无法满足1μm以下的加工需求。同时，如图7-8b所示，在施加高频电源的电极旁放置晶圆，通过导入惰性气体形成溅射作用（参见8-7节）的蚀刻方案也被提出。然而，这种方法对于设备的高精细化来说是不利的，因为它不仅缺乏对抗蚀剂的选择性，而且也可能再附着（见图7-9）。之后还研发了带有独立离子发生器的离子研磨设备，但同样的问题仍然存在。随后，如图7-8c所示，在高频电源施加的一侧电极上放置晶圆（称为阴极耦合），使用反应性的蚀刻气体实现了反应性离子蚀刻（RIE，Reactive Ion Etching）。RIE利用反应性蚀刻气体与被蚀刻的材料形成低蒸汽压的化合物，这样就不会发生再附着，并且在离子的作用下实现了各向异性的蚀刻，这种方法及其衍生方法（参见7-6）至今仍在使用。

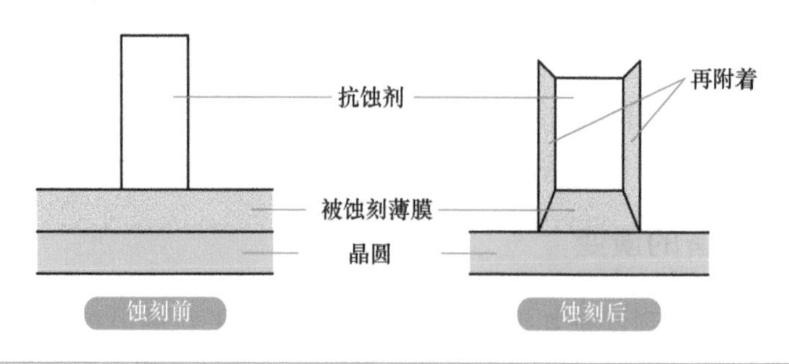

再附着的概要（图7-9）

如图7-9所示，再附着是一种现象，具有低蒸汽压的蚀刻反应物（溅射蚀刻使用惰性气体，这使得蚀刻反应物难以汽化）附着在抗蚀剂的侧面。当蚀刻压力较低时，反应性离子蚀刻也可能在一定程度上会出现这种现象。

7-5 集群工具化的干法蚀刻设备

由于流程越来越复杂，需要使用集群工具提高生产效率。同样的策略也用于成膜工艺。集群工具有时也称为多室系统。

什么是集群工具？

集群工具（Cluster Tool）是一种具有多个工艺室的半导体制造设备。不仅是蚀刻工具，还有第8章成膜设备中所述的等离子体CVD设备和溅射设备，都是集群工具化的对象。

集群工具的出现是由许多因素造成的，但有两个主要因素。第一是晶圆直径大尺寸化的出现产生了对生产效率（单台设备的吞吐量）的要求，第二则是LSI（大规模集成电路）现在主要是基于层叠结构生产的。

图7-10中显示的就是集群工具，这是一个四室工艺室的例子。晶圆载具上的晶圆由一个大气压机器人通过真空的装载区输送到各个工艺室。当工艺完成后，晶圆以相反的顺序通过卸载区返回到晶圆载具上。中间的真空机器人有时称为中央处理器。这种配置称为平台，各个制造商贴上他们的商标后进行销售。

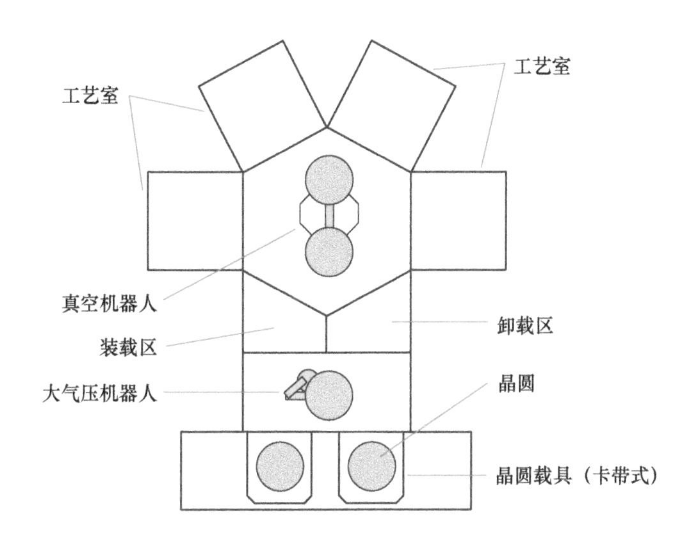

集群工具设备的例子（图 7-10）

各种集群工具

当在一台机器上加工大量的晶圆时，需要各个工艺室都使用相同的工艺，所以晶圆的具体流动方向在图 7-11 中的右侧显示。

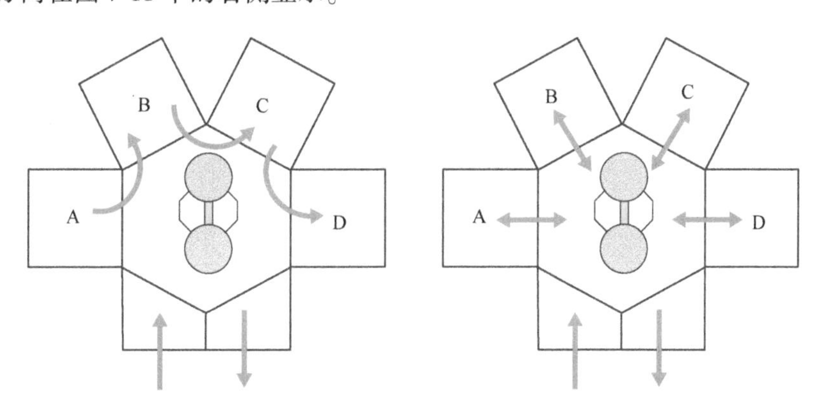

集群工具的晶圆搬运示例（图 7-11）

另一方面，能够对层叠膜进行处理的蚀刻或者成膜工艺的制造设备，晶圆流动方向如图 7-11 中左侧所示。这种处理方式的问题是，单个工艺的处理时间是 4 个工艺室处理时间的总和。也就是说 2-9 节中介绍的多个设备实现的工艺流程，在这里一个设备就可以完成。然而应该注意的是工艺室数量的变更可不像在汽车上更换轮胎那样简单。不论是工艺室的能耗准备，工艺室的试运行，还是工艺流程本身的确立，都是非常耗时的工作。

7-6 其他干法蚀刻设备

除了平行板型蚀刻设备外，能够形成高密度等离子体的蚀刻设备已成为主流。这里给出一些典型的例子。

适应高精度化趋势的蚀刻设备

蚀刻其实就是忠实于最先进的光刻设备形成的抗蚀剂图案所进行的精细加工的过程，因此，该技术的发展历史（见7-4节）一直是跟随高精度化的趋势而展开的。在未来，随着高精细化的进一步发展，会对兼容300mm晶圆的高产量蚀刻设备有很大的需求。这种蚀刻设备因为可以做到高密度的等离子体，所以即便是300mm的晶圆按照单片式方式进行处理也不会降低产量。平行板型蚀刻设备中等离子体的电子密度约为$10^{10}cm^{-3}$，高密度等离子体蚀刻设备的等离子体密度要高2到3个数量级。在这部分中，我们将对可以提高蚀刻速度和产量的高密度等离子体的蚀刻设备进行介绍。之前介绍的平行板型结构被称为电容耦合等离子体（CCP，Capacitively Coupled Plasma）。

曾经，窄间隙电极（阳极和阴极电极之间的狭窄间隙）被用来产生高密度等离子体，但正如7-4节中提到的，气体压力太高，无法支撑高精细的加工工艺。此后，利用磁场的力量实现了如下的蚀刻设备。同样的原理也被用于8-7节中的溅射成膜工艺中。

- ECR等离子体蚀刻设备

这个设备以利用微波（频率2.45GHz）和磁场（875Gauss）的共振作用为特征，所以被称为ECR（电子回旋共振，Electron Cyclotron Resonance）。微波的电场和磁场的静磁场之间的共振导致电子以回旋运动的方式移动，这增加了电子与蚀刻气体分子的碰撞次数，从而产生了高密度的等离子体。图7-12是设备的示意图。该设备的瓶颈之一是产生静磁场的线圈尺寸很大，导致设备的大型化。

- ICP蚀刻设备

ICP（感应耦合等离子体，Inductive Coupled Plasma）是一种通过射频线圈诱导的磁场来产生高密度等离子体的方法。其原理如图7-13所示。这也是一种利用磁场效应的技术流。

- 螺旋波等离子体蚀刻设备

螺旋波（Helicon）是一种弹性波，其原理如图7-14所示。从图中可以看出，这种方法是在ICP方法的基础上增加了一个直流磁场，以获得高密度的等离子体。

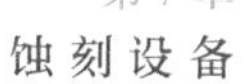

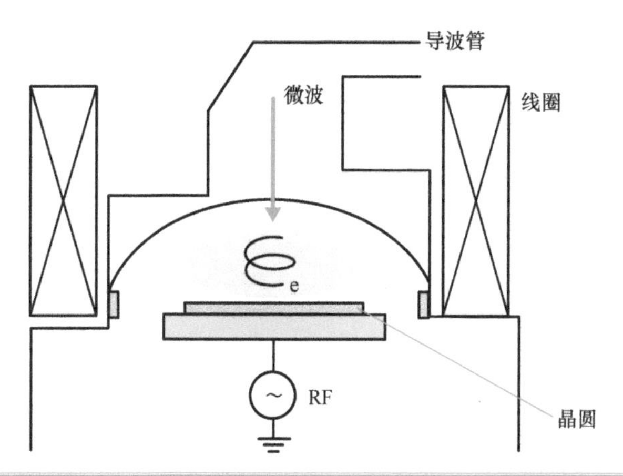

ECR 干式蚀刻设备的概要图（图 7-12）

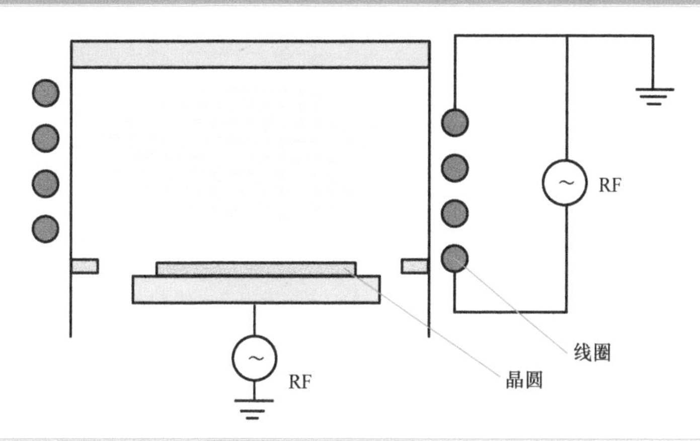

ICP 蚀刻设备的概要图（图 7-13）

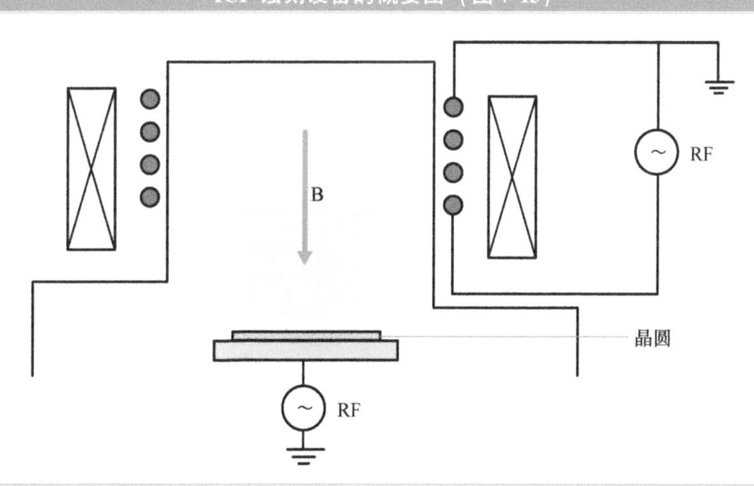

螺旋波等离子体蚀刻设备的概要图（图 7-14）

还有其他类型的等离子体蚀刻设备，例如使用表面波的等离子体。尽管本节的重点是等离子体的密度，但这些设备在控制离子能量方面也是有优势的。如果感兴趣，可以参考相关专业书籍。

因为这些设备都是使用高密度的等离子体，所以取英文 High Density Plasma 首字母统称这些设备为 HDP 蚀刻设备。

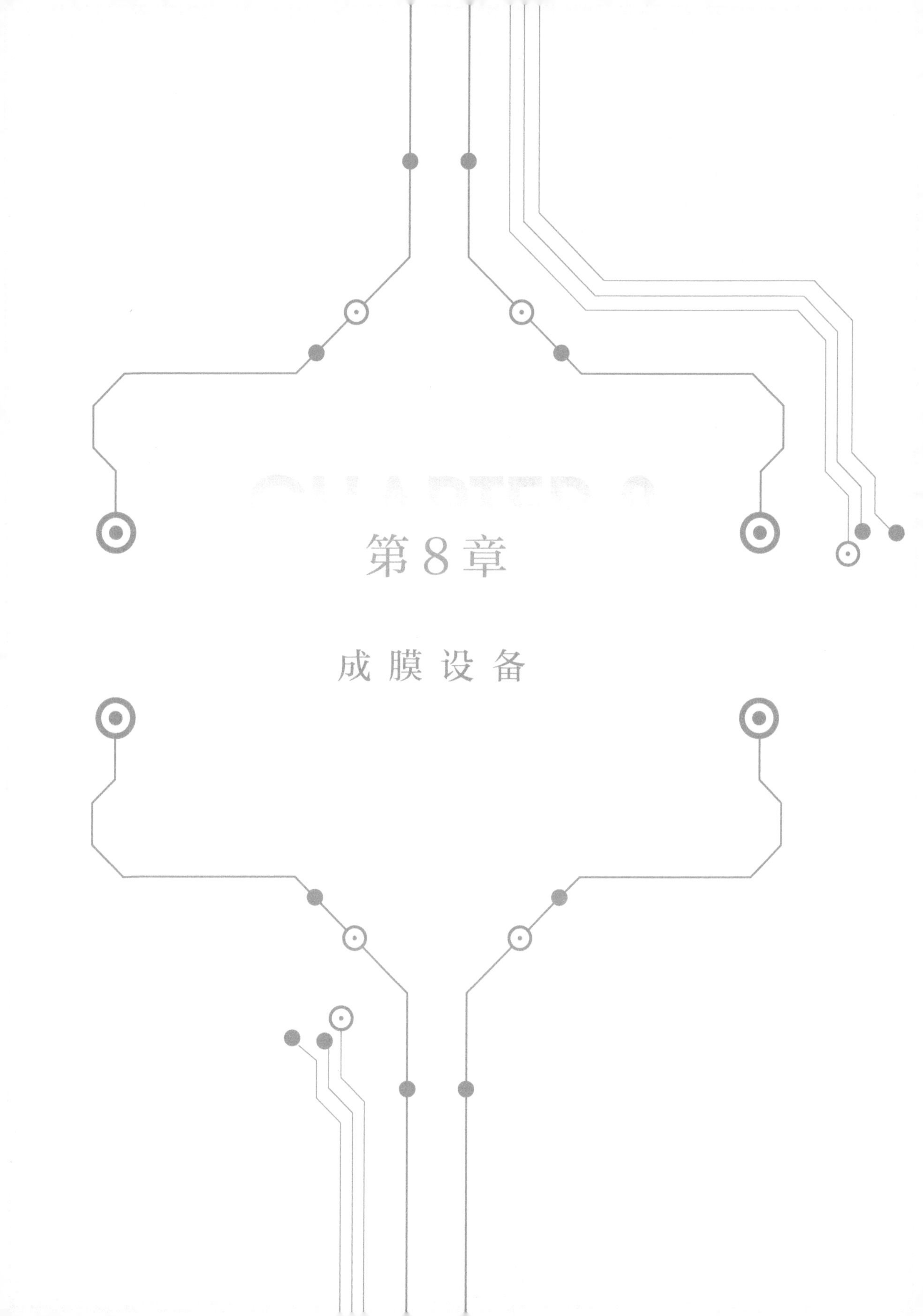

第8章

成膜设备

本章将介绍在硅基板上形成布线和绝缘膜的成膜设备。成膜方法有很多，所以笔者将一一解释每种成膜设备。我们还将讨论高k栅堆叠技术中使用的ALD设备和应变硅技术中使用的外延设备。

8-1 什么是成膜设备？

LSI（大规模集成电路）工艺基本上由在晶圆上形成杂质区、布线（包括插头）和绝缘膜组成。其中，成膜设备的作用是形成布线膜和绝缘膜。

什么是半导体工艺的成膜？

基本上，LSI膜由半导体膜（包括晶圆的扩散层）、用于传递电流（信号）的布线膜和绝缘膜组成。半导体膜（实际上是扩散层）作为半导体器件基础的开关功能元器件，是最重要的部分。而布线则是将这些元器件连接起来的部分，该部分有垂直连接的插头，也有在水平方向上铺开的插头。此外，还有一层绝缘膜使这些电线和元器件彼此绝缘。成膜设备的特征在于，根据原料气体和成膜工艺可以衍生出各种设备。

成膜设备的构成要素

图8-1中列举了成膜设备的构成要素。进行成膜工艺肯定是需要成膜室的。在其上游需要有提供成膜原材料的系统。成膜的原材料基本上是气体。即便是液体和固体材料，也会先以气体形式供给成膜室，因此也需要气体供给系统。为了进一步分解气体，实现成膜工艺的处理，也需要能量供给系统。如果是等离子环境，需要高频电源，如果是热CVD[⊖]环境，需要加热系统。为了使上述系统能够正常工作，真空环境下需要真空系统，常压环境下需要风扇排气系统。在工艺流程的下游，需要消除有害物质的净化系统。相关构成要素将按照图7-3汇总成图8-1。该图以8-6节中描述的等离子体CVD设备为模型，但与蚀刻设备大致相同。[⊜]

唯一的区别是膜的形成还是去除，具体而言则是高频电源的施加位置不一样。

成膜的参数和方法

如上所述，有许多不同的成膜方法。图8-2中概述了这些情况。本书将对阴影部分的

⊖ CVD：Chemical Vapor Deposition的缩写。

⊜ PVD Physical Vapor Deposition的缩写，被称为物理气相沉积。

设备进行讨论。

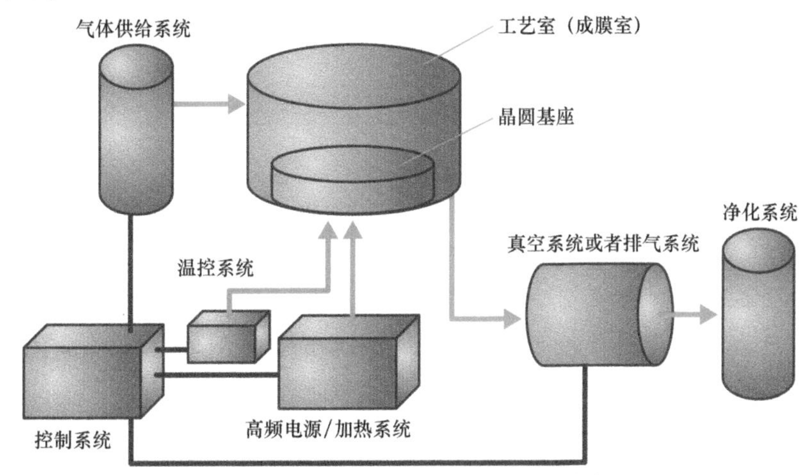

注） 除此之外，还有驱动气体、冷却水、安全监控系统等。这里不一一赘述。

成膜设备的构成示例（图8-1）

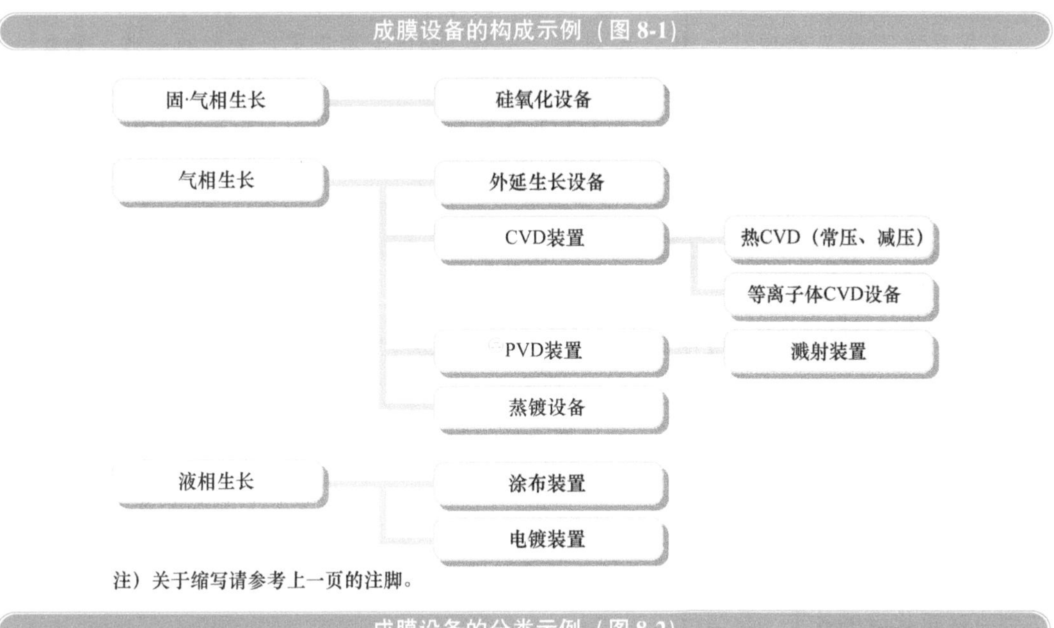

注）关于缩写请参考上一页的注脚。

成膜设备的分类示例（图8-2）

在气相成膜的情况下，主要参数是温度、压力和有无等离子体。由于等离子主要用于蚀刻，在7-3节中已经介绍过了。在成膜工艺中，等离子体具有降低晶圆温度的作用。我们将在8-6节中讨论这个问题。

在液相成膜的情况下，主要参数将在对应章节中介绍。液相成膜工艺也有降低晶圆温度的作用。在500℃（区分前后端的温度）以上的温度环境下进行的成膜工艺是减压CVD

和外延法。外延法应用于相同方向上面实现单结晶硅薄膜堆叠的应用场景。

虽然现在大规模集成电路的应用没有那么普遍，但是新时代的设备中很有可能被大量采用。

成膜设备和颗粒管理

成膜设备是用来在晶圆上形成薄膜的设备。如果只是在晶圆上形成薄膜，也没什么大问题，但是工艺处理过程中在设备内部也会形成薄膜。因为形成的薄膜会剥离出颗粒造成污染，所以需要对工艺室等设备进行定期清理。当然也会有手动清理的时候。每当负责成膜设备的时候，都会和同事戏谑地称其为“三高职业（高强度、高污、高危）”。

在一次新型成膜设备提案的发表会上，投资会议主席问笔者，“这些设备就不会产生颗粒了吗?”虽然颗粒污染是新的成膜技术中一定会讨论的问题，但笔者还是被这个突如其来的问题搞得晕头转向，并未能给出很好的回答。那位主席是生产工厂的总监，笔者想他一定在颗粒管理方面煞费苦心。

8-2 基础中的基础：热氧化设备

硅半导体在晶体管形成过程中使用的是硅热氧化膜。直接氧化而形成的硅热氧化膜是最稳定的氧化膜。

硅氧化工艺和设备

这里将介绍用于热氧化这一半导体制造工艺中最基本的设备。硅的热氧化是在高温（>900℃）下进行的，氢气和氧气被送入硅片并燃烧，产生氧化剂（O^*）。产生的氧化剂达到直接氧化硅的效果。化学反应式如下。

$$Si+2O^* \rightarrow SiO_2$$

用于这种氧化的设备称为热氧化炉或氧化炉。如图8-3所示，一些晶圆以50或100数量的单位放在石英炉中的载具上。加热是从石英炉的外部进行的。因为这种方法使用的是水平横向的炉子，所以也称为水平炉（卧式炉）。在晶圆直径还比较小的时候，使用的就是这种水平氧化炉。

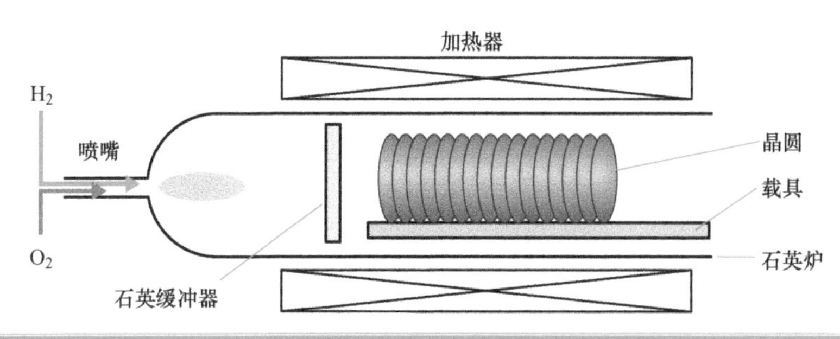

横向硅热氧化炉的示例（图8-3）

这样的常压氧化炉是主流的设备，但是也有通过炉内的高压来实现厚氧化膜生成的设备。

硅氧化设备的构成要素

除了高压氧化设备之外的设备，由于是常压，所以并没有真空系统。其他的构成要素有气体供给系统、排气系统、晶圆的装载和卸载区、成膜工艺室、加热系统和控制系统等。

在水平炉（卧式炉）的时代，如图8-3所示，晶圆是用人工装载的。随着晶圆直径的增大，设备的占地面积也越来越大，所以从200mm晶圆时代开始，如图8-4所示的立式热氧化炉就成为主流。这与5-2节中描述的热处理设备的配置基本相同。如图8-4右侧所示，

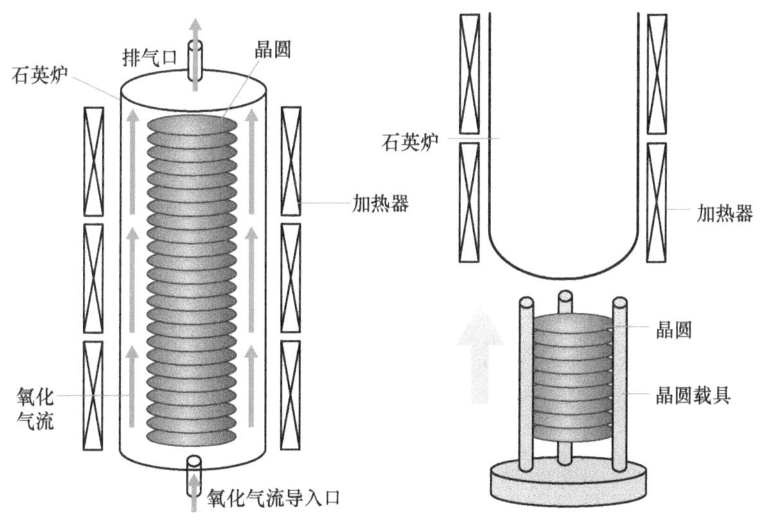

立式热氧化炉的概要图（图8-4）

晶圆载具从炉子的底部装载。但所使用的气体与热处理设备是不一样的。晶圆载具的装载和卸载是完全自动化的。立式炉（立式热氧化炉）的流行意味着设备会很高，导致无尘室的天花板高度将由立式炉的高度决定。

8-3 历史悠久的常压 CVD 设备

CVD 设备中最初使用的是常压 CVD 设备，所以不需要真空系统。如今常压 CVD 设备仍然被用在低温氧化膜的生产工艺中。

什么是常压 CVD 工艺？

常压 CVD，也被称为 AP-CVD，是英语 Atmospheric Pressure CVD 的缩写。你可能会问：为什么不直接通过热氧化工艺生成氧护膜呢？因为直接氧化成膜会使膜的表面温度升高，如果膜的材质不耐热，就没有办法形成氧化膜了。因此，有必要通过常压或等离子 CVD 的工艺生成氧化膜。不同氧化膜的形成需要不同的成膜工艺和设备。具体原因如下。

1. 追求薄膜的品质不一样。例如，热氧化工艺生成的薄膜是致密的。
2. 根据不同温度有不同成膜效果。见以下三种情况。

① 对杂质再分布⊖有影响的温度区间：~900℃。

② 对杂质再分布没有影响的温度区间：550℃~800℃。

③ 对布线的金属材质有影响的温度区间：~450℃。

在图 8-5 中显示了①~③成膜反应方程式。相对应的成膜设备标识在括号内。

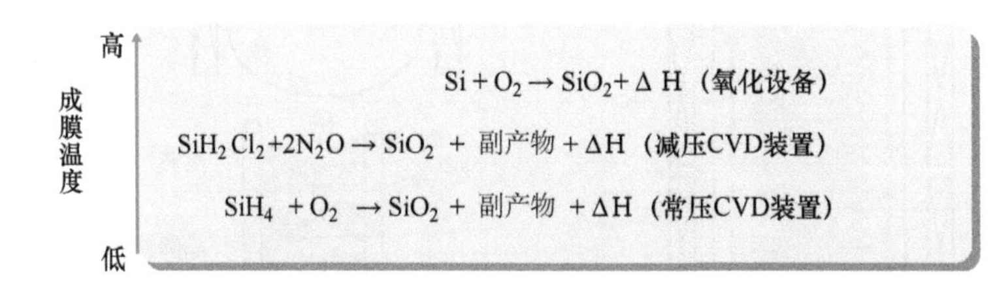

氧化膜的生成示例（图 8-5）

⊖ 杂质再分布：当温度过高时，杂质会从杂质区域向外扩散。

可以粗略分为三类：①热氧化膜；②高温氧化膜；③低温氧化膜。

常压 CVD 设备的构成要素

因为是常压，所以既不需要等离子体，也不需要真空系统和高频电源相关的设备，所以设备成本得以缩减。其他构成和通常的成膜设备由气体供给系统、排气系统、晶圆装载和卸载区、成膜工艺室、加热系统、控制系统等组成。

常压 CVD 设备的示例

图 8-6 显示了以往已知的立式常压 CVD 设备。这里所说的排气系统是指晶圆厂的无尘室内的风扇排气系统。所谓“立式”是指气体的流动方向与晶圆垂直。加工 125mm（统称 5in）左右的晶圆的时候，就经常使用这种类型的设备。另外，“水平”和“立式”相反，是指气体流平行于晶圆。

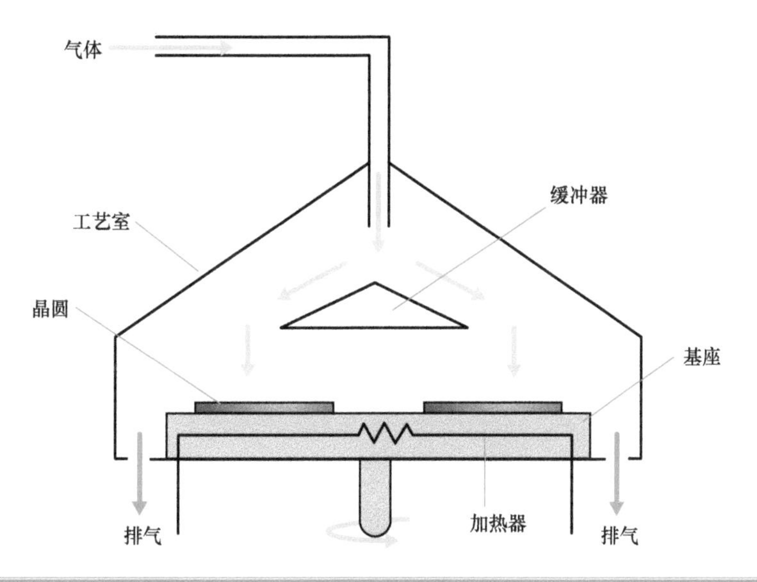

批量式的立式常压 CVD 设备的示例（图 8-6）

图 8-7 显示了一个水平常压 CVD 设备。图中显示的是单片式设备，具体的成膜方法是让晶圆从气体头（Gas Head）下面通过。目前已成为主流的常压 CVD 设备。

但是常压 CVD 设备是很难维护的。因为薄膜的形成范围并不受严格控制，它不仅在晶圆上，也会在成膜工艺室内部和晶圆载具上生成。常压 CVD 设备因为没有真空设备和高频电源施加设备，所以也没有办法实现真空或者等离子体清洗[⊖]，需要人工对工艺室进行维护。虽然笔者并没有经历过工艺室维护的工作，但是看到过同事维护的经历，光是看着就觉得很烦琐了。就是为了减轻维护的工作量才开发了 HF 蒸汽清洗等设备。另外值得注意的是，在排气口也容易堆积反应的生成物。尽管有轻有重，但是其他 CVD 设备也有类似的情况。

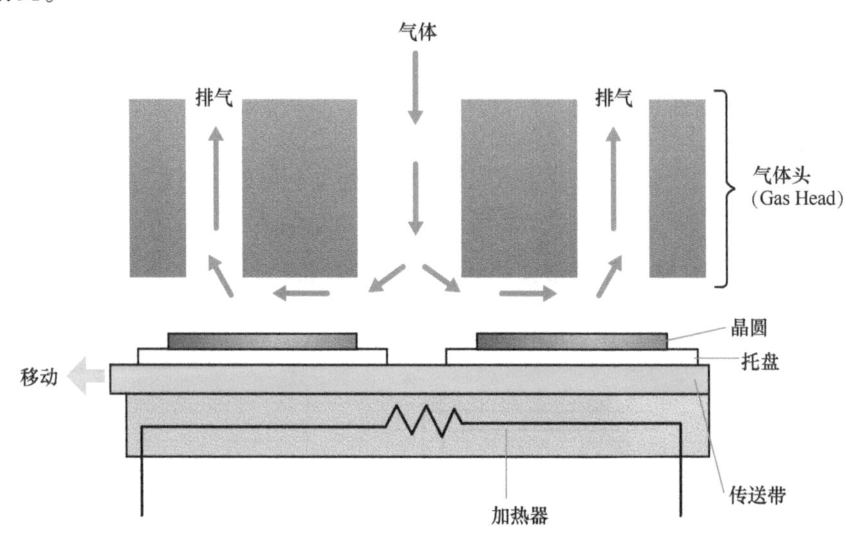

水平常压 CVD 设备的示例（图 8-7）

尽管常压 CVD 设备已经有很长的历史，但是随着晶圆直径大尺寸化的潮流，它也被不断改进，仍然是绝缘膜生产工艺中不可或缺的设备。其原因是，该设备可以让绝缘膜在不影响布线材料的温度下生成。

8-4 前端的减压 CVD 设备

减压 CVD 指的是低于大气压环境下的成膜工艺。因为该工艺的成膜形成过程是处于高温的，所以可生成比常压状态下更致密的薄膜。

什么是减压 CVD 工艺？

减压 CVD 也称为 LP-CVD。这是从英语 Low Pressure CVD 缩写而来的。业界中 Low

⊖ 等离子体清洗：通过向等离子体 CVD 成膜室中导入蚀刻气体并放电，从而去除成膜室内的薄膜。

Pressure 一般简称为 LP 或减压。通常，用于绝缘膜硅氮化膜和硅氧化膜形成的工艺叫作减压 CVD。虽然下面介绍的金属 CVD 也是减压 CVD 的一种，但根据薄膜的种类形成的名称已成为惯例。常压和减压都属于热 CVD 的分类。热 CVD 是利用热量促进原材料气体的分解和成膜反应的。如图 8-8 所示，加热方法有两种：一种是将晶圆从反应炉（通常从耐热性的角度考虑会使用石英建造）外侧加热的类型，称为热壁式。8-2 节提到的氧化炉就是这种类型，可以进行大量的晶圆加工处理，但不能迅速提高温度，所以处理时间会变长。同时反应炉内的薄膜附着也是课题㊀。另外气体垂直于晶圆流动并从气流上流端（石英炉的下侧）开始被消耗，所以需要对垂直方向上的温度分布进行调整㊁。即便如此，这种加热方式仍然是批量晶圆处理工艺的关键技术。

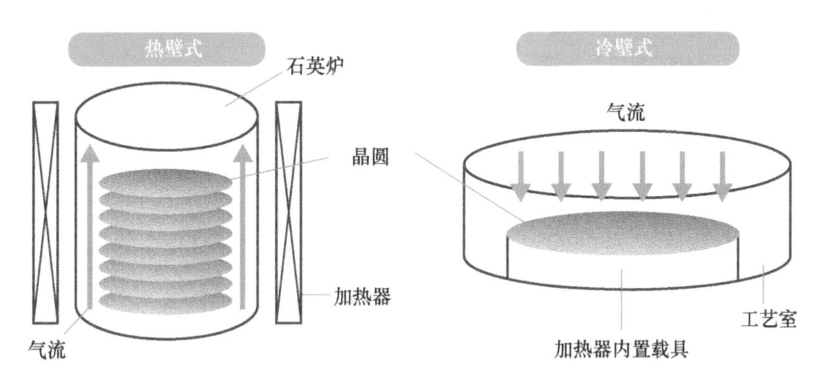

热 CVD 设备的晶圆加热概念图（图 8-8）

另一方面，冷壁式常用于单片式加工设备，加热晶圆的载具，以提高晶圆的温度。

因冷壁式的原理，所以反应室的薄膜附着情况会减轻很多。但因为晶圆载具的耐热程度不一，所以对加热器的温度有所限制。热壁式的成膜温度为 500℃以上，冷壁式则为 500℃以下的低温处理。虽然单片式单枚处理时间很少，但是枚数越多，花费时间就越多。冷壁式主要用于金属 CVD。另外，虽然图中并未显示，但两种方式都有真空系统。

减压 CVD 设备的构成要素

与通常的成膜设备一样需要真空体系。成膜时的压力为数十 Pa。其他构成要素和一般成膜设备是一样的：气体供给系统、排气系统、晶圆装载和卸载区、成膜工艺室、加热

㊀ 因为该课题的存在，所以需要对反应炉进行清洗。参见 5-2 节。

㊁ 对温度分布进行调整：一般情况下，会让气体下流端的温度高于上流端的温度。

系统、控制系统等。为了达到减压的效果，如图8-9所示，形成了一个内管和石英炉的双重结构。气体流向是从内管导入气体，然后通过外侧进行排气。

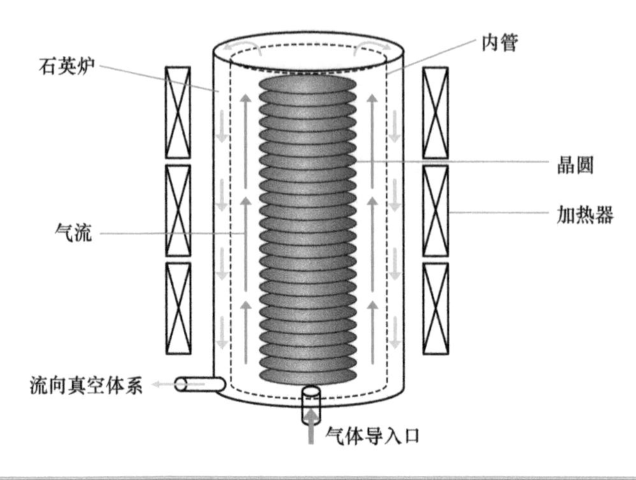

减压CVD设备的概要图（图8-9）

最有名的工艺是用二氯硅烷和氨作为原料，在700℃～800℃的温度下形成氮化硅薄膜。

8-5 金属成膜的减压CVD设备

通过CVD形成的金属膜一般是W（钨）。这是将晶体管的源极和漏极连接到第一布线层的导电塞膜。

什么是金属成膜工艺?

第一个进入量产的金属成膜工艺是将钨硅化物薄膜应用于栅电极。这是因为随着晶体管的细化，栅电极也变得更细，所以为了解决电极电阻随着常规多晶硅栅极而增加的问题，采用了钨硅化物这种多侧栅极和多晶硅（绝缘一侧）的双层结构。顺便说一下，硅化物（Silicide）是一种金属硅化合物，钨硅化物的化学式是WSi_2。它在1980年中期被推出。之后被推出的是钨塞（W-plug）。由于接触孔[⊖]也随着晶体管的小型化而小型化，所

⊖ 接触孔：是一个将硅片的扩散层与布线层通过导电性连接的孔。在逻辑LSI中，使用的是钨塞（W-plug）。

以无法使用传统的铝进行布线，从而引入了使用CVD的包封钨（Blanket W）⊖的成膜工艺。在此之前，20世纪90年代左右研究了一种仅在接触孔中形成钨膜的称为选择钨膜的工艺，但该工艺的稳定性很成问题，所以最终就只剩下使用包封钨膜，并通过CMP平坦化将其保留在接触孔的工艺了。如图8-10所示，CMP技术的发展也促成了包封钨成膜工艺。本节将介绍包封钨成膜设备。

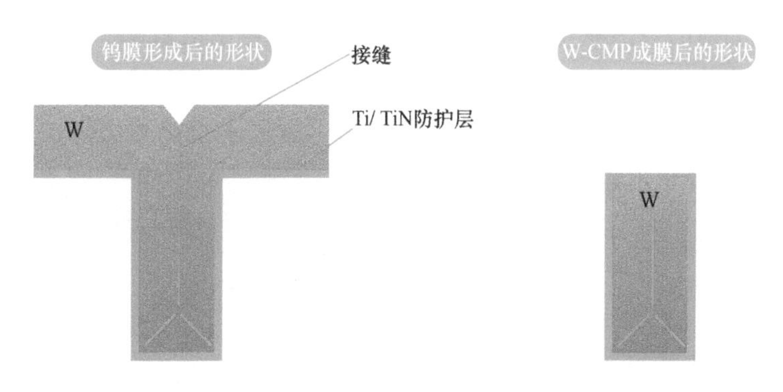

注） 因为钨是从孔位两侧开始进行成膜处理的，所以会出现接缝。

钨塞的形成方法（图8-10）

包封钨成膜设备

通常使用的设备是上一节所述的冷壁式减压CVD设备，它也有真空系统。当然也有批量式，但如今主流的仍然是单片式。成膜温度为400℃~500℃，最高压力为1Pa左右。原材料气体采用的是以WF_6为主的金属原材料气体。关于还原工艺采用的是用SiH_4和H_2的两步还原法。金属成膜设备与至此描述的其他冷壁减压CVD设备具有相同的构成要素，这里将给出几个金属成膜设备的特征。

金属成膜的CVD设备中需要特别注意的是让金属膜不进入晶片背面，否则背面形成的不规则附着的金属膜将会剥落，成为颗粒的来源，同时也会对其他工艺设备的晶圆载具形成交叉污染⊖，出现诸如此类的问题。如图8-11所示，可通过用环覆盖晶片周围，再从背面导入惰性气体等方法尝试消除背面的成膜。

另外，为了防止形成的包封钨膜向钨的源极和漏极扩散，预先形成了防护层（通常使

⊖ 包封钨（Blanket W）：使用钨膜将晶圆完全包裹住的成膜工艺。为了和选择钨膜区分开来而取的名字，如今也有直接使用钨膜（W膜）来指代的。

⊖ 交叉污染：不通过直接接触而是通过晶圆载具形成的污染。

用 Ti/TiN)。这个防护层也有提高钨和扩散层或者钨和层间绝缘膜之间的黏合性的作用，所以该层也被称为胶层（glu）。为了形成这样的连续膜，金属 CVD 设备已经被集群工具化了。但是，由于 Ti/TiN 难以在 CVD 设备中实现成膜，所以通常是在溅射成膜的工艺室中进行成膜处理。如上所述，集群工具化的特征就是可以不受成膜工艺的影响对设备进行整合，图 8-12 显示了一个示例。图中显示的溅射蚀刻工艺室的作用是在形成 Ti 膜之前，除去扩散层上形成的薄的自然氧化膜，从而达到降低接触电阻的效果。这是在实际的插塞工艺中经常使用的工艺。因为这里是要进行蚀刻处理的，所以高频电源施加在晶圆所在的电极一侧。因此该工艺也被称为逆溅射。另外，由于近年来市场上出现了防护层 Ti/TiN 的 CVD 成膜设备，选择余地也越来越大了。

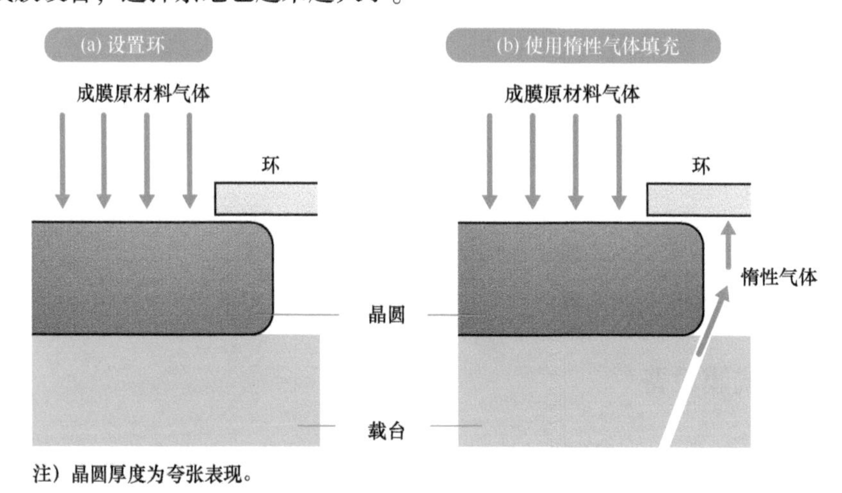

金属 CVD 的时候防止背面成膜的示例（图 8-11）

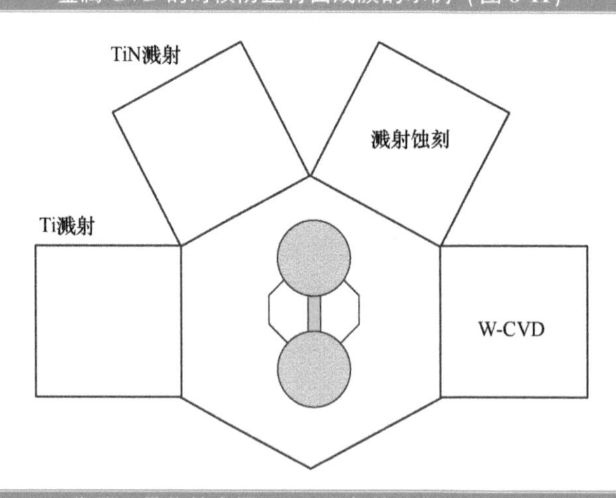

集群工具化的金属 CVD 设备的示例（图 8-12）

在这里我们以封包钨为例做了说明，但在栅电极的 WSi 成膜中也有应用。

8-6 低温化的等离子体 CVD 设备

后端工艺追求的是在低温下成膜（沉积薄膜）。为此引入了等离子体 CVD 设备。

什么是等离子体工艺？

关于等离子体生成的原理在 7-3 节中有过介绍，可以参考。等离子体 CVD 因为使用等离子体对原材料气体进行分解，所以它的优点是可以降低成膜温度。等离子体 CVD 设备的外形如图 8-13 所示。当初出于工艺的考量，需要在铝制布线上形成保护膜（Passivation：钝化）。在熔点约为 500℃的铝制布线上进行处理，对低温工艺提出了要求。虽然用常压 CVD 也可以在 400℃左右成膜，但保护膜需要含有氢元素，所以就需要使用等离子体 CVD 进行处理了。利用等离子体 CVD 形成钝化膜（SiN）时，使用的原料气体是 SiH_4（甲硅烷）和 NH_3（氨气）。

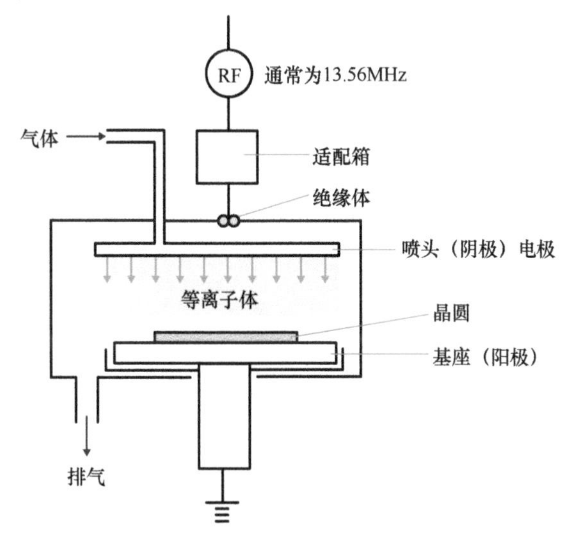

等离子体 CVD 设备—平行板型的示例（图 8-13）

虽然导入初期有很多人担心等离子体会对生产出来的电子设备有影响，但是 20 世纪 80 年代后逐渐进入了量产的运用。自此以后，依托等离子体 CVD 设备各种各样的成膜工艺被开发，8-9 节中介绍的 low-k 成膜工艺也都有使用等离子体 CVD 设备完成的时候。

高频耦合是在阳极侧进行的阳极耦合方式。这与蚀刻设备有很大的不同。等离子体的产生方法不限于如图所示的平行板型的电容耦合方式，也有利用 ICP（Inductive Coupled Plasma）放电产生高密度等离子体的方法。如图 8-14 所示，基本上，它是通过射频（RF）线圈的感应磁场获得高密度等离子体，原理与图 7-13 所示的 ICP 蚀刻设备相同。然而，所使用的气体则是用于成膜的气体。与平行板型相比，具有可以获得较高密度等离子体，从而提高成膜速度的优点，并且如图所示，该设备利用 RF 偏压实现蚀刻功能，也可以在处理蚀刻的同时进行成膜处理。适用于高密度布线的间隙填充[⊖]。

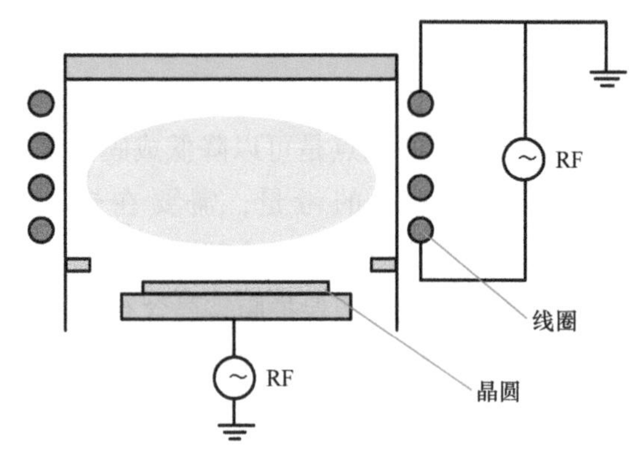

注）通过射频（RF）线圈的感应磁场获得高密度等离子体的同时，利用在晶圆载具所在一侧的电极发生射频（RF）偏压实现蚀刻的功能。

ICP 方式的 CVD 设备示例（图 8-14）

等离子体 CVD 设备的构成要素

基本的构成要素和蚀刻设备是一样的。

① 工艺室。
② 真空系统（管道、阀门、泵、压力调节功能等）。
③ 气体供给系统（管道、阀门、气瓶箱等）。
④ 高频电源。
⑤ 控制系统。

除此之外，实际设备还需要晶圆搬运设备、晶圆载具温度控制设备、废气处理设备等。在图 7-3 中，废气处理设备显示为净化系统。简而言之，它是一种将工艺室形成真空、提供所需气体并对薄膜形成做出反应的设备。

⊖ 间隙填充：一种在导线之间的空隙中嵌入无空隙的层间电介质的技术。

笔者的“梦想”

作为8-1节的延伸，笔者曾经梦想过开发一种能够有选择地只在晶圆上沉积薄膜的设备。

正如在8-1节中提到的，成膜设备的工艺室内和排气系统都会被薄膜或者粉末所附着，很难维护。这就是为什么我们一直看重只能在晶圆上沉积薄膜的重要性。

在20世纪90年代，选择性钨工艺（钨只在接触孔和通孔中成膜）被开发出来。笔者偷偷在想，如果钨可以有选择地只在接触孔⊖中形成，那么就有可能只在晶圆上形成薄膜。

事实上，在笔者忙于处理日常问题，或者说，在笔者意识到之前，这个想法就从脑海中消失了。很明显有这种想法的不仅是我一个人，所以才有了8-5节中所述的防止薄膜在晶片背面形成的工艺被开发出来。

8-7 金属膜所需的溅射设备

LSI后端工艺中使用了各种布线，根据角色不同，使用的材料也不同。通常，由于很难用CVD等方法形成金属膜，所以需要使用称为溅射的方法。

溅射法的原理

这也基本上是一种使用7-3节中描述的低温等离子体的技术。溅射产生如图8-15所示的Ar（氩）的等离子体，将Ar离子撞击称为靶材的金属锭喷射出金属原子，以便在晶圆上形成薄膜。如果借用蚀刻概念来理解，那就是用Ar离子对靶材进行蚀刻了。当然，为了产生等离子体，必须产生真空。

Ar等离子的真空度比等离子CVD（~10Pa）高约两个数量级，所以设备十分昂贵。因此拥有一个高性能的真空系统就很重要了。该方法可以通过高真空等离子体形成各种材料的薄膜。

⊖ 接触孔：和LSI的结构相关，接触孔是电连接到晶体管的源极或漏极的孔。另一方面，通孔是将布线彼此电连接的孔。

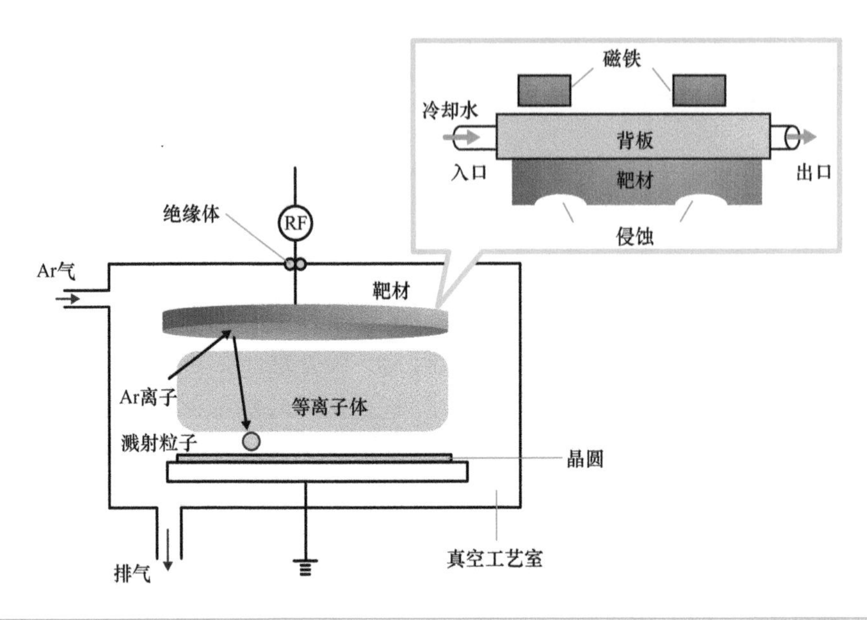

溅射设备的概念图（图8-15）

什么是靶材？

靶材就是将高纯度金属铝锭熔合到称为背板的铜板上组成的东西，并且通过冷却水抑制因粒子的冲击而导致的靶材温度升高。此外，在靶材后面安装了磁铁，通过磁场的作用形成高密度等离子体。由于磁铁附近的靶材侵蚀更为严重，所以需要对靶材的表面形状进行调整。例如使靠近磁铁的靶材更厚。

以前还有一种不使用溅射法的称为蒸镀的技术。这是一种将金属原材料置于称为舟皿的耐热容器中，用加热器直接加热或用电子束加热，使其蒸发并在晶圆上形成薄膜的方法。但是，碰到高熔点金属就很难蒸镀，并且这种技术的离子源是点源，所以这种技术在处理3in或者4in晶圆的批量式设备中得到广泛应用。但在目前直径已经增加的情况下，由于晶圆内薄膜均匀性的降低，这种技术也不再使用。说回溅射设备，因为它可以支持多层镀膜，所以逐渐集群工具化成为单片式设备。

溅射法的优点和缺点

由于溅射粒子以特定方向飞向晶圆，因此覆盖率⊖是溅射法中的一个课题。为了提高

⊖ 覆盖率：覆盖率是按照基板形状来计算的。LSI的制造工艺中覆盖率越高越好，也称为阶梯或者台阶覆盖率。

覆盖率，人们考虑了各种方法，例如准直器法和长抛法。前者在栅极和晶圆之间放置一个网格（准直器），使得溅射粒子的飞行方向趋于平行，后者则是通过保持靶材和晶圆之间的距离达到类似效果。见图 8-16。前一种方法，准直器也会有薄膜附着的问题，维护起来很困难，所以长抛法现已成为主流的溅射法。正是对于溅射法进行了各种改进，Cu/low-k 结构的金属防护层和 Cu 晶种层这样的镀层才能得以实现。

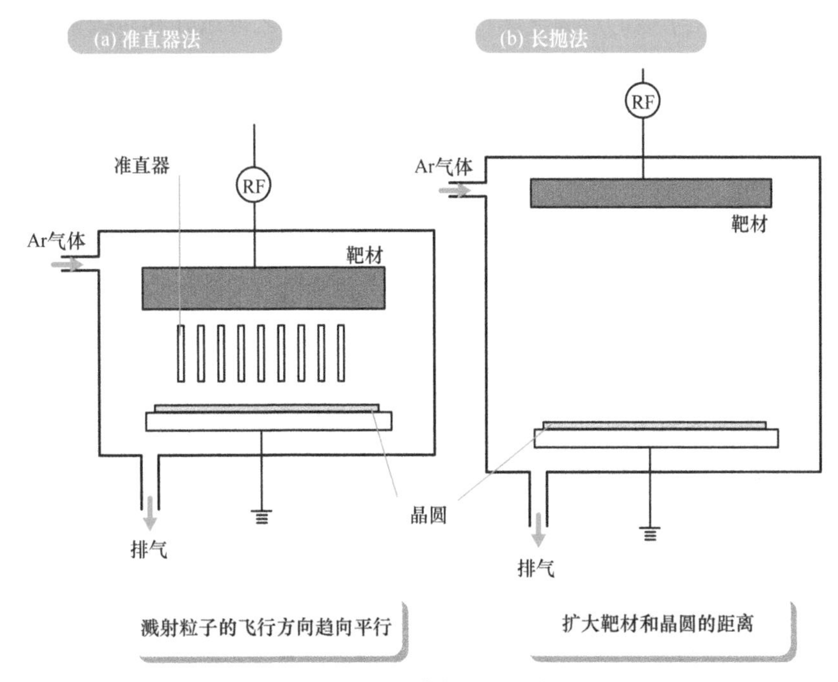

适用于精细化的溅射设备的概念图（图 8-16）

另外，前者准直器法的防护层金属使用的是 TiN、TiON 等钛的氮化物和氮氧化物。该防护层金属是在 Ar 气体环境中，导入氮气和氧气，并与从靶材中出来的 Ti 原子反应形成的。所以该方法也被称为反应性溅射法。这是一种众所周知的溅射方法。据说在 Ti 原子颗粒的粒界中加入氧原子和氮原子可以提高防护性。也可以说，多亏了反应性溅射法，金属防护层才得以实用化。

8-8 镶嵌结构和电镀设备

在制造先进逻辑 LSI 的过程中，Cu 布线使用的是镶嵌结构，成膜使用的是电镀法。

什么是电镀工艺？

在半导体前段制程工艺中，电镀仅用于镀铜。虽然后段制程中也用到电镀，但也仅仅是应用在其他电子设备中的电极上的镀金。所以本节将介绍前段制程中使用到的电镀设备。镀铜用于形成铜插塞和布线，称为镶嵌工艺㊀，此工艺无须蚀刻。电镀有两种类型：电解电镀和化学镀。化学镀的成膜速度慢，不适合镶嵌工艺等过孔和布线部分的镀铜。因此，镶嵌结构使用具有成膜速率高的电解电镀。电镀的原理与镀铜一样使用硫酸铜镀液。实际半导体工艺中使用的镀液以硫酸铜为主，并混入了各种添加剂。此外，为了更方便地进行镀铜，会在晶圆表面预先形成一层 Cu 薄膜。这层薄膜称为 Cu 种子层，像这种数十 nm 厚的薄膜的形成需要用到溅射设备。

电镀设备的构成要素

实际使用的电镀设备构成如图 8-17 所示。这是一种喷流式电镀设备，其中晶圆将放置在被称为杯的部件中，表面朝下，电镀液从杯的底部喷出。在实践中，要处理大量的晶圆，需要使用多个杯。电镀速度由电镀液浓度、温度以及电镀电流等要素决定，镀膜厚度由电镀时间控制。

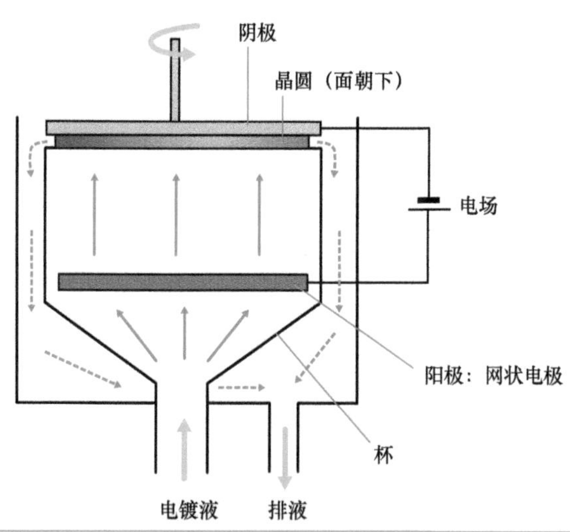

喷流式电镀设备的示例（图 8-17）

㊀ 镶嵌工艺：通过光刻和蚀刻在层间绝缘膜上形成 Cu 插塞和布线的形状，随后对其进行镀铜，然后通过 CMP 去除多余的 Cu，同时形成 Cu 的插塞和布线。详情请参阅姐妹篇《图解入门——半导体制造工艺基础精讲（原书第 4 版）》。

镀铜后，需要迅速清洗、干燥晶圆，因此设备中也包含了洗涤、干燥设备。半导体工艺中的基本原则是“干进干出”，所以一定会有干燥设备。

此外，还需要电镀液供给和废液回收功能。当然，还需要晶圆装载/卸载功能。因此，实际的电镀设备是一个系统，如图 8-18 所示。

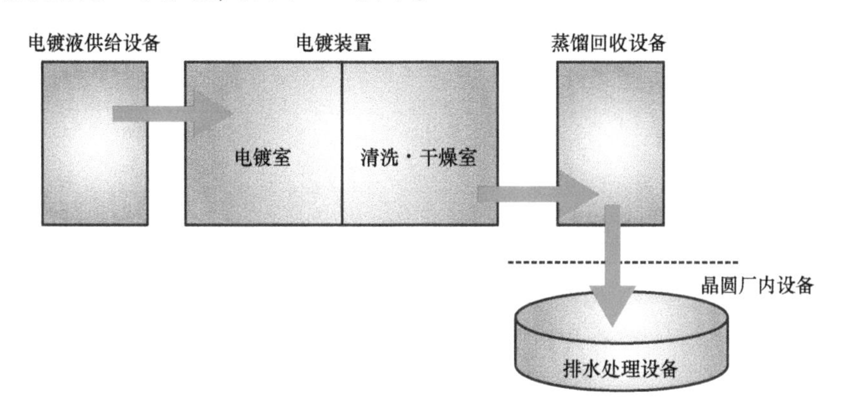

电镀设备系统的概要（图 8-18）

8-9 low-k（低介电常数）成膜所需的涂布设备

将膜的材料溶于有机溶剂中，再将其涂布成膜的技术也是必要的。这是涂布工艺，主要用于绝缘膜的生产。

为什么需要涂布工艺？

涂布工艺或旋涂工艺用于半导体前段制程。例如，光刻中抗蚀剂的涂布。这在某种意义上也是一种成膜工艺。因此使用涂布工艺形成半导体薄膜的想法也就不足为奇了。另外涂布设备比成膜设备要简单，可以降低工艺成本。相对的涂布工艺形成的薄膜的稳定性略低于通过热氧化或热 CVD 形成的薄膜。此外，由于涂布工艺是液相工艺，需要将原材料溶解在溶剂中，这限制了材料种类的使用。目前通过涂布工艺大部分投产的是绝缘膜，其中以氧化为主流。这种绝缘膜被称为 SOD㊀(Spin On Dielectrics：旋涂电介质)。最近，涂布工艺也已经应用到 low-k 薄膜和具有更低介电常数的 ULK 薄膜㊁。与抗蚀剂类似，为了

㊀ SOD：SOD 也可能被称为 SOG（Sign On Glass）。

㊁ ULK 薄膜：Ultra Low-k 薄膜的缩写，指介电常数 $k<2.5$ 的薄膜。

保证晶圆表面成膜的均匀性，所以使用单片式设备。使用旋涂机（旋转涂敷装置），将晶圆用真空吸盘向上固定，滴下规定量的原材料，然后高速旋转晶圆，使原材料在晶圆上形成均匀的薄膜。见图8-19。与抗蚀剂一样，它也具有边缘冲洗和背面冲洗的功能。此后，在约300℃~400℃进行热处理，以完全去除溶剂并使薄膜稳定。

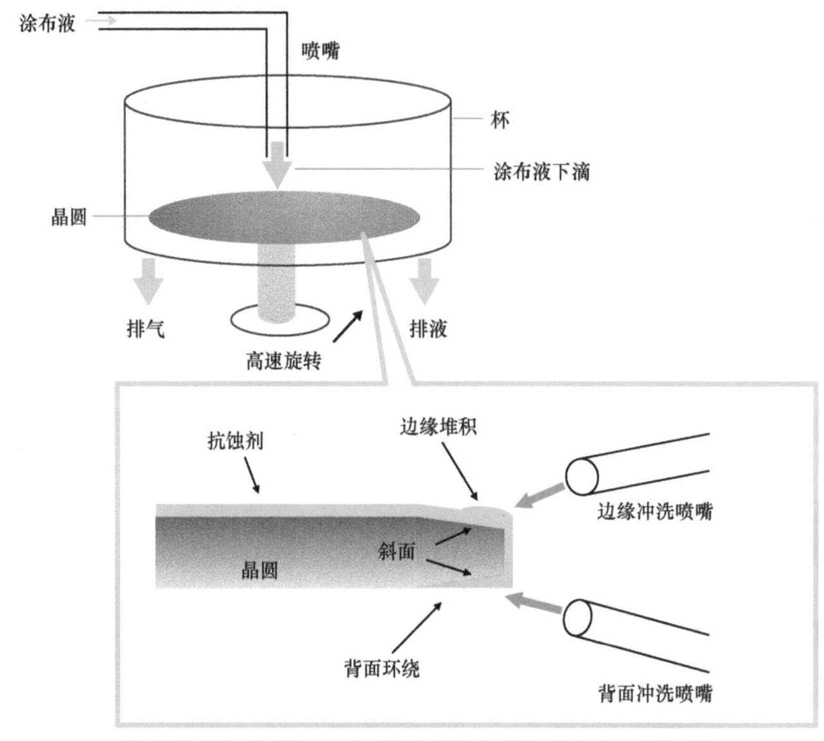

注）如图所示，晶圆的边缘表面是倾斜的，被称为斜面。加工略显粗糙。

旋涂设备的概念图（图8-19）

涂布工艺的课题

后面还会介绍扫描涂布设备，但目前的主流仍然是旋涂设备。在SOD的情况下，它作为层间绝缘膜保留在器件中，因此需要严格控制膜厚。控制杯中的温度、气体分压也很重要。

与抗蚀剂一样，存在材料使用效率的问题，因此也推出了一种新型扫描涂布设备，该设备通过具有多个喷嘴的涂布头在晶圆上方扫描，滴下涂布液达到涂布的效果。如图8-20所示。但是，这种方法无法使用边缘或背面冲洗。

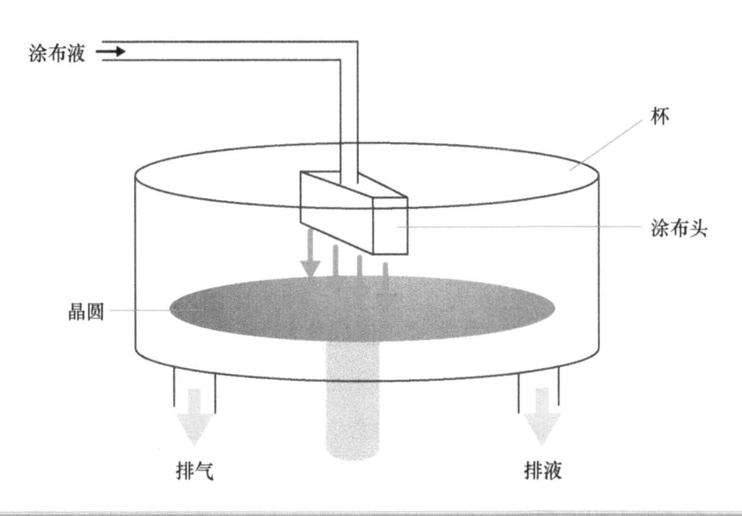

扫描涂布设备的概念图（图 8-20）

涂布设备的构成要素

该设备使用与第 6 章中提到的抗蚀剂涂布设备相同的原理，并且具有相似的构成要素。除了晶圆的装载/卸载部分，旋涂部分和烘烤部分是该设备的主要部分。涂布液储存在罐中并转移到喷嘴部分。与抗蚀剂一样，膜厚通过涂布液的黏度和旋转次数来调整。详情请参考 6-5 节。

与第 6 章设备的主要区别在于成膜的部分并没有像光刻设备一样与其他设备形成内联化系统，并且涂布液的烘烤温度与抗蚀剂不同。烘烤温度约为 300~400℃。

沉睡技术的逆袭

在《图解入门——半导体制造工艺基础精讲（原书第 4 版）》中提到，为了降低涂布工艺中形成的低介电常数薄膜的介电常数并提高薄膜的机械强度，可以使用电子束退火和 UV 退火。半导体工艺有趣的地方就在于退火工艺不一定仅限于热处理。

正如笔者在 5-4 节中所写，曾经有人提出将电子束退火用于薄膜硅晶。笔者还在 4-5 节中写道，等离子体掺杂法也是很久以前就提出的方法了。

像这样曾经被抛弃的技术也有再次被使用的可能性。是不是很有趣呢？

8-10 high-k 栅极堆栈中 ALD 设备的应用

ALD 设备试图控制每个原子层，以形成薄膜。适用于形成 high-k 薄膜。

ALD 工艺和 high-k 栅极堆栈

ALD 是 Atomic Layer Deposition 的缩写，正如文字所示，是通过原子层级别的控制进行成膜的。由于需要在成膜和排气之间交替操作来形成薄膜，导致生产量显著降低。所以该工艺只适用于像 high-k 薄膜那样非常薄的膜。首先，说明什么是 high-k 薄膜。精细化的进程导致栅极氧化膜的薄膜化达到了极限，从而导致栅极氧化膜的泄漏电流增大。因此，栅极绝缘膜所要求的是，通过加大膜厚度减少电流泄漏，同时还需要能够维持有效栅极电容的 high-k 薄膜。high-k 与 low-k 相反，意思是高介电常数。一般来说，硅氧化膜的介电常数为 4 左右，而 high-k 膜的介电常数为 10 以上。但是，由于单晶硅的界面稳定性比硅氧化膜要好，所以可形成薄的氧化膜的堆叠结构，例如 HfSiO（N）/SiO_2、HfAlO（N）/SiO_2 等实际应用。这些膜的形成可以考虑减压的热 CVD 法等方法进行。现状是通过研究 ALD（Atomic Layer Deposition）法，可以进一步对单层薄膜形成控制，进而形成薄膜。具体工艺如图 8-21 所示。

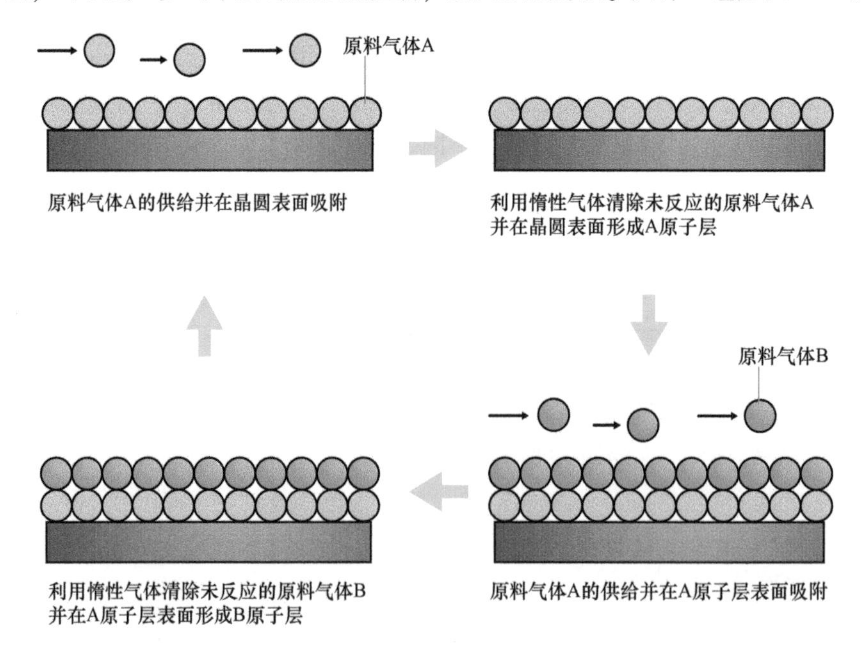

ALD 成膜工艺的循环模式图（图 8-21）

ALD设备的构成要素

基本构成与通常的气相成膜装置大致相同，但最大的不同点在于气体供给的设计。这是因为如果同一批次供应的原料气体量发生变化，ALD工艺将无法正常工作。在某些情况下，通过热流体的分析可以优化供气喷嘴的结构。由于在量产生产线方面还没有多少成就，这里就简单介绍一下。

需要明确的是，这种方法并不是最近为形成high-k薄膜而开发的，而是在20世纪70年代开发的。如上一节中的专栏所述，它是一种沉睡的技术被再次发掘利用。即便如此，与传统的成膜方法相比，生产量的降低是不可避免的。可以预计该工艺在半导体以外的各种领域的应用会在不久的将来实现。

另一方面，市场上有一种半批量的ALD设备，用于半导体的大规模生产。规模为6枚300mm晶圆。

此外，如1-6节末尾所述，MRAM[一]和FeRAM[二]等下一代存储器所使用材料的成膜量产设备也已经问世。我们对此类新材料成膜设备的普及寄予厚望。8-11节介绍的内容也算是其中之一的应用了。

8-11 特殊用途的Si-Ge外延生长设备

应变硅作为技术助推器[三]备受关注。而正是外延生长设备，才使其成为可能。

什么是外延生长工艺？

在晶圆上生长出与晶圆结构相同的硅层被称为外延生长。

以前它主要用于双极器件。双极晶体管在N层上形成浓度更高的N+层，同样在P层上形成浓度更高的P+层，用于降低集电极电阻等。MOS设备也有为了提高闩锁效应(Latch-up)[四]对策需要采用外延生长工艺的时候，但是现在已经没有使用外延生长的工艺了。

[一] MRAM：使用铁磁层的非易失性存储器的一种。

[二] FeRAM：在铁电层中保存电荷的非易失性存储器的一种。

[三] 技术推进器：指的是不需要依靠精细化技术就能制作下一代设备的新材料或者结构。应变硅就是一个很好的例子。

[四] 闩锁效应（Latch-up）：由于CMOS结构的寄生双极晶体管而导致的故障。寄生的意思是设计之外的情况。

外延生长设备的构成要素

正如预期的那样，基本构成与普通气相成膜设备大致相同，但最不同的一点是它有一个加热系统，可以加热到1000℃以上。当晶圆直径较小时，批量式为主要类型。将多个晶圆放置在转盘上的转盘型和晶圆垂直放置的圆筒型是主流的两个类型。转盘式也称为钟罩式。从图8-22中可以知道命名的由来，因为生长设备的形状类似钟罩。

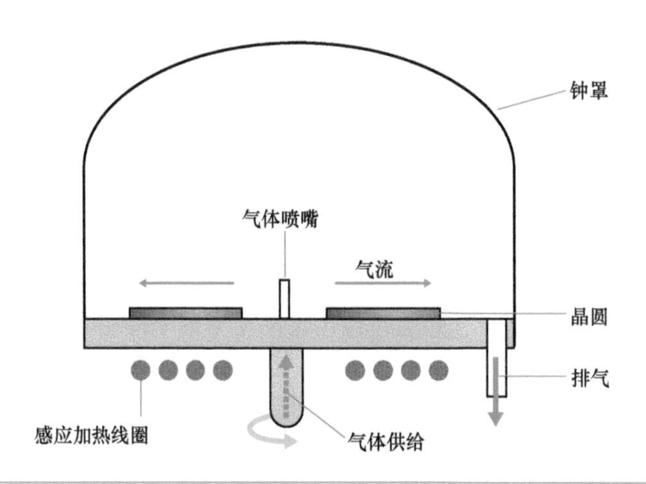

批量式外延生长设备的概要（图8-22）

在该设备中，晶圆由感应线圈加热。随着晶圆的大尺寸化，200mm和300mm晶圆的出现，单片式设备也呼之欲出。随之而来的是灯式加热。见图8-23。

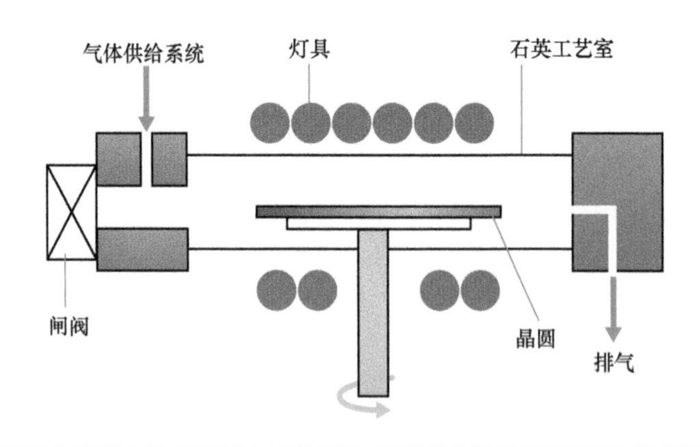

灯式加热（图8-23）

应变硅和 Si-Ge 的外延成长

最近，Si-Ge 的外延生长受到关注。因为它在硅晶圆上生长了一种称为 Si-Ge 的不同材料，因而被称为异质外延生长。顺便说一句，上述硅晶圆上的硅外延生长也称为同质外延生长。

这是一种有意对硅晶体施加应力，以引起应变并提高载流子㊀迁移率的技术。SiGe 作为应变诱导层受到关注。这是因为 SiGe 的分子间距比硅宽，这会在硅中产生拉应力和压应力，从而导致硅应变。图 8-24 显示了一个示例。这是在 P 型晶体管的凹陷源极/漏极上生长 Si-Ge 层，并在通道㊁中产生压应力，以提高 P 通道迁移率的示例。相反，N 型由于张应力而提高了迁移率。也出现过将 8-4 节中描述的垂直减压 CVD 设备应用到 SiGe 层异质外延生长设备的尝试。

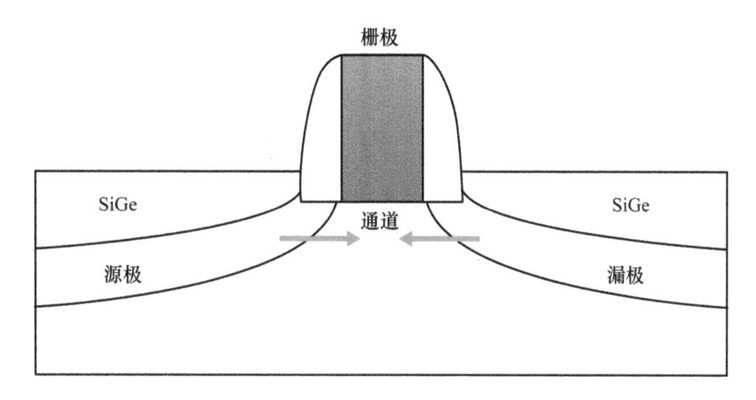

应变硅晶体管的示例（图 8-24）

另外，也有人认为这不是 SiGe 层，而是在硅上形成压力大的膜来形成应变层。具体来说，这个想法是在通道上形成应力氮化硅膜（Si_3N_4）以诱导应变。这种方法开始应用于先进的 CMOS。今后的发展趋势值得关注。

㊀ 载流子：在硅晶体中运送电荷，是指电子和空穴。

㊁ 通道：晶体管的源极和漏极之间的区域。这里利用栅极电压形成反转层，导通晶体管。

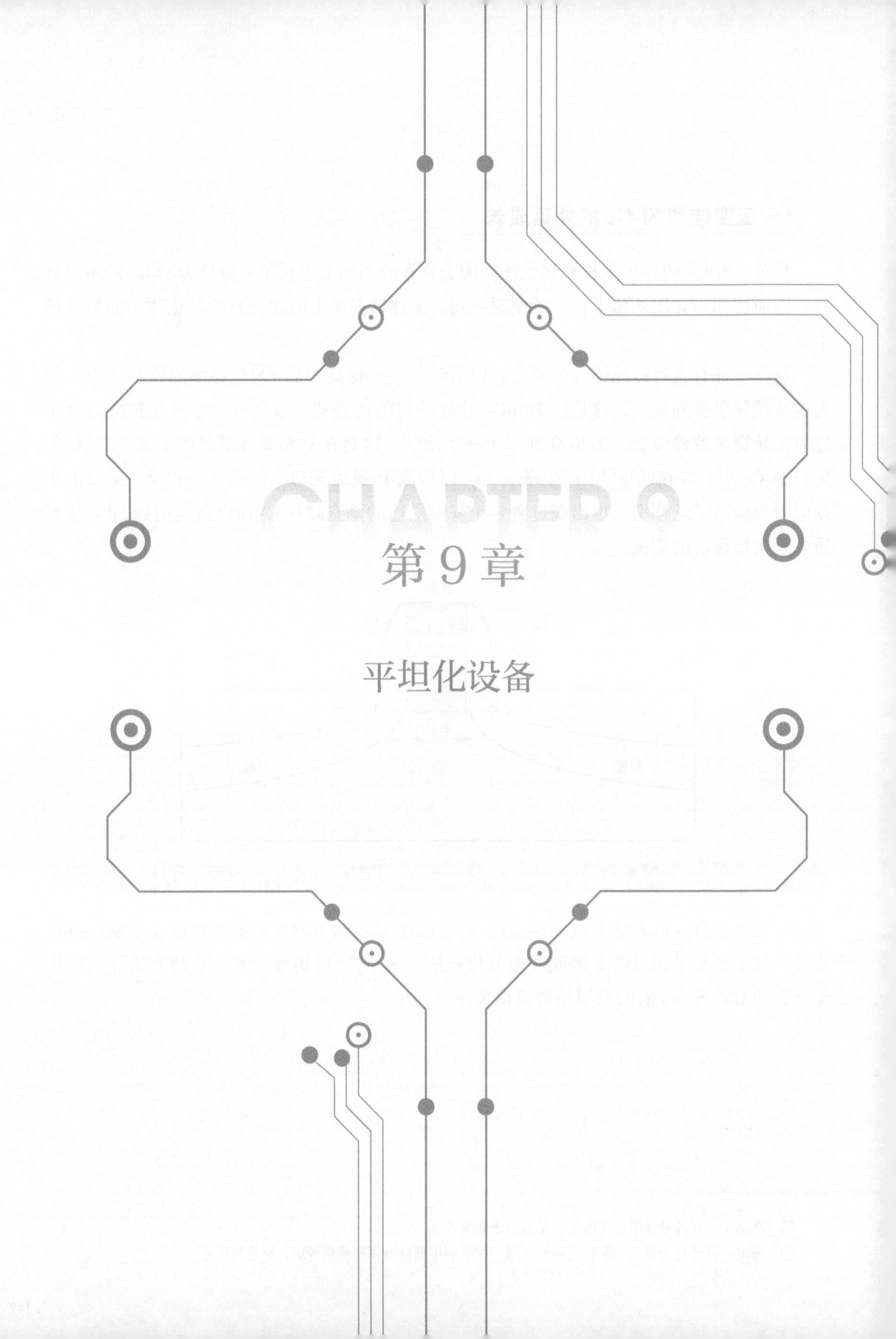

第9章

平坦化设备

本章将介绍随着LSI层数的增加而变得不可或缺的平坦化（CMP）设备，包括其外围技术、消耗部件和端点监测方法。此外，我们还将接触该设备的历史，以便更好地了解CMP设备。

9-1 平坦化设备的特征

对于使用多层布线工艺的高级逻辑器件来说，CMP设备是至关重要的。本节将介绍什么是平坦化设备。

CMP工艺和设备

CMP设备是一种相对较新的实现半导体工艺设备。因为精细化取得了进展，业界发现用传统的平坦化技术无法实现半导体所需的平坦度，使得1990年CMP设备的引进取得了重大进展。而当时正处于日本半导体制造商将重点从DRAM转移到系统LSI和高速逻辑器件的时机，也推动了CMP设备的引入。CMP设备类似于在晶圆表面形成镜面抛光的抛光机和11-3节中介绍的晶圆背磨设备（研磨晶片背面的设备）。两者都是机械加工设备，驱动部件很多，并不是所谓的真空工艺。另外在抛光机中使用磨料和大量的水也是很常见的。

典型的CMP设备如图9-1所示。这种类型的CMP设备有时被称为旋转型。该类型CMP设备将晶圆的背面吸附在称为台板的夹具上，将晶圆的表面压在研磨垫上，然后将化学溶液或抛光颗粒研磨而成的称为“研磨液”的溶液滴落在研磨垫上，通过研磨颗粒的物理作用，研磨压力以及化学品的化学作用对晶圆表面进行研磨。同时使用修整器（也称为调节器）在原位刷新，以防止研磨垫上的浆液堵塞。在1980年，干法工艺（蚀刻等）被越来越多地引入无尘室，但由于CMP使用研磨液，也算是一种从干法工艺到湿法工艺的回归了。虽然在将含有研磨液的溶液引入无尘室时存在很大的阻力，但对多层布线后的半导体进行平坦化的迫切需求克服了该阻力。由于第6章中介绍过光刻设备通过光源波长的短波化，使得焦距㊀随之变小，因此CMP设备的需求也就应运而生了。

平坦化设备的构成要素

CMP设备大致由晶圆装载/卸载部、CMP头部、抛光台、修整器、研磨液供应系统和

㊀ 焦距：可以认为是曝光设备成像的深度。深度越大，工艺效果越好。

后清洗部分组成。后清洗部分用于除去研磨液，具体将在9-3节中讨论。在这里将对研磨头进行介绍。

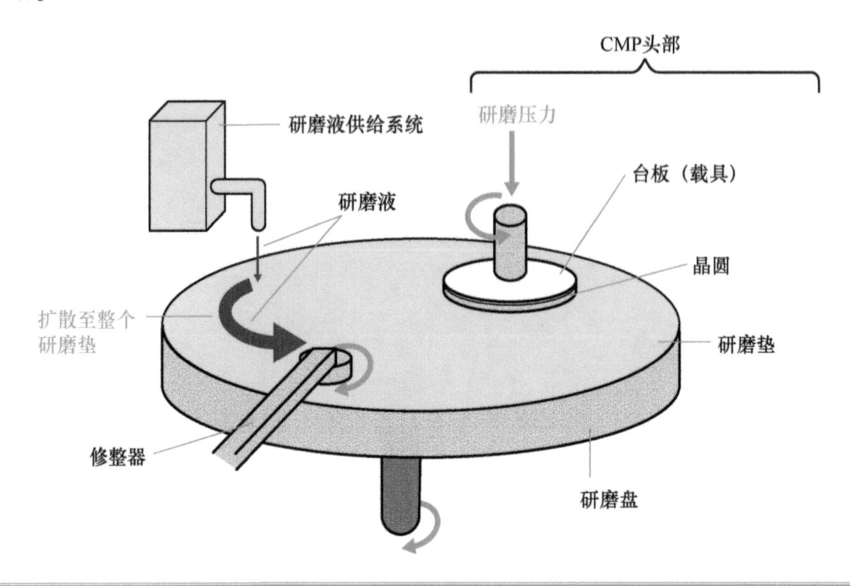

CMP设备的概略图（图9-1）

图9-2中显示了研磨头的断面图。研磨垫本身具有各种硬度，但由于不是刚体，所以具有弹性。为了化解这种弹性，在晶圆背面和台板之间塞入了气囊或膜片。通过这种方式，晶圆被台板压在研磨垫上。此外，晶圆周围有一个保持器，能够均匀地接触晶圆。关于保持器的内容请参见9-4节。虽然说到CMP设备可能会有一种“硬碰硬”的印象，但实

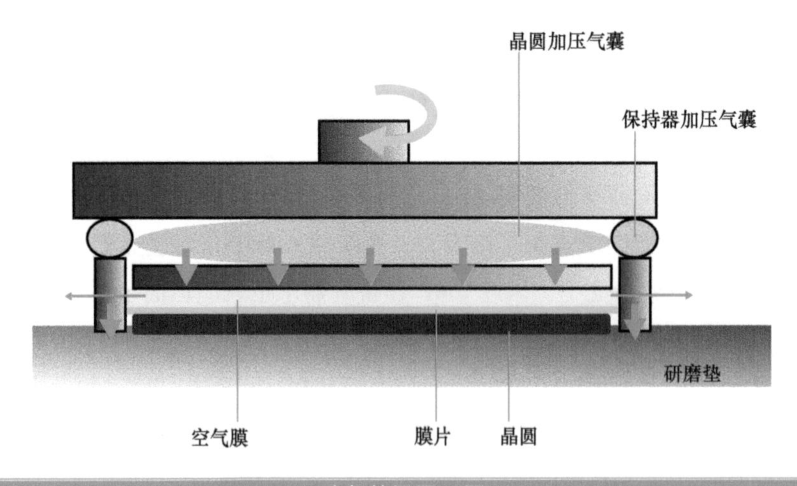

CMP头部的概要（图9-2）

际情况却并非如此。其原因是如果直接从晶圆背面施力时，晶圆背面就会成为基准面，研磨过程就会吸收晶圆厚度变化[⊖]，没有办法实现均匀的研磨。另一方面，通过气压等施加研磨压力，则会对表面施加均匀的压力。

因此，CMP设备是基于表面的研磨，这称为“拖尾研磨”。另一方面，抛光机和第11章中提到的研磨机是基于背面的研磨。见图9-5。

美国的逆袭

20世纪70年代末80年代初，笔者开始从事半导体工艺开发的时候，是一个被称为干法加工的时代，笔者也致力于用干法蚀刻设备代替原有设备。或许正因为如此，在当时看来CMP设备和电镀设备能够进入无尘室是不可想象的。这是由当提到抛光机就联想到它是用于晶圆制造中的镜面抛光，当提到电镀就联想到它是用于制造半导体后段制程中的引线框架和印制电路板这样的刻板印象导致的。

然而，CMP设备和电镀设备都是由美国人首先引入市场的。当时美国在DRAM竞争中被日本打败后，转向高级逻辑器件的生产。当时只要提到Cu布线，就需要使用CMP设备或者电镀设备的市场风气，着实是让日本感受到了美国的威胁。

9-2 各种平坦化设备的登场

20世纪90年代初以来，CMP设备逐渐被半导体制造商引入。当时考虑到未来有很多CMP设备的需求，所以一时间有20多家设备制造商进入CMP设备市场。

皮带式的平坦化设备

如上所述，以前有过20多家公司加入CMP设备市场的时期。有抛光机制造商进入，也有半导体设备制造商进入，还有半导体制造商内部的机械工作部门进入的情况。

然而，这一市场现在被少数几家公司垄断。在这里，为了帮助大家了解CMP设备，我们将介绍两种与现行的旋转CMP设备有着不同概念的设备。首先是皮带式的CMP设备，日本也引进了数台。

⊖ 晶圆厚度变化：TTV（Total Thickness Variation）。晶圆的规格是有详细文件可以参考的，感兴趣的读者可以去相关晶圆制造商官网进行查阅。

如图 9-3 所示，它看起来像一个带状的研磨垫。如果皮带高速旋转，可以在不增加研磨压力的情况下实现均匀且高速的 CMP 工艺，但笔者听说均匀度不如预期，所以该设备也没有得到批量生产。

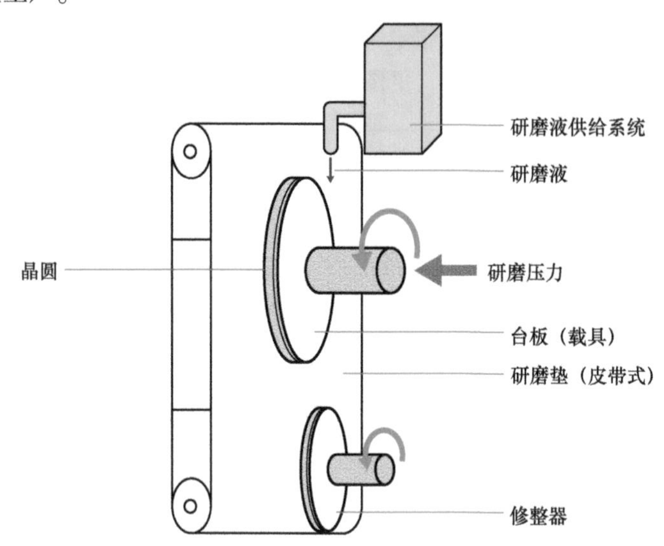

皮带式 CMP 设备的概要（图 9-3）

牵引式的平坦化设备

接下来是牵引式 CMP 设备。外形如图 9-4 所示，这是一种强调机械研磨色调的 CMP 装置，以晶圆背面为基准进行平坦化加工。这是通过高速旋转的砂轮和半固定的磨粒轮来

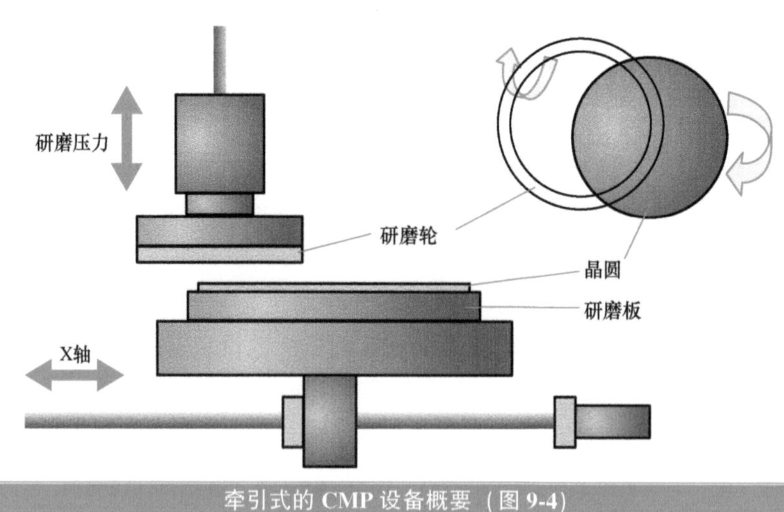

牵引式的 CMP 设备概要（图 9-4）

对晶圆表面进行研磨的，通过降低砂轮的 Z 轴来增加研磨压力。为了简化图示，并没有显示研磨液的部分。虽然图中没有显示，但研磨轮是多孔的，研磨液通过这些孔进出。

由于该方法不是拖尾研磨，因此存在难以确保研磨均匀性的问题。如前所述，拖尾研磨是一种以晶圆表面为基准面的研磨方法，如图 9-5 所示。虽然为了便于理解，该图运用了夸张的手法，但在显微镜下观察时，晶圆的表面确实是不平坦的。

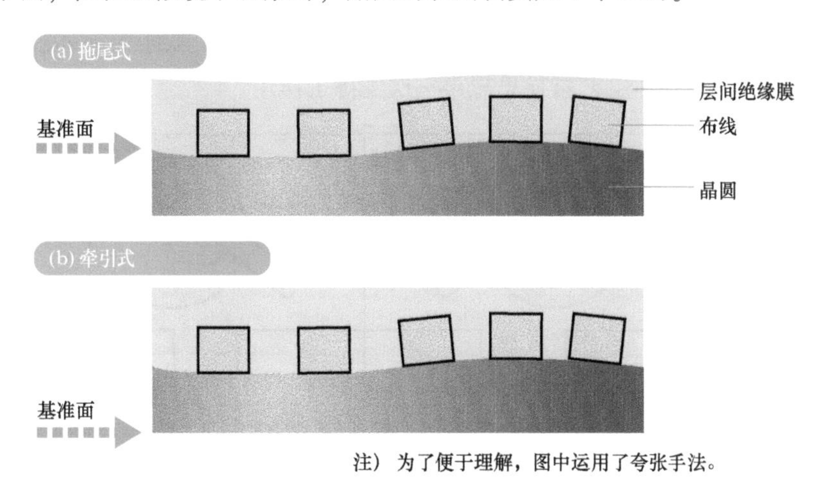

CMP 各种类型的比较（图 9-5）

晶圆厚度也有参差。之所以叫拖尾研磨，正是因为该工艺需要对“抹平”表面厚度不齐的地方进行加工。这就是为什么在 9-1 节中需要插入气囊和膜片，使研磨头上晶圆的移动更加灵活。通过这样的研磨，才使得布线上的层间绝缘膜的厚度变得均匀。另一方面，在牵引式研磨的方法中，以晶圆背面为基准面实施平坦化，因此研磨后的布线上的层间绝缘膜的厚度容易变得不均匀。看来拖尾研磨才是合适的半导体工艺。

到目前为止，我们已经介绍了两个曾经存在过的 CMP 设备。虽然各种 CMP 设备都被提出过，但终须经过现场的评估才能得以传承。现在留下来的设备都是半导体工艺诸多成果的累积。

当然，不仅限于 CMP 设备，其他工艺的半导体制造设备也同理可推。

9-3 平坦化设备和后清洗功能

CMP 是一种用含有颗粒的研磨液处理晶圆的工艺。所以需要进行后清洗，以防止这种研磨液残留在晶圆上。

什么是平坦化后清洗？

清除研磨液需要将清洗模块进行内置（built-in）[㊀]，与 CMP 装置形成一体化。见图 9-6所示。如果研磨液残留在晶片表面待其干燥，研磨液粒子就会在晶圆表面黏合无法去除。因为颗粒污染对于半导体器件是非常头疼的事情，无尘室的建设中也极力防止颗粒的产生。在此背景下，在晶圆还没有离开 CMP 设备的时候，去除研磨液的想法也算是合理。“干进干出”的半导体工艺指导思想再一次发挥了作用。

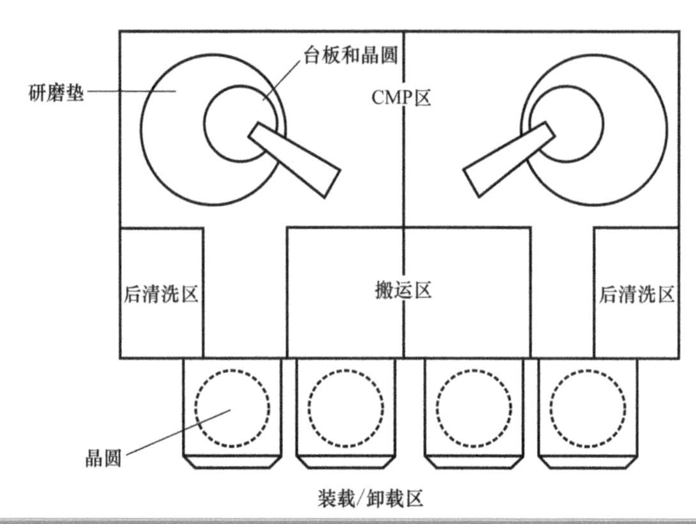

CMP 设备和后清洗部分的模式图（图 9-6）

顺便说一句，从 1990 年初开始引进实验性 CMP 设备时，并没有内置清洗模块，所以在 CMP 处理完成后，需要将晶圆放入纯水中防止干燥，然后运到清洗设备处进行清洗。后来内置清洗模块之所以成为主流，可能是因为 CMP 设备厂商的寡头垄断发展，使其认为有必要为用户提供整体解决方案。在内置清洗模块时，需要减小整个设备的占地面积，为此厂家也采取了各种措施。具体见图 9-6。这只是其中一个例子，也有 CMP 部分拥有多个研磨头，只有一个后清洗模块的例子，这些都反映了设备制造商的想法。不同的 CMP 工艺和后清洗工艺需要不同的处理时间，这意味着需要对各个工艺进行精密规划。

后清洗模块的构成要素

后清洗的主要功能由毛刷清洗和旋转清洗组合而成。有些使用超声波，清洗设备属于

㊀ 内置（built-in）：意味着清洗设备需要与 CMP 设备集成在一起。CMP 设备制造商也为此提供了整体解决方案。

多端口的设备，干燥也在旋转清洗部分进行。但是即便打算用刷子清除研磨液，也是有可能重新附着的，需要小心。毛刷清洗有滚刷和笔刷，材质有 PFA 和 PVA 海绵。PFA 是全氟树脂，PVA 是聚乙烯醇树脂。图 9-7 显示了后清洗模块的一个示例。本例是 3 个端口的示例。CMP 设备制造商大多准备了 2 端口或 3 端口系统，而用户可以根据设备特点进行多样的后清洗方法的组合。

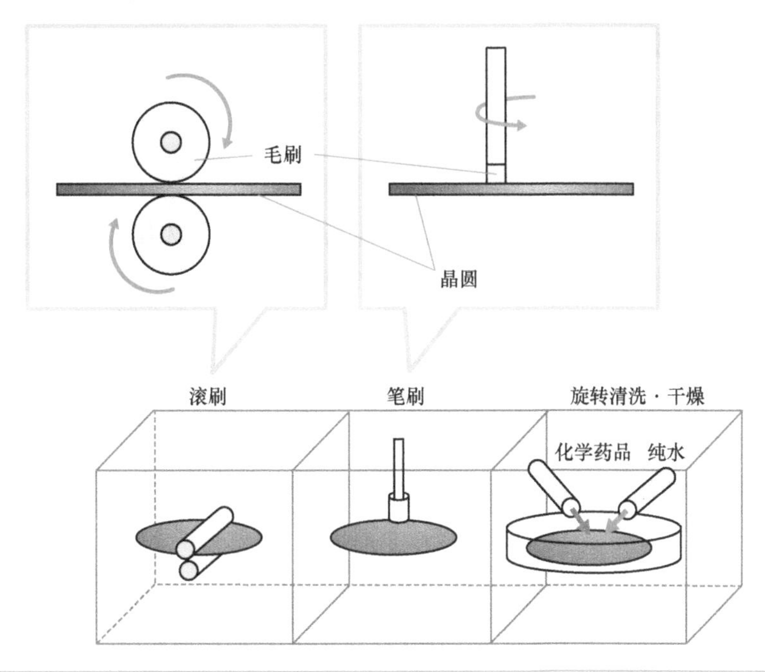

清洗部分和刷子的模式示意图（图 9-7）

关于清洗液的化学性质：NH_4OH+H_2O 一般用于刷洗，NH_4OH+H_2O 或 HF+H_2O 一般用于去除金属污渍，PMD[1]、ILD[2]用于超声波清洗，NH_4OH+H_2O_2+H_2O 用于多晶硅插塞[3]，NH_4OH+H_2O 用于钨插塞的清洗。在 Cu 的情况下，还可以考虑使用还原水（电解阴极水）+有机酸和表面活性剂。这些只不过是一般示例，其实有很多其他化学反应可以利用。

如图 9-7 所示，滚刷型的滚筒每分钟旋转几百次，对晶圆表面和背面进行清洗。研磨液也有可能附着在晶圆背面，所以对晶圆两面都进行清洗。笔刷型也要每分钟旋转几百

[1] PMD：Pre-Metal Dielectrics 的缩写，W 插塞的层间绝缘膜。

[2] ILD：Inter-Metal Dielectrics 的缩写，Al 或者 Cu 布线的层间绝缘膜。

[3] 多晶硅插塞：它是用多晶硅制成的插塞。插塞是将晶体管的源极和漏极连接到布线层的导电材料。使用场景：DRAM 混合逻辑器件对防止金属污染有很高要求的情况时使用。

圈，清洗晶圆表面。

9-4 什么是平坦化研磨头？

如9-1节和9-2节所述，研磨头在后续研磨工艺中起着重要作用。在这里，我们将介绍保持器、背膜和休整器。

什么是保持器？

请再看一下图9-2，保持器是位于晶圆外圆周上的环。通过保持器可以控制研磨的均匀性。图9-8显示了没有保持器的情况，但是当晶圆被研磨压力压在研磨垫上时，形成了促进平坦化处理的所谓“圆边”的现象。如图9-9所示，保持器使研磨垫的表面相对于晶圆能够均匀接触。在图9-2中显示的是可以独立于保持器进行施压的例子。保持器在工作中也有磨损，需要定期更换。保持器的材料一般是基于聚酰亚胺的树脂。

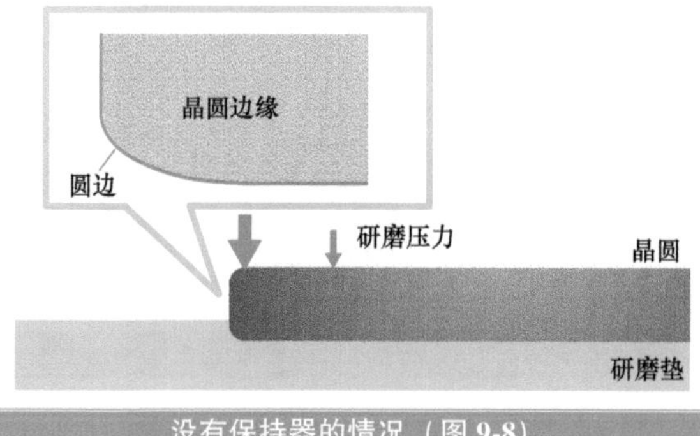

没有保持器的情况（图9-8）

保持器压力

研磨压力

晶圆

研磨垫

消除晶圆周围研磨垫的凹凸

有保持器的情况（图9-9）

什么是背膜?

如 9-1 节所述，当从晶圆背面使用刚体对其施加力时，平坦化处理是以背面为基准面的，此时的研磨会吸收晶圆厚度的变化，使得设备无法对晶圆施加均匀的研磨压力。如果是用空气压力等对研磨垫进行施压，就可以使得研磨压力均匀作用在晶圆表面，也就形成了表面为基准面的研磨。为此需要使用有弹性的背膜。材质为聚氨酯泡沫膜。图 9-2 的示例使用了空气膜。在这方面的处理也是平坦化设备制造商见仁见智了。

什么是修整器?

修整器与研磨头没有直接关系，但它在平坦化中也起着重要作用，所以这里会简要介绍一下。使用修整器在原位刷新，以防止研磨垫中的研磨液和平坦化加工碎屑堵塞。这是通过将研磨垫的表面保持在相对恒定的状态下来确保平坦化工艺的再现性。修整器内嵌有金刚石颗粒，是用来刮研磨垫表面的。修整器也是一个消耗品。

9-5 平坦化设备的研磨液和研磨垫

平坦化设备中必不可少的是研磨液和研磨垫。这些部件也都影响着工艺处理的结果。在这里，我们将介绍研磨液的供应方法和研磨垫的类型。

研磨液的供给

从历史上看，自从 IBM 研发出平坦化工艺以来，研磨液和研磨垫最初由美国零部件制造商垄断，但目前日本制造商已大幅反弹。研磨液是通过在化学溶剂中均匀、游离研磨颗粒而成。研磨颗粒有各种类型，例如二氧化硅、二氧化铈和氧化铝等。根据平坦化（CMP）处理对象的材料，化学溶液的使用方法也多种多样，例如针对氧化膜的研磨液，则是在二氧化硅中掺入主要含有 KOH 的化学药品而制成的。研磨液由专门的材料制造商根据使用场景实现了商业化。

据说 CMP 工艺中使用研磨液的量约为每片 100ml。在高级逻辑器件晶圆厂的前段制程中运行着数十台 CMP 设备，所以大量研磨液的使用也是很容易想象的。由于研磨液是一种浑浊的液体，在某些情况下可能会聚合沉淀，所以需要采取措施延长研磨液的寿命。现在可以按需混合⊖随时提供新鲜状态的研磨液的系统已经成熟。也有专门的制造

⊖ 按需混合：这里的意思是根据晶圆厂的生产计划，在半导体晶圆厂内部混合所需量的研磨液。

商提供相关研磨液供给系统。此外，为了防止研磨液的聚合沉淀，也会向其中添加分散剂。见图 9-10。

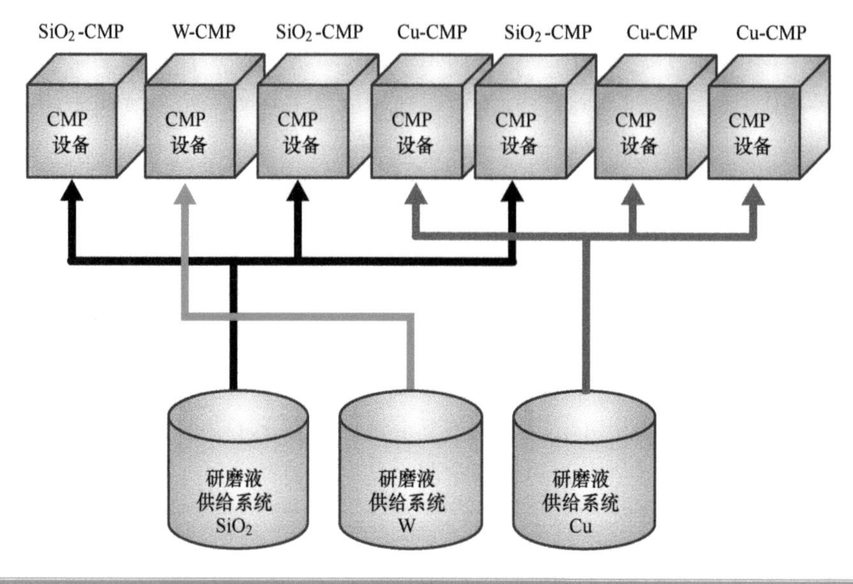

向 CMP 设备供给研磨液的模式图（图 9-10）

另一个问题是含有研磨液的废液处理问题。应该指出的是，也有从这些废液中提取研磨液的尝试。如今最大的问题在于大量使用研磨液的成本。

研磨垫

研磨垫一般分为硬垫和软垫。在某些情况下，会将两者结合使用。材质使用的是聚氨酯泡沫。

当然在进行平坦化时，需要根据处理对象的材料来选择研磨垫。研磨垫在平坦化处理中也会磨损，因此最大的挑战还是研磨垫的使用寿命。通常，在数百枚晶圆上进行平坦化后，需要更换研磨垫。此外，研磨垫的更换和更换的相关条件都需要时间去摸索和磨合，这会成为晶圆厂运营中的一个问题。

此外，研磨垫上也有开槽，防止晶圆上研磨液的吸附。通常如图 9-11 所示，使用网格状或同心圆状的研磨垫。但具体操作则要看半导体制造商各自的发挥了，因此半导体制造商也可以先买入没有沟槽的研磨垫，然后自行加工也是一个很好的例子。半导体制造商也有可能将这种类型的加工外包出去。另一个问题是研磨液、研磨垫和修整器之间的兼容性也是一个课题。

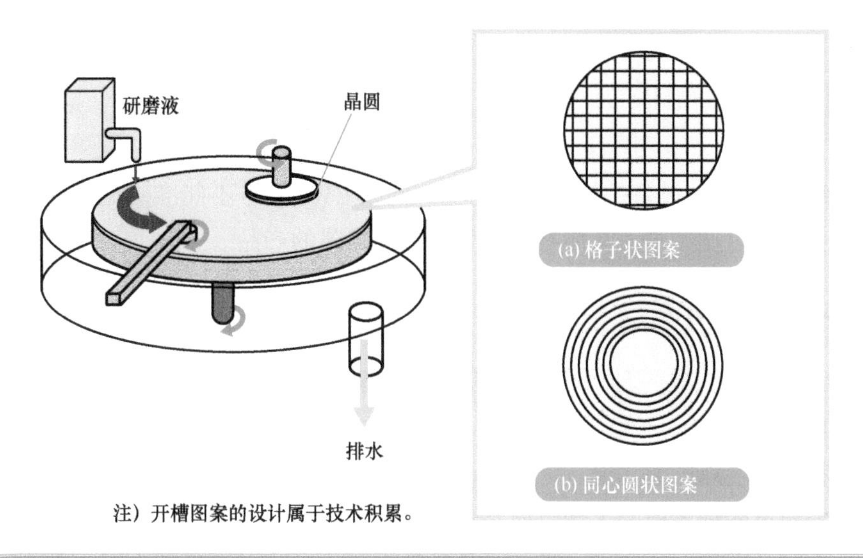

注）开槽图案的设计属于技术积累。

CMP 设备的研磨垫的开槽图案（图 9-11）

由于平坦化具有机械加工方面的特性，所以与其他工艺相比，它使用了晶圆厂中很大比例的耗材。据说一半的运行成本都是消耗品。消耗品中又以研磨液和研磨垫的比例较大。

平坦化设备=光刻设备？

在半导体前段制程工艺中引入CMP 设备的时候，笔者也曾负责成膜工艺，所以成膜后的 CMP 工艺也是当时成膜负责人必不可少的任务，所以笔者也就自然而然成为 CMP 的负责人。对于每个半导体制造商来说，情况可能有所不同。当时，平坦化技术必须结合蚀刻技术来完成，局限性是可见的。所以当引入 CMP 设备的时候，就感觉像找到了救命稻草一样。虽然抛光机确实曾经用于晶圆表面的镜面加工，但大多数半导体厂商已经停止了内部生产晶圆，相关技术也没有得到传承。

CMP 设备其实有一点与时代背道而驰的感觉（因为它是湿法并且容易产生颗粒），不过，首先要解决的问题是完全平坦化才得以引入。谁也不会想到十年后，CMP 设备会在无尘室中以几十台的规模存在。是为了弥补曝光设备焦距降低的劣势，并且为了充分发挥曝光设备的分辨率性能，完全平坦化也是不可或缺的。有些讽刺的是，当初不被看好的 CMP 设备如今已经成为光刻设备的一部分，甚至也有人认为它已经成为超分辨率技术之一（见 6-11 节）。

9-6 端点监测机制

最后介绍的是CMP设备的端点监测功能。如果CMP设备不能准确地监测到研磨完成的部分，就会发生过度淹没，从而有可能生产出有缺陷的产品。

什么是端点监测?

CMP和蚀刻一样，是一种“削除”的处理过程，所以如果在最佳时间停止处理是一个难点。CMP本身的速率不稳定也是一个问题，在此背景下比起CMP处理的时间管理，更需要一个精确的端点监测功能。

笔者也经历过各种各样的事情，但是从晶圆厂现场的操作来看，由于测试所用晶圆的图案形状和密度大有不同，所以试运行条件的结果不一定可以运用到实际生产中。这也是一个常见的问题。

对于蚀刻设备这样的“削除”工艺，思路也是一样的。图9-12总结了CMP设备和蚀刻设备的异同。要解决以上的问题终究还是需要端点监测。

在“把不需要的部分削除”上
两种设备是相同的

“干进干出”也是相同的

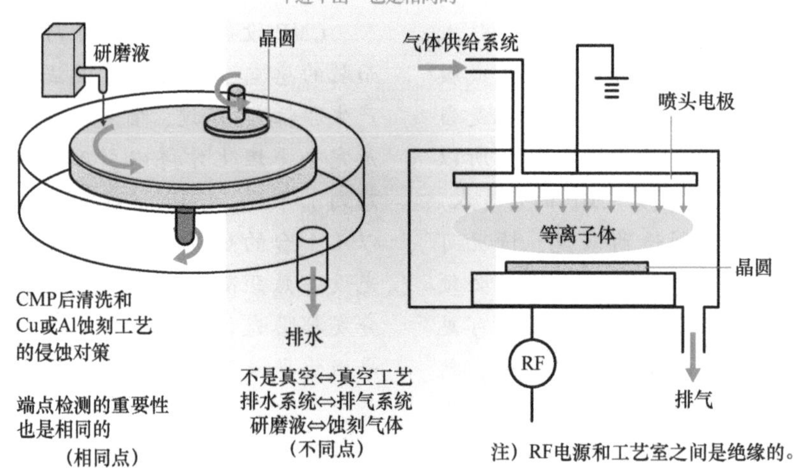

CMP设备和干法蚀刻设备的比较示意图（图9-12）

实际中的端点监测方法

在图 9-13 中总结了提出的各种端点监测方法。其中，扭矩传感器和振动传感器利用了 CMP 研磨头旋转的扭矩和振动变化，笔者认为这是 CMP 独有的监测方法。而光学设备则为目前设备的主流。如 9-2 节所述，CMP 设备的寡头垄断正在形成，所以可能主流设备厂商使用的都是光学设备。光学设备通过研磨垫上的透光窗监测研磨表面反射率的变化。

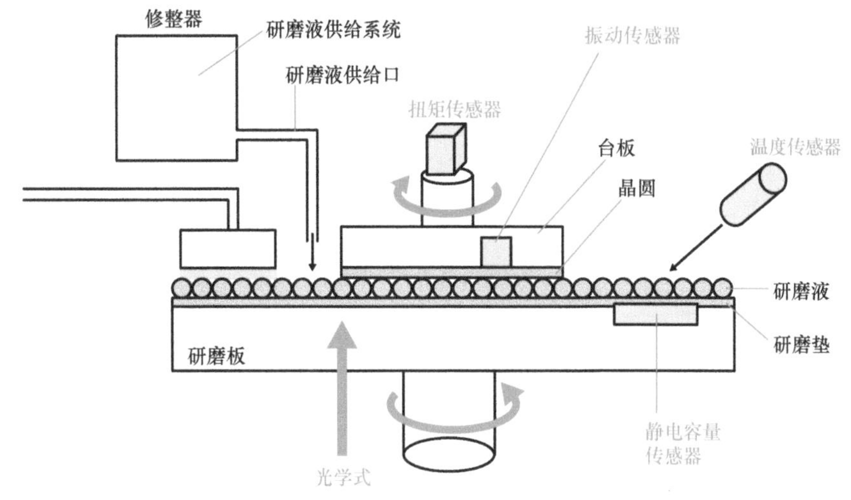

注）为方便起见，在一张图中包含了各种示例。

现行的端点监测方法的示例（图 9-13）

一些公司制造和销售用于 CMP 的端点监测设备，可以看出端点监测在 CMP 中的重要性。CMP 设备制造商之间也出现过围绕端点监测方法而展开的专利纠纷案例。

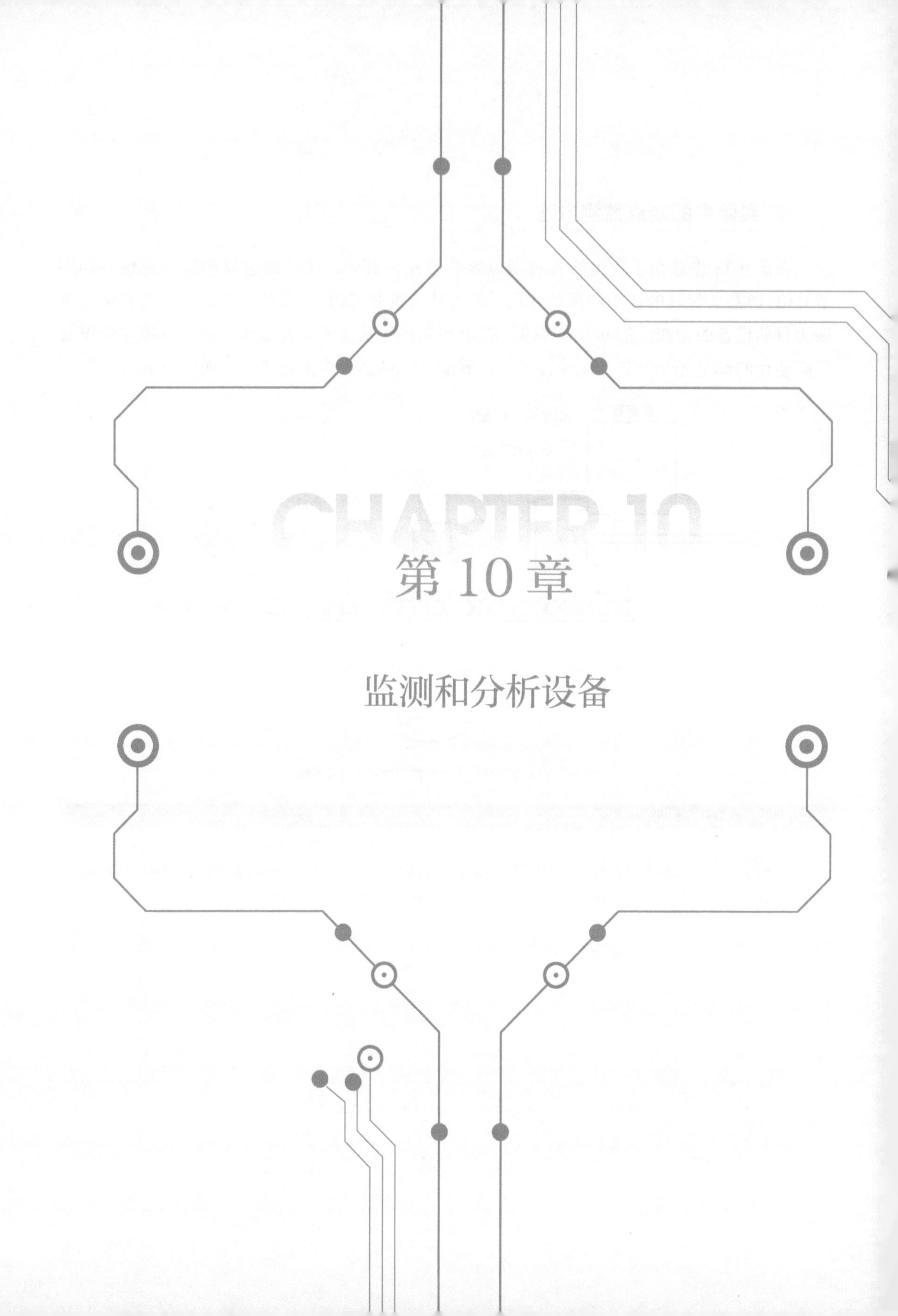

第 10 章

监测和分析设备

本章涵盖了半导体晶圆厂中使用的检查、测量和分析设备的基本概念和原理。我们相信，如果没有这些设备，目前的半导体制造设备和工艺就不会像今天这样先进。本章将从那些开发前段制程半导体工艺和生产线管理的角度对相关内容进行介绍。

10-1 工艺结束后发挥作用的测量设备

在在线监测中，将以各种方式监控工艺结果和设备状态。本节将介绍其概要。

测量内容

半导体工艺的前段制程涉及大量的监测。在监测中发挥作用的就是测量设备。半导体工艺是非常难以控制而且非常耗时的。前段制程是一个没有办法边处理边测量的加工过程，这是与组装加工最大的不同点。

另外，考虑到晶圆之间的偏差、晶圆内的偏差、芯片之间的偏差、晶体管之间的偏差，半导体工艺并不是以制作完全一样的东西为目标的，而是在“确保成品在一定偏差范围之内”的指导思想下进行的。生产出来的成品有很多偏差，但是半导体工艺中如何减小偏差，提高各批次的再现性是基本的追求。因此，必须始终监测设备的状态和工艺的结果。监测也有在工艺实施过程中进行的原位监测和工艺结束后进行的非原位监测。

这些监测都是在工艺生产线上进行的，所以被称为在线监测（Inline monitoring）。当然也有脱离生产线后做的监测，被称为离线监测（Offline monitoring）。

在表 10-1 中总结了主要的测量内容。往细里说也许还有其他的测量内容，这里就不一一列举了。之后，会对相关的主要设备进行介绍。

半导体工程和测定内容

半导体前段制程基本上大致分为 6 个工序：①清洗、②离子注入 · 热处理、③光刻、④蚀刻、⑤成膜、⑥平坦化（CMP）。

前段制程是一个“循环”工艺。“循环”是笔者根据“流水线”相对的意思而取的名称。这一工程并不是像一般意义上的流水线装配工作，在带式输送机设备上添加零件并组装就可以了，它是通过重复多次相同的工序来制造产品的。因此，测量也需要多次重复进行。主要的监测和测量示例图见图 10-1。

监测/测量设备的概要（表10-1）

项目		示例
加工尺寸	膜厚	氧化膜、氮化膜、多晶硅膜、金属膜、硅化物膜、抗蚀膜…
	线宽等	抗蚀剂图案、栅极、布线、接触/通孔直径
	台阶高度	布线、STI[⊖]、电容电极
光刻对准		覆盖情况（曝光块、芯片）
颗粒		CR浮尘、设备（搬运、工艺）粉尘、人体粉尘
图案缺陷		标线（掩膜）引起、工艺引起、粒子引起、操作失误引起
污染		金属离子、有机物、交叉污染
材料·成分		电阻率、注入杂质、膜成分、PMD、ILD、保护膜
外观		Si基板、宏观检查、微观检查、截面（SEM）
设备特性		Tr（三极管）特性、电容器特性、电阻值、布线短路

注）CR：无尘室（Clean Room）的缩写。

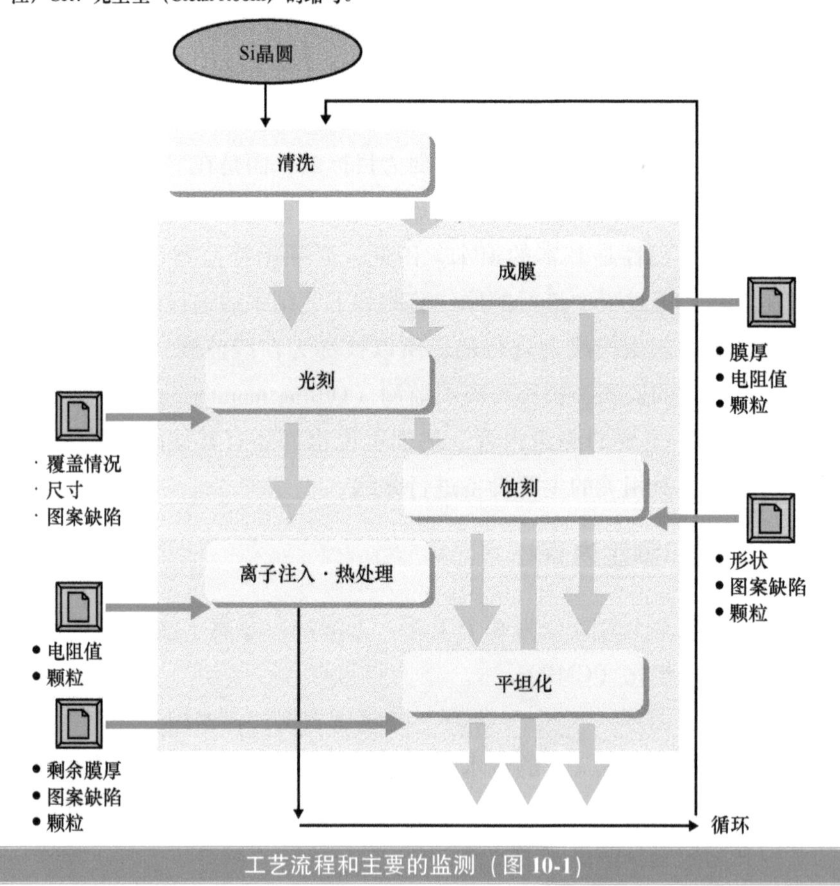

工艺流程和主要的监测（图10-1）

⊖ STI：Shallow Trench Isolation 的缩写。指电分离元件，例如晶体管。

性能要求

关于监测，既有全数监测，也有抽样监测。前段制程的晶圆厂房中会配备很多相关监测设备。关于监测设备的性能要求，笔者觉得可以提以下几点。另外无损监测是最好的，但也会进行破坏性监测。

① 分辨率：需要最小尺寸的1/3~1/2（颗粒、缺陷）。
② 提高检出率（捕获率）。
③ 扩大监测（检查/测量）范围。
④ 尽可能做到非接触、无损监测。

此外，对生产设备的性能也有如下的预期和要求。

⑤ 提高吞吐量。
⑥ 可以复合使用的生产线。

10-2 前段制程的监测站

前段制程的半导体工艺处理结果需要持续监测。最简单的监测是晶圆的外观检查。本节将介绍外观检查设备。

外观监测设备的概要

前段制程的工艺结果当然不是人眼可以检查的水平。由于进行的是1μm以下的精细加工，所以需要用光学显微镜等进行检查。虽说是光学显微镜，但检查过程并不需要人为去观测，是一种自动显微镜监控设备。这些设备有时被称为监测站。它不仅用于晶圆，还用于掩膜的外观监测。外观检查是监测的基本中的基本。导致产品质量不合格的缺陷被称为致命缺陷（Killer Defect）。监测站有必要提高缺陷监测的灵敏度和自动缺陷分类（ADC）的性能。相关数据的积累也是必要的。图10-2显示了检查缺陷的概念。重要的是不仅要提高监测灵敏度，而且要对监测到的缺陷进行分类，如是否属于致命缺陷等。同时对这些操作的吞吐量也提出了较高的要求。

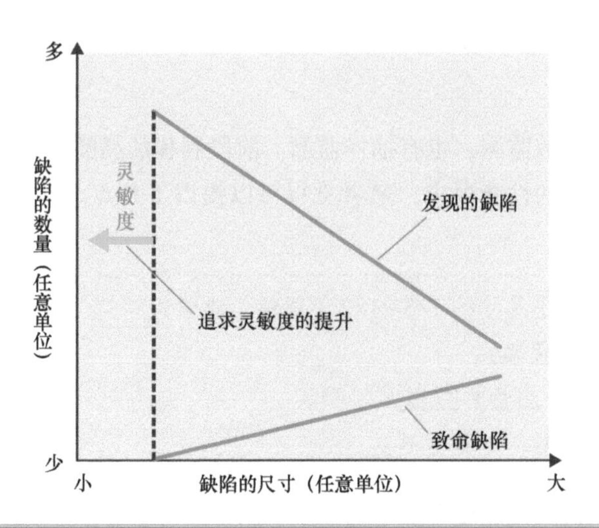

检查缺陷的概念（图 10-2）

共焦显微镜的概要

在监测站中发挥积极作用的显微镜是共焦显微镜。原理如图 10-3 所示，激光束聚焦在晶圆上，照亮一个微小的光斑，反射光重新聚焦在位于受光面的针孔上，通过对透过针孔的光进行分析，从而实现对晶圆表面的检测。该显微镜是一个当激光聚焦在晶圆上时，反射光被设计成使用接收器也能完成聚焦的系统，称为共焦光学系统。也就是说，散焦信息将不会通过针孔，因而可以获得高分辨率、高对比度的图像。

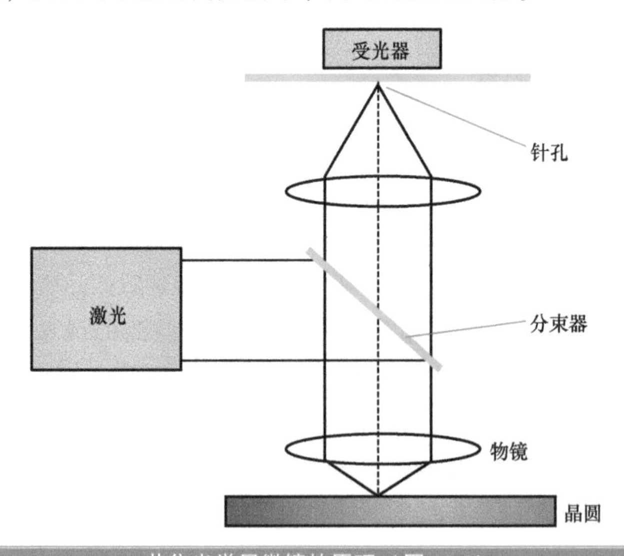

共焦光学显微镜的原理（图 10-3）

当然，光学显微镜的分辨率有限，也有利用 SEM 进行监测的设备。SEM 将在 10-5 中进行说明。SEM 也可以添加称为 EDX 的元素分析功能，可以对缺陷元素进行分析。

10-3 发现颗粒的表面监测设备

颗粒是半导体工艺的大敌。本节介绍了一种测量晶圆表面颗粒的设备。晶圆表面可以是裸晶圆[一]，也可以是带有薄膜的晶圆。

颗粒是大敌

硅晶圆上的颗粒会直接导致成品率下降。例如，在先进的 LSI 中，LSI 的布线尺寸为几十 nm 以下，如果硅晶圆的表面存在颗粒，则在形成布线时，图案可能会被破坏或形状有缺陷。因此半导体工艺需要严格控制颗粒。在第 2 章，我们介绍了在工艺过程中为避免颗粒污染引入了无尘室。正是因为要极力避免工艺处理时，颗粒吸附到晶圆表面的情况。所以有必要监测半导体工艺设备中的颗粒。例如，通常的做法是在晶圆搬运到工艺设备前后，通过对裸晶圆或者带膜晶圆进行检查发现表面的颗粒。需要的设备就是晶圆表面检查设备。

颗粒监测的原理

对于裸晶片，使用的是光学散射监测方法。原理如图 10-4 所示。用 Ar 离子激光（波长 488nm）照射晶圆表面，通过监视器监测颗粒的散射量，从而监测颗粒的大小、数量、位置等。它还会监测雾度[二]。使用乳胶颗粒[三]，分辨率可达 0. 08μm。

如果是带薄膜的晶圆，需要使用另外的监测设备。

为了不受膜表面粗糙度的影响，用比裸晶圆低的入射角进行光照。或者如图所示将激光的波长设置为另一个波长。

表面监测设备的实际情况

具有晶圆装载和卸载功能的自动化监测设备是最常见的。颗粒的位置会立即以图像的

[一] 裸晶圆：未经加工的晶圆。

[二] 雾度：晶圆表面的一层“雾”，表示对光的散射的能力。

[三] 乳胶颗粒：由合成聚合物制成的球形颗粒。有多种粒径可供选择。

形式显示在内置显示器的晶圆上面。可以将其打印出来并进行分析，也可以连接到计算机上进行处理。已经开发出可以使用称为ADC（Auto Defect Classification，自动缺陷分类）的功能对缺陷进行自动分类的软件。即使是裸晶圆，也有除了颗粒之外的各种缺陷。它们也会按ADC的功能进行分类。所以作为监测设备的性能而言，不仅需要提高分辨率，还需要提高快速监测和ADC的能力。

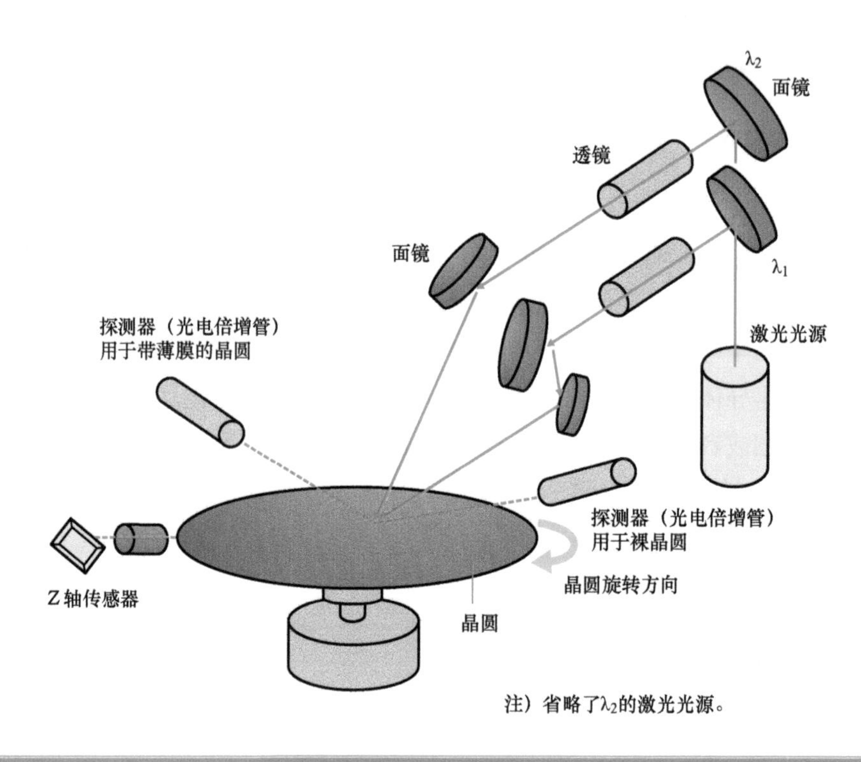

晶圆监测设备（2波长型）的概要（图10-4）

10-4 带图案晶圆的缺陷监测设备

在所谓的图案化晶圆的表面上搜索颗粒和其他缺陷，比在裸晶圆上更为困难。实现这个功能的就是带图案晶圆的缺陷监测设备。

什么是带图案晶圆的缺陷监测设备？

可以直观地知道带有图案的晶圆上的颗粒和缺陷比裸晶圆更难监测。这是因为要区分在带图案晶圆表面上的图案、颗粒和缺陷，对 S/N 比和分辨率都有较高的要求。

带图案晶圆的监测原理

带图案晶圆的表面监测方法虽然也会用到光散射法，但图案对比法是主流技术。在该方法中，用照明光照射晶圆，在监测面上成像，将得到的图像信号输入计算机，通过相同图案的图像信号的相互比较来监测缺陷。通过这种方法可以消除底层图案和不均匀形状的影响，如图 10-5 所示。

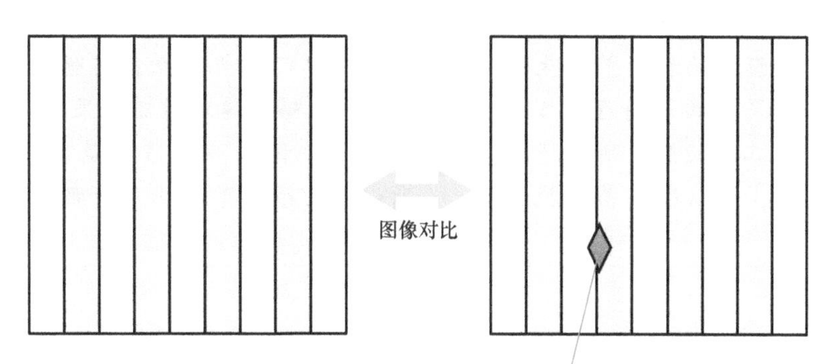

带图案晶圆的监测设备的原理（图 10-5）

如何进行比较取决于产品。例如，在内存等规则图案的情况下，可以通过相邻单元格进行比较，在逻辑器件等不规则图案的情况下，可以通过在不同芯片上相同图案的部分进行比较。在比较方法这一方面，各个半导体制造商都做出了各种努力。也可以参考下面的专栏内容。这种模式的比较方法是一种可靠的方法，但它的局限是会降低监测设备的吞吐量。

作为一种可靠的方法，它也被应用在掩膜的监测上。

带图案晶圆的监测设备的概要

相关监测设备多为配备有晶圆装载/卸载功能的自动化监测设备。与上一节的表面监测设备一样，它也支持微型环境的 FOUP。也同样开发出可以使用 ADC 的功能对缺陷进行自动分类的软件。

工艺设计引起的缺陷

在进行工艺开发的时候，令人担忧的是工艺设计导致的缺陷。比如由于图案在逻辑上不规则，因此可能引入难以识别的缺陷。当然原型的试验品由于规模比较小，有的时候还是可以查清楚缺陷的原因的。工艺引起的缺陷主要是掩膜缺陷和工艺产生的颗粒引起的。如果成品是内存，可以把它理解为一个二维矩阵，所以通过比较相邻单元格，可以很容易地找到有缺陷的部分。

并非所有的晶圆厂都配备有缺陷监测设备，有些晶圆厂将晶圆监测的任务进行外包。但是等待结果也是有时间成本的，所以最好还是自给自足。当然在有限的预算下，这就是一个很头疼的问题了。与许多公司一样，内部分析部门一般设立在实验室或其他地方。能够快速对监测结果进行分析，对于半导体缺陷的监测是很重要的，所以相信很多半导体厂商都有自己的分析部门。

10-5 用于观察晶圆的 SEM

LSI 的处理尺寸现在已经达到了几十 nm 甚至更小的水平。在不能使用光学显微镜的情况下，可以使用分辨率更高的扫描电子显微镜（SEM）。

什么是 SEM？

SEM 是 Scanning Electron Microscope（扫描电子显微镜）的缩写。说到监测设备，包括10-2节的外观监测设备和下一节的测长 SEM。在本节我们介绍的 SEM 主要定位是一个观察设备。SEM 的存在对于促进前段制程的精细化是必不可缺少的。笔者从事工艺开发多年，SEM 也确实有帮助。我们能够用 SEM 观察工艺结果并改善工艺条件。SEM 作为晶圆厂领域的工艺监控器也是不可或缺的。两者联系是如此紧密，以至于半导体的精细化促进了 SEM 的高分辨率化。

在介绍 SEM 概要之前，图 10-6 显示了如果将电子束照射到样品上会产生什么。除此之外，还有反射电子和阴极光等，但这里不重要，所以省略了。电子枪包括热电子枪、场发射（FE，Field Emission）电子枪和肖特基电子枪。如果读者对更多细节感兴趣，请参阅相关专业书籍。

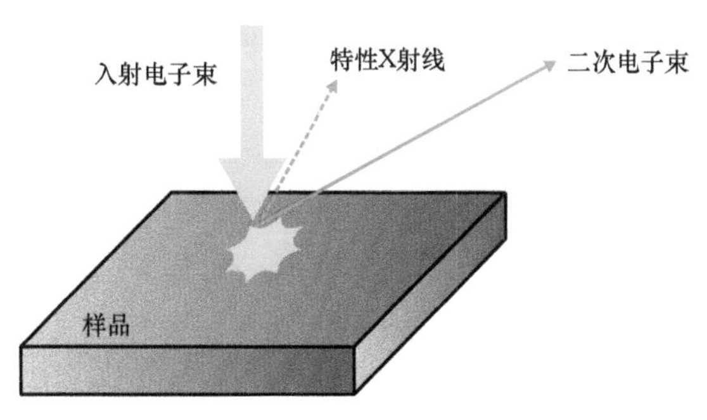

注）省略了反射电子和阴极光等其他产物。

使用电子束照射样品的效果（SEM）（图 10-6）

SEM 的概要

图 10-6 中的二次电子束在 SEM 中很重要。就 SEM 而言，它是一个电磁光学系统，其原理和结构如图 10-7 所示。从样品发射的二次电子束被检测器捕获，以形成图像。同时也添加另一个 X 射线探测器，以识别元素类别（特征 X 射线因元素而异）。该设备被称为 EDX⊖分析设备。EDX 已经是 SEM 设备的可选模块了。

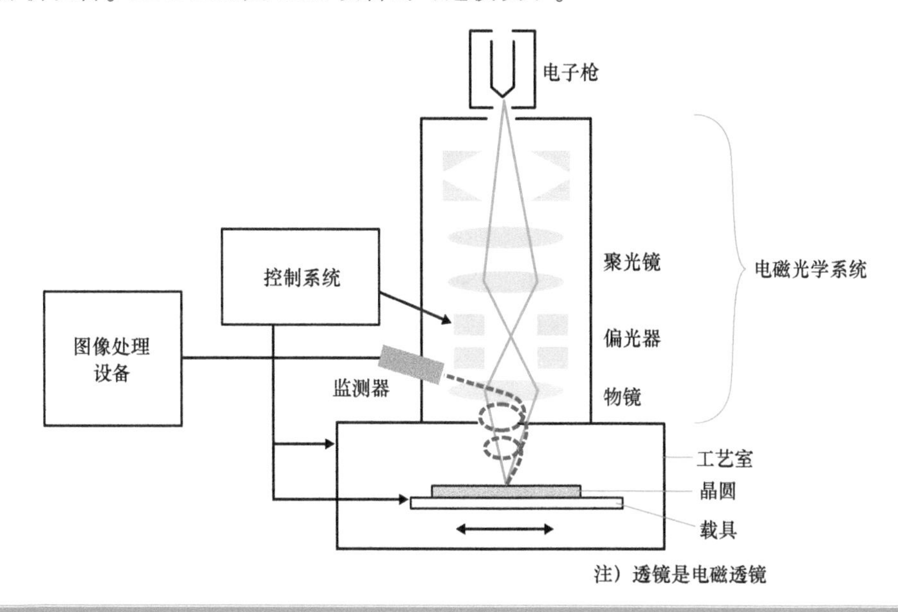

注）透镜是电磁透镜

SEM 的概略图（图 10-7）

⊖ EDX：Energy Dispersive X-ray Spectrometer（能量色散 X 射线分析仪）的缩写。

可以通过SEM确认缺陷的位置，然后使用EDX分析设备对该缺陷位置进行元素分析。

当晶圆尺寸小的时候，存在过可以直接容纳晶圆的监测设备（图10-7中就是这种情况），但是作为工艺流程观察的设备时，就需要将待观察的部分做成碎片状的切片样品进行观察。也就是说，这是一种破坏性检查。顺便说一句，生产MOS使用的是（100mm）的晶圆。（100mm的晶圆）具有易于观察横截面的优点，这有助于半导体工艺的研究开发。

追求高分辨率的SEM是一种透镜式物镜，结构上更适合观察碎片状样品而不是晶圆。透镜式物镜剖面如图10-8所示。由于切片样品需要放置在物镜中（虚拟），这限制了样品的大小，并且制作切片样品也是一个技术活，需要积累经验。但SEM并不是万能的，例如使用电子束照射样品有时候会对特定样品结构产生反应，从而使电荷聚集形成充电效应。但这并不影响SEM对于半导体工艺开发和晶圆厂运营起到至关重要的作用。

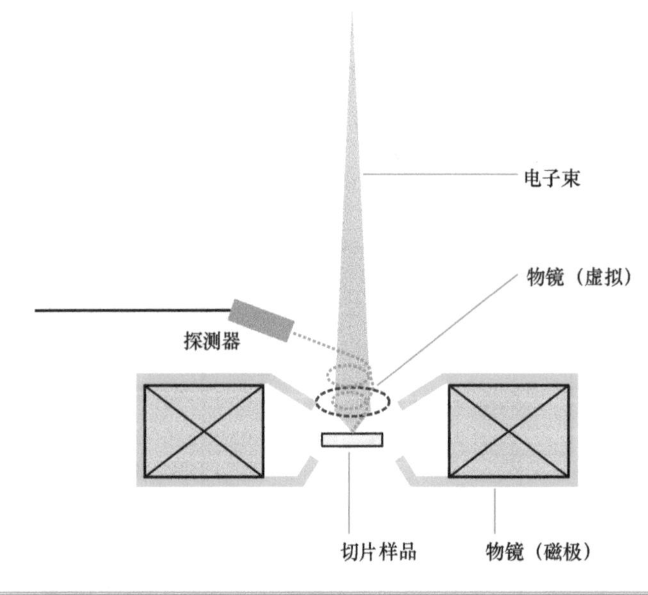

透镜式SEM的概要图（图10-8）

10-6 监测精细化尺寸的测长SEM

能够最快监测光刻结果的就是测长SEM。用于日夜监测抗蚀剂的分辨率图案。这当然是非破坏性监测。

什么是测长 SEM?

监测抗蚀剂的分辨率是一项重要的在线监测。该过程中测长 SEM⊖是必不可少的。虽然如今 SEM 已经是主流方法，但最初因为图案尺寸还没有那么小，使用的是光学显微镜的监测方法。当设计尺寸接近 1μm 时，无法以光学显微镜的分辨率测量抗蚀剂图案，SEM 的方法应运而生。此外，SEM 的焦距约为光学显微镜的 1000 倍，具有可在抗蚀剂图案的顶部和底部测量长度的功能。测量长度的方案，检测图案的线边是很重要的，这种情况下是焦距越大越有优势。如图 10-9 左侧所示，图案顶部和底部的长度测量值不同。

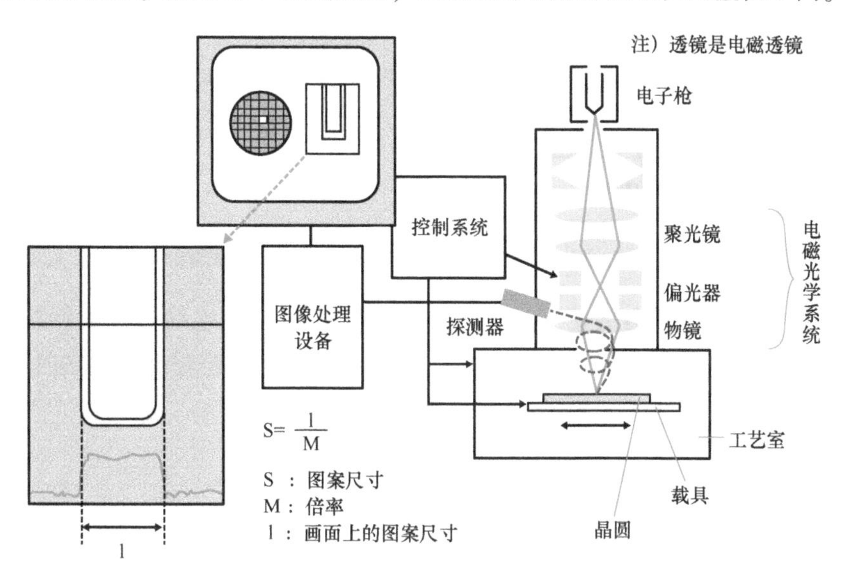

测长 SEM 的概要（图 10-9）

测长 SEM 的原理

图 10-9 显示了测长 SEM 的原理。测量长度方法有很多种，但一般的方法是使用如图 10-10所示的谱线轮廓（Line Profile）。这种成谱的原理利用了在倾斜角变大时，信号也会变大的事实。图中有峰值法、阈值法、直线近似法，但常用的是阈值法和直线近似法。

该设备的主要组成部分是晶圆的自动装卸载部分、测量长度的 SEM 部分和图像处理部分。当然，就设备性能而言，分辨率是最重要的，同时也会要求有可以进行高速处理

⊖ 测长 SEM：也会被写成 CD-SEM。CD 的意思是 Critical Dimension。虽然没有合适的翻译，但是这里可以理解为准确的尺寸。

(每小时约 50 张) 以及自动测量的能力。当然长度测量自然少不了校准。测长 SEM 的测量结果在逐渐被整合成数据，形成一种数据交换系统。

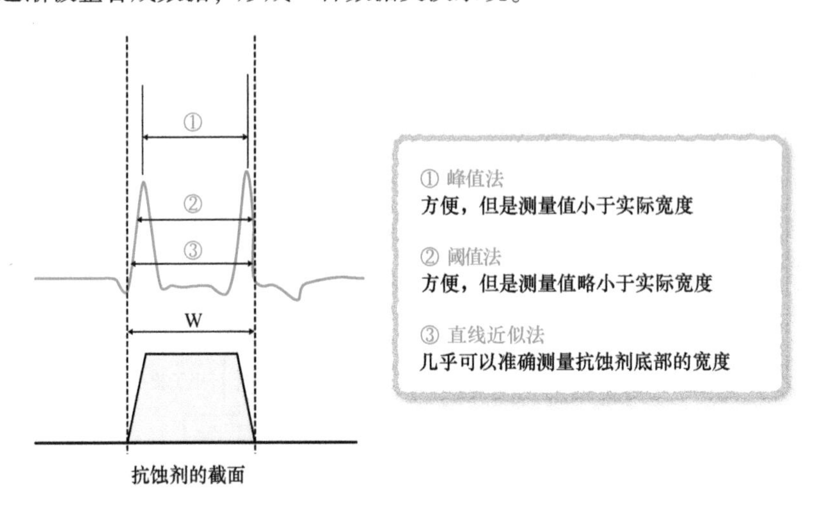

测长 SEM 的测量方法的比较（图 10-10）

近来，随着抗蚀剂图案的精细化，不仅是图案宽度，就连线边缘的粗糙度（LER：Line Edge Roughness）也受到了关注。当考虑要测量精细到一定程度的图案时，可以考虑使用类似 AFM 的方法（参见 10-9 节）来代替测长 SEM。

10-7 光刻必需的重叠监测设备

分辨率在光刻中很重要，重叠精度同样重要。这是因为半导体工艺使用到数十个掩膜来形成分层图案。

什么是重叠精度?

图 10-11 显示了在高级逻辑器件工艺中 W 插塞和第一个 Cu 布线的重叠例子。当然，如图 10-11a 所示，Cu 布线没有完全覆盖 W 插塞的情况肯定是不符合工艺要求的。如图 10-11b 所示，Cu 布线完全覆盖 W 插塞头部的情况才是符合精度要求的。以上是一个极端的例子，但必须注意的是，LSI 是一个将各种图案分层以创建集成电子电路的工艺，所以重叠精度是很重要的。

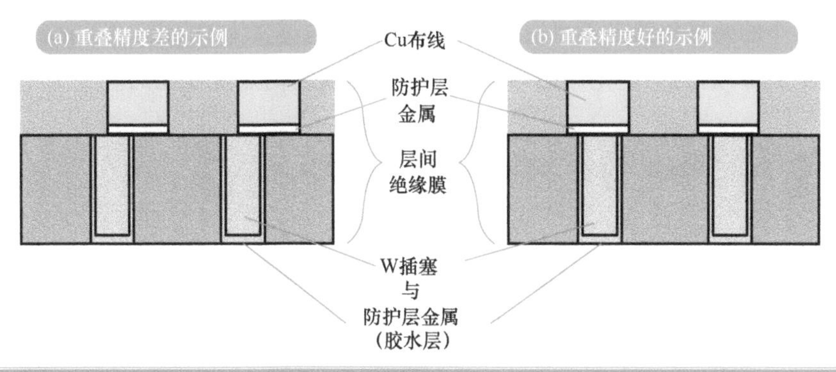

重叠的示例（图 10-11）

重叠监测的原理

如图 10-12 所示，通过监测晶圆上预先形成的标记和光罩上的标记之间的重叠间隙进行重叠的监测。这些标记被称为 Bar in Bar 和 Box in Box，标记本身的大小约为 20μm。这些标记或光罩位于每个曝光镜的四个角上。在一个晶圆上进行多个曝光镜的测量，数据经统计处理后反馈给曝光设备。

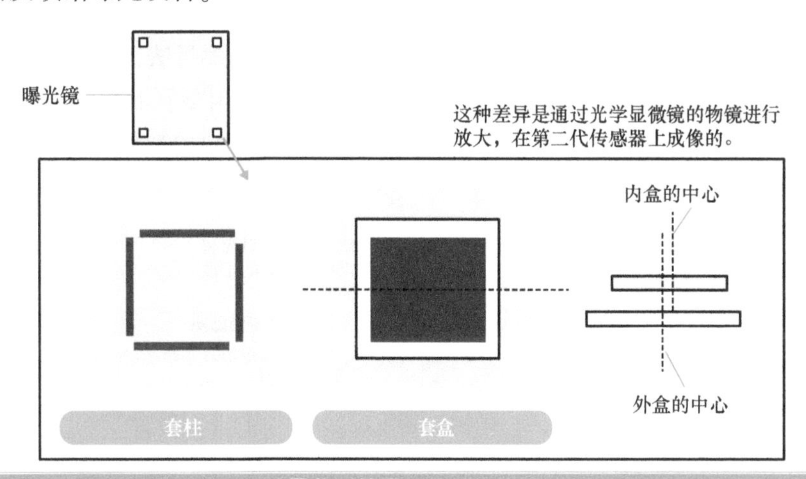

重叠监测的原理（图 10-12）

人们提出了各种模型来解释重叠误差的原因，但本书的目的不在于此，所以不做详细介绍。其中可能的原因有光罩或者晶圆与曝光设备的光轴形成倾斜角。也有可能是由透镜像差㊀引起的。曝光系统的每个主要透镜都是由达到大师级水平的人手工打磨的，即便如

㊀ 像差：透镜中有两种类型的像差：由光的波长引起的色差和与波长无关的光学像差。前者是由于波长的差异导致的光路路径的差异，从而导致原成像点发生偏移的现象。

此透镜之间微小的差异仍然是不可避免的。重叠精度的英文为 Overlay Accuracy。

如何监测 CMP 后的平坦化标记等工艺运用上的问题仍然是存在的。

10-8 膜厚测量设备和其他测量设备

在半导体工艺中，成膜工艺多次出现。薄膜的类型和厚度各不相同。在这里，介绍了测量这些膜厚度的设备，并列出了其他设备。

膜厚测量的原理

半导体工艺的膜厚测定方法大概有以下 3 类。

① 物理接触测量。
② 光学测量。
③ X 射线测量。

最常见的是光学测量，这种方法是非破坏性和非接触式的测量方法。X 射线测量设备可用于测量金属薄膜。光学测量方法是利用光学干涉的分光膜厚测量法，原理如图 10-13 所示。在该方法中，膜厚的计算是需要预先知道薄膜类型，指定折射率，并根据分光光谱的峰值波长进行的。薄膜变薄时，峰值会变得不清晰，这时候可以利用偏振光的椭圆偏振仪[⊖]的薄膜厚度测定设备。

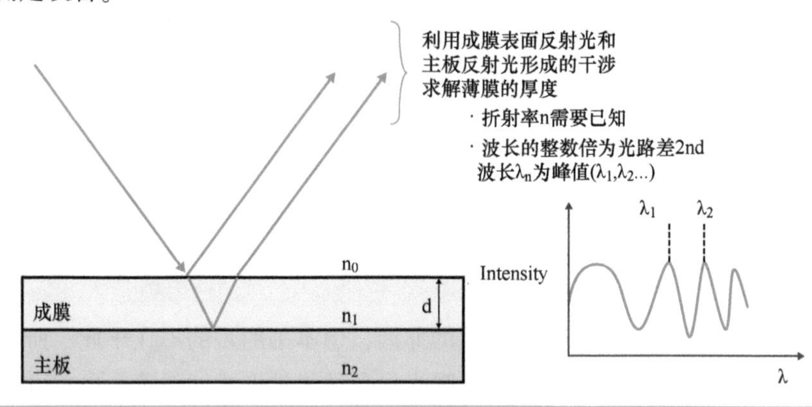

分光式膜厚测量的原理（图 10-13）

⊖ 椭圆偏振仪（ellipsometer）：当偏振光直接入射到样品表面时，反射光的偏振状态分为平行于入射面的分量和垂直于入射面的分量。

显微镜的趋势

由于 SEM 不适合观察凹凸的表面，因此扫描隧道显微镜（STM，Scanning Tunnel Microscope）或原子力显微镜（AFM，Atomic Force Microscope）等探针型显微镜也开始广泛使用。这些设备通过用悬臂跟踪表面进行扫描，并监测尖端的隧道电流和原子力，以测量表面细微的凹凸形状。这些设备分辨率高，但测量区域不大。

其他测量设备

其他工艺中需要的测量设备包括电阻测量设备和平面度测量设备。前者监测离子注入和热处理后的电阻值，以监测和控制掺杂结果。后者测量 CMP 后的平整度。平面度的测量方法有很多种，以 AFM 为代表的接触式设备的特点是分辨率高，但测量范围较窄，属于离线监测。另一方面，非接触式使用光学干涉显微镜，虽然分辨率较差，但可以扩大测量区域，因此可以用于在线监测。图 10-14 给出了一个平面度监测设备的例子。

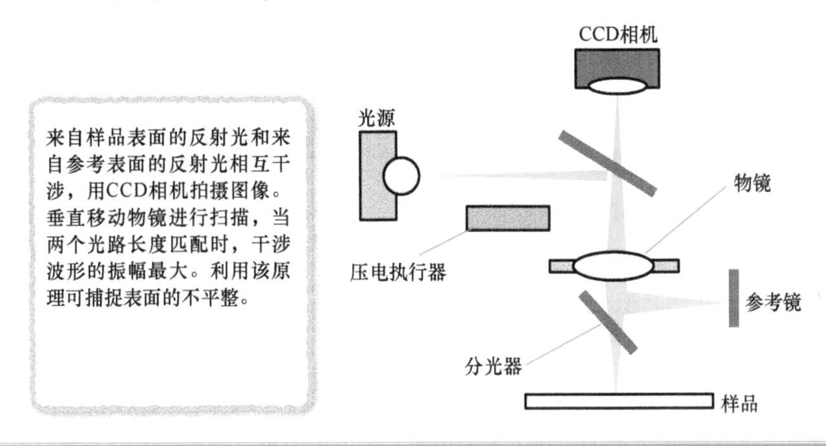

光学式平面度监测设备（图 10-14）

10-9 观察断面的 TEM/FIB

在直接观察有缺陷的部分时，可能需要使用透射电子显微镜（以下简称 TEM）。FIB 是制备这些观察样品的一个非常强大的工具。

什么是 TEM？

TEM 是 Transparent Electron Microscope（透射电子显微镜）的缩写。现在回想一下

图 10-6的内容。在 SEM 的情况下，主要监测二次电子束，但在 TEM 的情况下，使用的是透射电子和弹性散射电子，如图 10-15 所示。由于样品很薄，因此需要具有特殊的制作技术。当然可以手动制作，但是需要相当高的技巧。下一节将说明使用 FIB 设备制造样品的方法。

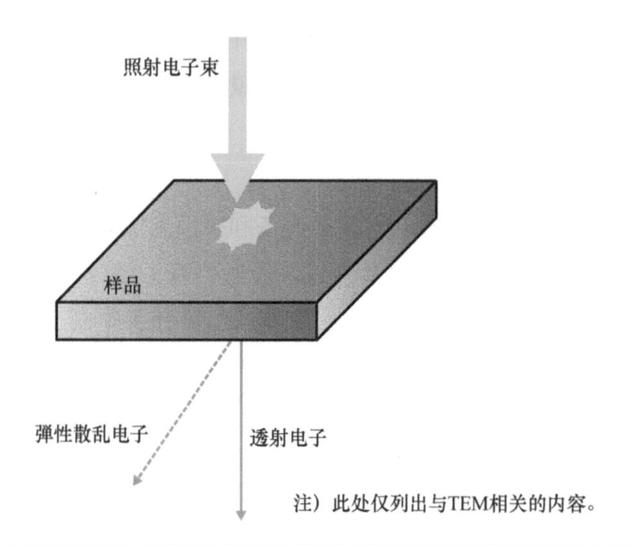

向样品照射电子束的效果（TEM）（图 10-15）

TEM 的分辨率优于 SEM，网格图像在 0.1nm 水平。电子枪使用 SEM 部分提到的热电子枪，通过用直流电加热 LaB_6（正式名称为六硼化镧）灯丝来产生电子。

TEM 光学系统也是类似于 SEM 的电磁光学系统，其结构类似于图 10-7 所示。但是，加速电压和监测器等是完全不同的，因此无法将 SEM 改造成 TEM。

什么是 FIB？

FIB 是 Focused Ion Beam 的缩写，翻译为聚焦离子束。离子源产生的离子通过静电透镜系统聚焦在光束上并加速射向样品，从而通过溅射作用蚀刻样品。离子源不同于离子注入设备中的离子源，如图 10-16 所示，以供参考。

目前，使用液态 Ga 离子源，缩小 Ga 离子束以实现对局部区域的精细处理。20 世纪 90 年代后半期开始，通过 FIB 和 SEM、FIB 和 TEM 的结合，开发了半导体的缺陷分析手法，如今已经普及。在 FIB 和 TEM 的结合中，用 FIB 制作三维样品，将其运送到 TEM，并用 TEM 对其进行结构分析，这样的应用场景充分展示了该组合的优点。

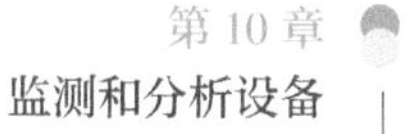

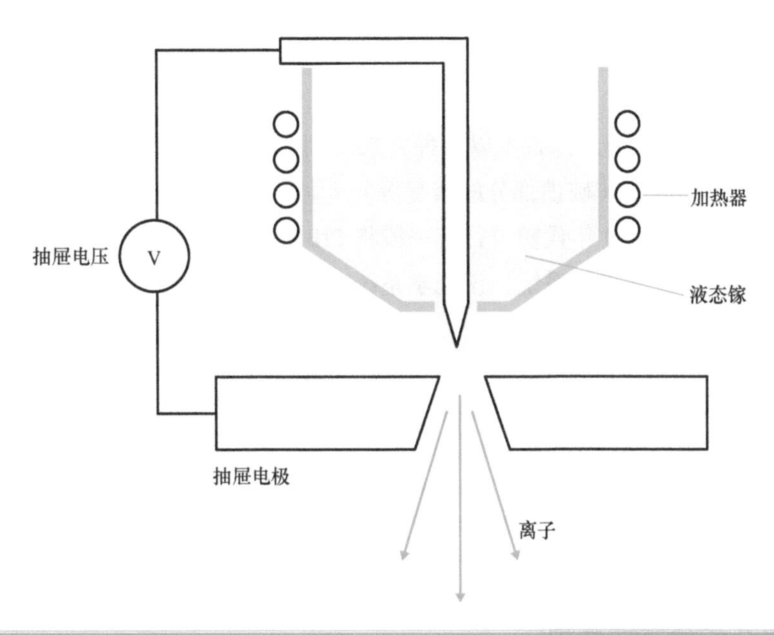

FIB 的液态 Ga 离子源的概要（图 10-16）

在这种情况下，观察部分被加工成圆柱状，因此需要用 FIB 对其进行大量蚀刻。图 10-17给出了一个概览。可想而知准备样品是需要时间、成本和技能的。

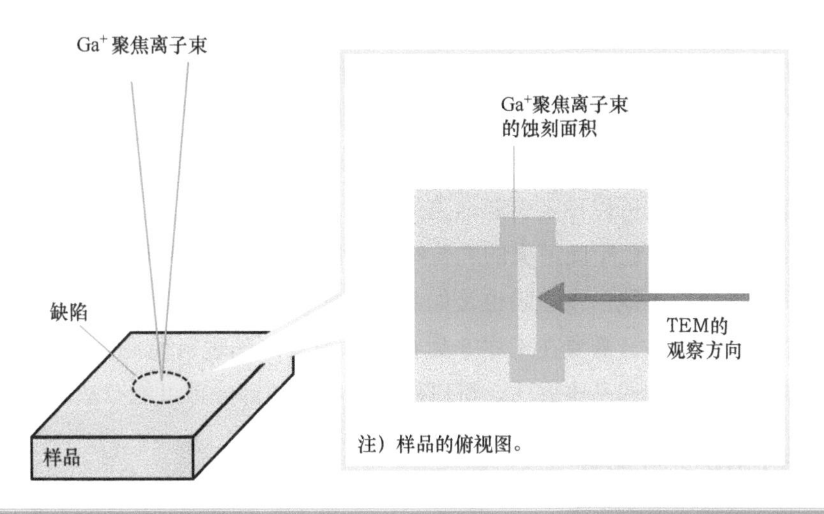

TEM/FIB 的观察示例（图 10-17）

此外，能够熟练使用TEM来进行观察也是需要练习的。因为这些成本原因，在半导体晶圆厂中，它被定位为缺陷分析工具，而不是常见的监测/分析设备。当然还有一些外包给专门从事分析的公司的例子。

FIB 的应用

FIB 作为使用离子束的加工技术以各种方式得到了广泛的应用，还可以通过添加沉积成分气体进行局部的成膜（破损部分的修复等）。

事实上，在 20 世纪 80 年代初，曾有一段将 FIB 作为下一代光刻技术的候选进行研究的历史。该方法需要一种光学系统，该光学系统通过使光束穿过掩膜而利用静电透镜系统在晶圆上形成图像。

10-10 通过监测和分析设备的整合提高成品率

本章最后一节介绍一个易于理解的示例，用来说明如何使用到目前为止的监测/分析设备来提高成品率。

缺陷分析的基础知识

迄今为止介绍的工艺处理后的监测/测量的结果将反馈到每个工艺，这种反馈机制有助于稳定工艺质量。此外，与颗粒相关的监测结果会反馈给无尘室，帮助更好地管理和制造设备的维护。

这里我们进一步给出了一个积极进行缺陷分析并有助于提高成品率的示例，图 10-18 显示了在工艺进行时使用带图案晶圆监测设备监控同一晶圆的示例。在晶圆上的同一位置进行比较时，图中的 a 缺陷是从工序 1 开始被监测出来了，b 缺陷也是从中间被监测出来的，通过如此的追踪监测可以确定引起缺陷的工序。

另一方面，像 c 这样在中间消失的颗粒结果可能是误报，或者即使有颗粒，它们也可能在过程中间被移除。其他白色缺陷也是如此（比如，工序 4 之后监测到的缺陷是继续保留还是在工序 5 中被移除，需要在工序 5 后再次对图案缺陷进行监测才能做出判断）。这是利用图案缺陷检测设备的基本方法。可以看出 a 和 b 的部分很可能有缺陷。

利用 FMB 进行比较

FBM 是 Fail Bit Map 的缩写。在晶圆工艺完成或中间取出晶圆后，通过探测设备测量，判断为有缺陷的地方的展现形式见图 10-19 左侧。通过将这种图与右侧带图案晶圆缺陷监测设备的缺陷图进行比较，可以确定哪些缺陷是致命缺陷。监测设备请参考 11-2 节的内容。

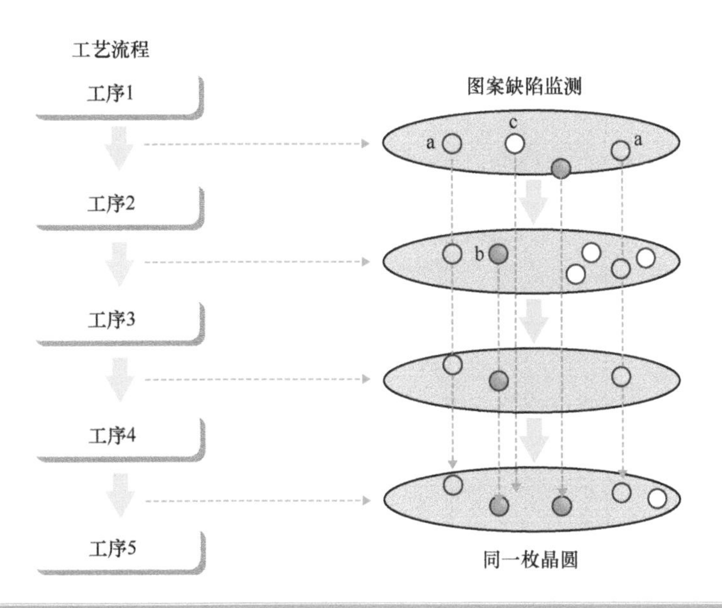

使用带图案晶圆监测设备监控同一晶圆的示例（图 10-18）

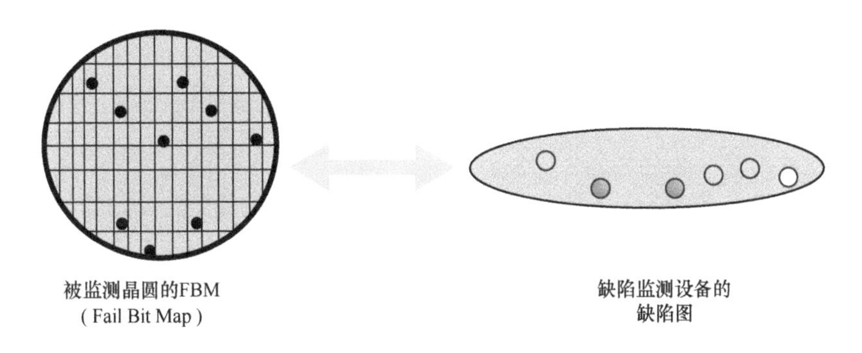

FBM 和缺陷图进行对比的示例（图 10-19）

除了进行晶圆工艺完成后的缺陷分析外，还会使用这种方法进行工艺的实时监测，这种应用场景下，能够快速分析新发现缺陷的功能就很重要了，因为它可以帮助我们及早识别某个缺陷是否会成为致命缺陷，并将其反馈给工艺管理机制。这时，前面介绍的 TEM/FIB 将发挥积极作用。不用说，这些监测设备同样需要进行映射处理。

这里介绍的是几个容易理解的例子。通过这些例子，我们也可以知道将这些检查/测量/分析设备，以及利用获取数据实现分析的系统集成为一种产量管理系统（YMS，Yield Management System）是很有必要的。

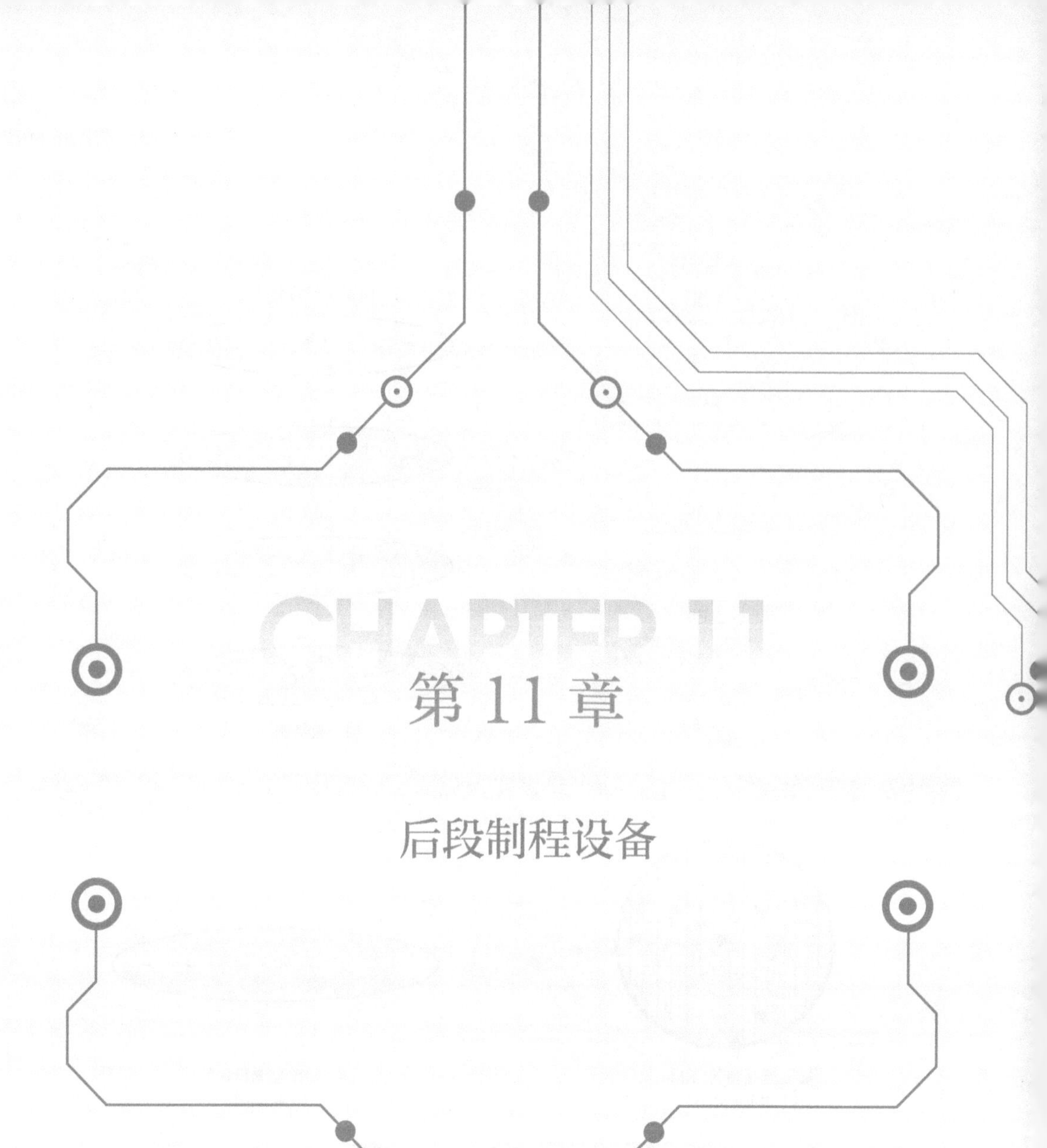

CHAPTER 11

第 11 章

后段制程设备

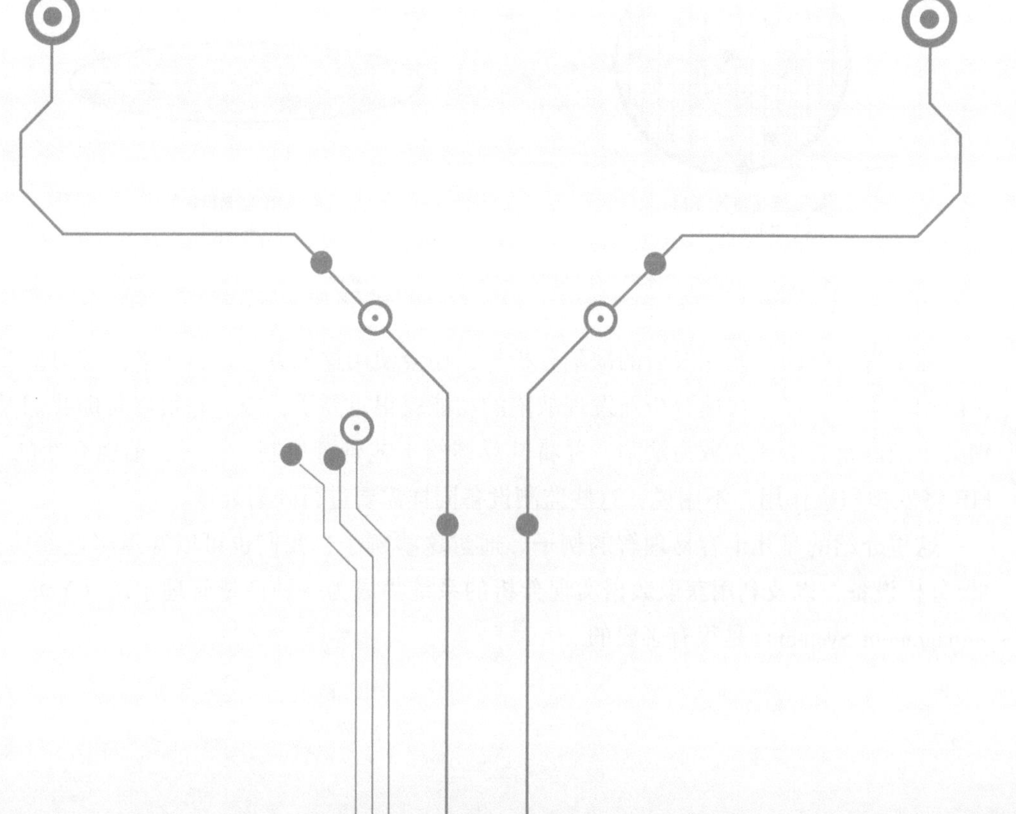

本章我们将介绍后段制程中使用的主要制造设备。在进行本章的阅读时，如果能参考 11-1 节中的后段制程流程，可以更好地理解各个流程的制造设备。

11-1 后段制程的工艺流程和主要设备

后段制程是将在前段制程中制造的 LSI 从晶圆上切割成芯片，进行封装，通过出货检查等流程。与上个流程不同的是，它具有很强的机械性加工的特性，并且每个工艺都使用独自的设备。

什么是后段制程?

在前段制程的部分，很多工艺都是使用化学和物理反应，具体过程本身是不可见的。但是后段制程中往往是晶圆减薄、切割成芯片、引线贴合等机械性的加工，其特点是可以通过目视确认加工过程的工艺居多。但这些工艺同样需要高精度的操作。

由于以上原因，所以后段制程的制造设备与前段制程中的制造设备完全不同。此外各个工艺都有其工作对象（Work），包括晶圆、芯片（在后段制程中也被称为“Die”或“Pellet”）、封装等。所以针对不同的工作对象就会用到一些特殊处理方法和夹具。整体工艺流程和各个工作对象如图 11-1 所示。

后段制程相关的半导体设备制造商也与前段制程的不尽相同。当然也有两者都有参与的制造商，但并不常见。由于在前段制程的工艺设备中用到真空设备或使用特殊气体的情况很多，因此也是专门从事该领域的制造商进入市场的情况居多。另一方面，一些后段制程的工艺设备制造商在监测设备和出货检查设备等领域有其通用的一面，但是技术积累的部分占比会更多一些，所以活跃在市场上的还是更多传统的专业制造商。

后段制程的晶圆厂和设备

虽然在规模和种类上与前段制程的工艺设备不同，但也会用到特殊气体和化学药品，因此也需要配备相关设备。同时对洁净度也是有要求的，所以也需要无尘室。在清洁度[⊖]的要求上要比前段制程宽松。

后段制程按照图 11-1 所示的工艺流程进行，不同于前段制程的循环式工艺而属于流水线型工艺。因此，在后段制程晶圆厂中，制造设备也是按流程排列的。图 11-2 显示了一

⊖ 洁净度：一般是 1000 级或 10000 级。1000 级，换气频率几十次/小时。

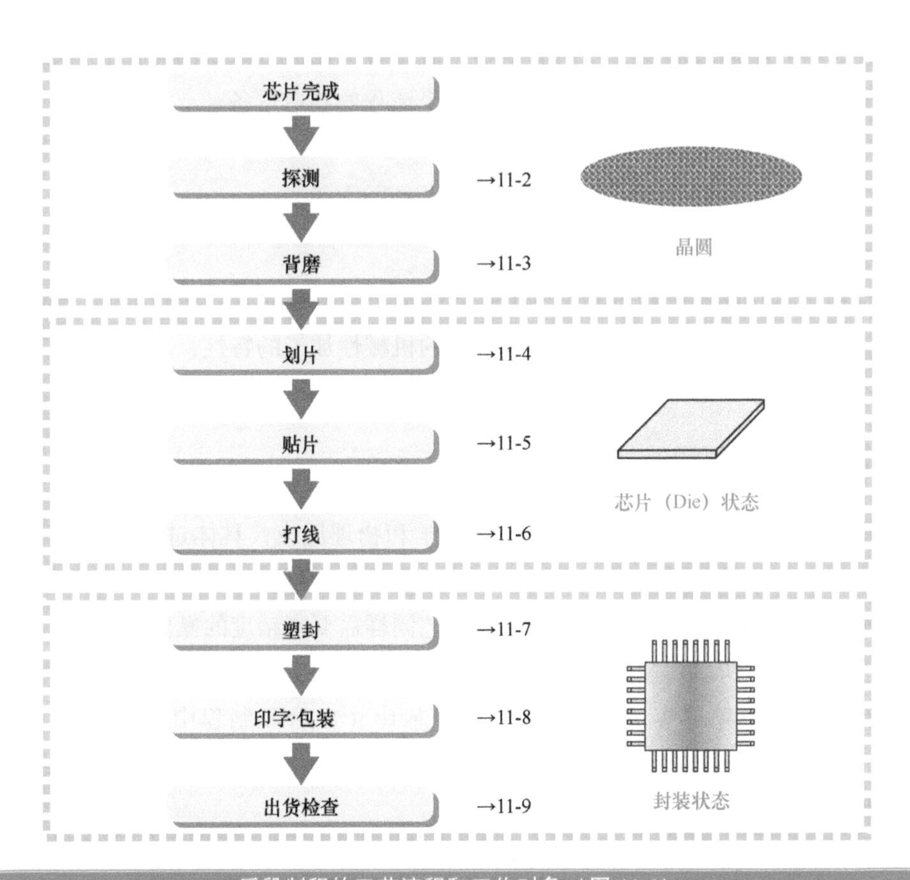

后段制程的工艺流程和工作对象（图 11-1）

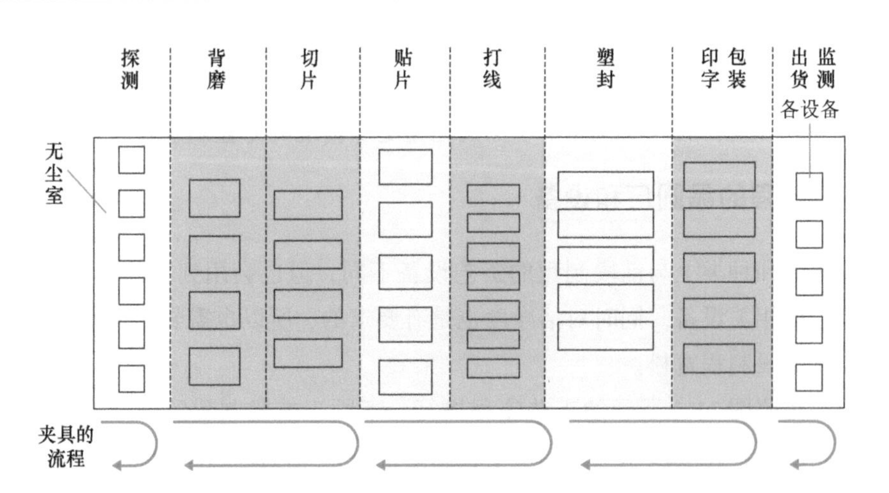

后段制程晶圆厂的布局示意图（图 11-2）

个典型的后段制程晶圆厂的布局示意图。由于包括晶圆、芯片和封装等不同工作对象，因此会有特殊情况和不同的夹具出现。这些夹具在每个单独工艺中会被循环使用。当时晶圆载具并不像前段制程那样需要在无尘室中循环。

2-9 节中介绍的生产设备的产能不均衡的问题在流水线型的后段制程中并没有循环型前段制程中突出。但值得注意的是由于工作对象不尽相同，所以简单的比较似乎也没有太大意义。

一般情况下，后段制程晶圆厂和前段制程晶圆厂距离比较远，甚至会部署到不同区域。以前后段制程是劳动密集型产业，但如今自动化已经取得了长足的进步，也有很多人进入这个行业。即使在日本，半导体产业规模较小的时候，在日本本土设立后段制程晶圆厂很常见，但之后为了降低成本，形成了在其他国家设立后段制程晶圆厂的局面。美国也是如此。以半导体为例，即使前段制程和后段制程厂址分开，由于晶圆从前段制程晶圆厂到后段制程晶圆厂的运输成本并没有那么高，所以运输成本并不是主要矛盾。

另外，由于后段制程的设备初期投资和无尘室建设的投资额比前段制程要小，所以后段制程晶圆厂出现得比前段制程要早。

11-2 测量电气特性的探测设备

前段制程完成后，需要一个工艺来判断晶圆上形成的每一个芯片作为电子器件是否合格。探测设备可以做到这一点。

探测设备的作用

在晶圆上形成大量 LSI 的前段制程结束后，终于进入后段制程。即使在前段制程中针对各个工艺对颗粒等问题进行了实时监测，但形成的芯片依旧会有缺陷。将不良品放入后段制程的处理中是没有意义的，所以需要判断每个芯片是良品还是不良品。这就是进入后段制程之前的审查，称为 KGD（Known Good Die）。进行测试的设备是探测设备。研发中使用的设备有手动的，但半自动和全自动设备已经形成主流。量产的生产线上可以看到成排的全自动化探测设备。

什么是探测设备？

探测设备由探测器部分、晶圆装载/卸载部分和传输部分组成。探测器部分有应付各种设备的内置程序，支持例如内存和逻辑器件这样完全不同对象的探测。此外，它还具有晶圆台对准功能（需要配合下面介绍的探针卡终端进行对准）、高速高静音的XY控制和高精度的Z轴控制功能，属于精密机械。图11-3显示了探测设备的典型示意图。另外，在量产线中，这些探测设备由主机集中管理，实现了对各个设备状态监控的系统。探测设备对半导体市场很敏感，据说从探测设备的订单状况可以预测半导体市场的未来。

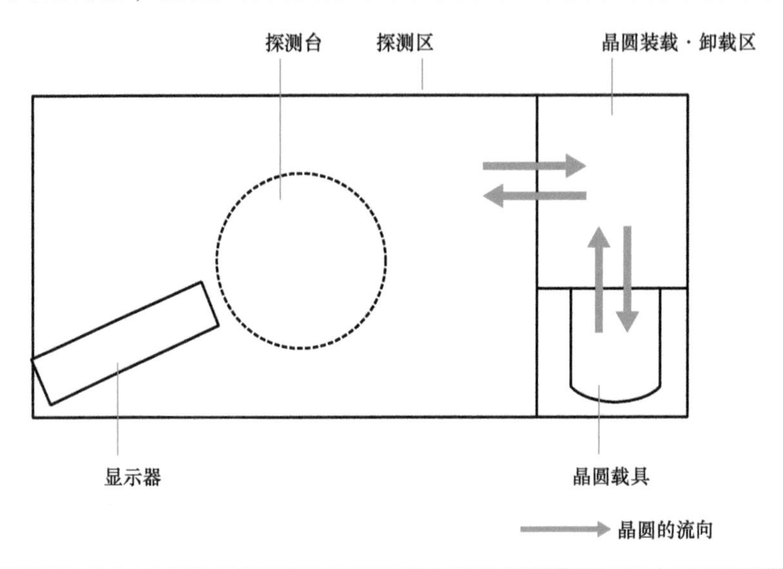

探测设备的平面图概要（图11-3）

什么是探针卡？

Probing是一个来自英文Probe（探测）的词。探测设备中使用带有许多可以带电的针。这些针形成卡状，被称为探针卡。其原理见图11-4，探针卡制造商会为每个LSI芯片定制专用的探针卡。LSI芯片有一个称为焊盘⊖的地方，可以设置针。不同的LSI，可以设置针的数量和位置不同，所以需要专用的探针卡。探针卡的制造商和探测设备的制造商是不同的。探针卡可分为悬臂式、垂直式和薄膜式。

从图11-4也可以看出来悬臂式是一种老办法。简单地说是利用杠杆原理使其与芯片的焊盘接触。其他方法因篇幅原因略去，但都是利用各自的特点来使用的。最近的LSI有大量的端口，探针卡上的针数也相应增加。

有些人可能会担心，探针是压在焊盘上的，所以刮下来的碎屑可能会夹在探针之间或落在芯片的布线之间，从而对测量结果产生影响。不用担心，因为探针头具有清洁的功能。

⊖ 焊盘（Pad）：插针的端口。面积很大，设置在芯片周围。

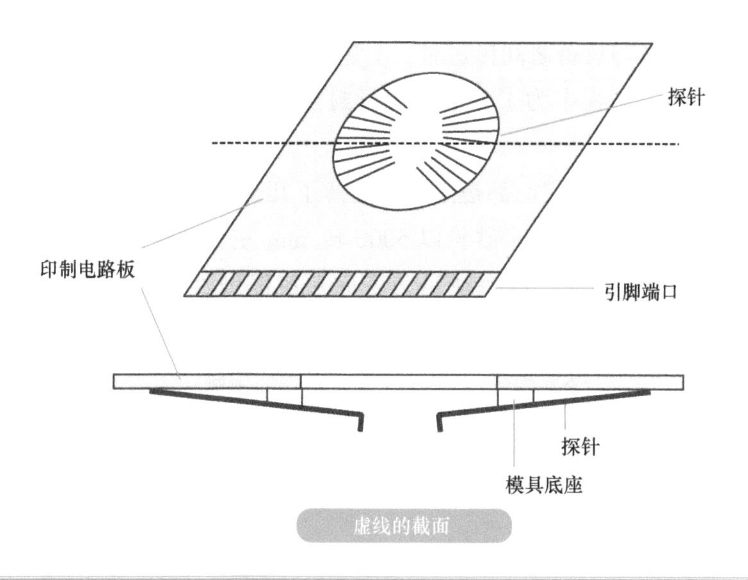

探针卡的简易示意图（图 11-4）

手动式探针设备

我们这里介绍了生产现场使用的探测设备，当然也有研发阶段使用的手动探测设备。晶圆的设置和覆盖（当晶圆暴露在光线下进行测量时，半导体器件中可能会因光线而产生载流子，因此无法进行准确的测量）等都是手动进行的设备。

探头的针尖也是手动调整的。但是探针的数量很少，而且该模式只用于实验，所以并无大碍。也可以通过一些改造实现更方便的测量。笔者有一些对制造设备进行探针测量的经验，也是很有趣的经验。

11-3 晶圆减薄的背磨设备

将芯片进行封装时，前段制程中出来的晶圆厚度太厚了。所以需要从晶圆的背面切开，使其达到规定的厚度。背磨设备就是用来完成这个任务的。

什么是背磨？

300mm 晶圆厚度为 775μm，200mm 晶圆厚度为 725μm。当晶圆在前段制程中由工艺设备进行加工或在设备与设备之间传送时，上述厚度需要满足晶圆的机械强度和翘曲等形状规格。但随后的后段制程中为了将芯片进行封装，需要使其薄至100~200μm。这个削薄的过程就是背磨工艺。

背磨工艺与CMP类似，它们都是使晶圆变薄了几分之一的操作。如图11-5所示，实际操作是将含有金刚石磨粒的扁平砂轮以5000转/min左右的转速旋转，对晶圆进行减薄处理。此时，为了不损伤LSI，需要在晶圆表面形成保护膜㊀，将保护面进行真空处理，固定在卡盘台上。

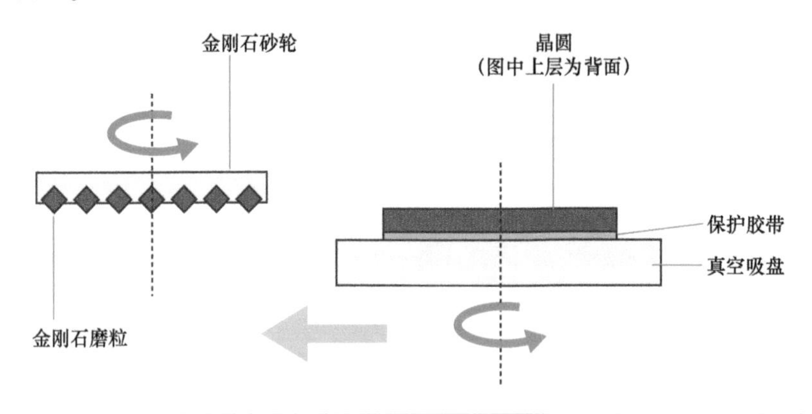

背磨的实操模式图（图11-5）

通过以约5000转/min旋转的金刚石砂轮从晶圆背面经过达到磨削的效果，可以改变磨石的数量实现精磨。最后因为保留了约1μm的损坏层，所以需要将其清除。最近，可以使用干法抛光㊁来代替化学去除工艺。从设备上取下晶圆后，取下表面的保护膜。该保护膜使用专用设备进行粘贴和去除。但是在将其移除之前，请将用于切割的胶带粘贴到晶圆的背面。关于切割胶带将在11-4节中介绍。

背磨设备的概要

如图11-6所示，它由一个晶圆装载/卸载部分和一个抛光台组成。实际设备是多头、又深又长的设备。每个头是一个真空吸盘台。一旦晶片被夹持住，它就会按顺时针方向被送到每个头进行处理。一些设备还具有定心台和晶片倒置功能。

㊀ 保护膜：PET或聚烯烃用作保护胶带的材料。形成方法是在晶圆表面使用紫外线固化型胶粘剂，用滚轮等将保护胶带均匀贴合。同样也可以通过照射紫外线等使黏合剂固化并进行剥离。

㊁ 干法抛光：不使用化学品或浆料进行抛光，而使用专用磨具。

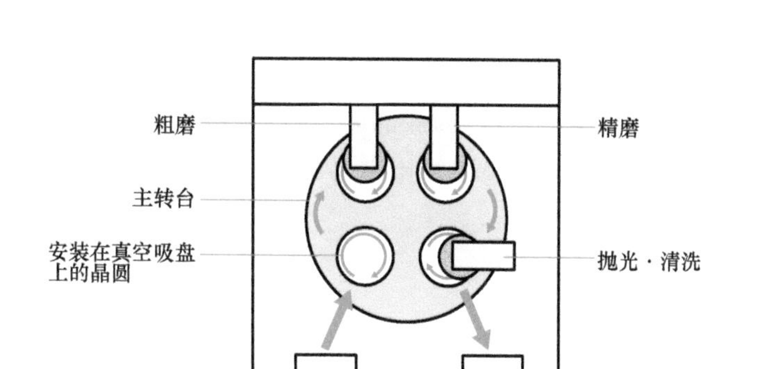

背磨设备的概要（图 11-6）

11-4 切割芯片的切片机

使用切割设备将芯片（也称为裸片）从晶圆上切割下来，并对其进行封装。

实际的切片

在按照 11-3 中所述的背面研磨使晶圆变薄后，将其连接到称为载带的胶带上。这是一种保护对策，防止切屑在切割后散开。晶圆通过专用框架与胶带连接，所以工作对象是一个框架。在实际操作中，使用一种称为刀片（厚度为 20 至 50μm）的附有金刚石颗粒的硬质材料切割晶圆。该金刚石刀片每秒旋转数万转以切割晶圆，所以会产生摩擦热。因此，在切割过程中始终以高压喷射纯水。这种纯水还起到去除切屑的作用。由于存在静电击穿㊀的问题，因此通常将二氧化碳混合在纯水中进行使用，见图 11-7。有切割所有晶圆的全切割和半切割的方法，主流是全切割，它减少了工序数量，在质量控制方面有优势。值得注意的是即使完全切割，载带也不会分离㊁。

切片机的概要

每个框架都配备有搬运晶圆的装载/卸载部分、对准台、卡盘台和连接到主轴的刀片。

㊀ 静电击穿：由于纯水只含有极少量的杂质，电阻率值变大。因此，当它与晶圆表面的绝缘保护膜接触时，会产生静电，从而破坏芯片上的电路。

㊁ 不会分离：如果胶带的剩余量不均匀，则在切割后取出芯片，拉伸胶带的过程中，芯片会发生位移。所以切割的过程需要很高的高精度技术。

刀片的深度在Z轴上可以调整。通过XY平台和旋转角度进行调整对齐。最后，用旋转处理器清洗和干燥，将晶圆返回原始装载/卸载部分。图11-8显示的是基本形式。虽然由于复杂而未在图中显示，但晶圆框架的移动是由设备中的搬运机器人执行的。

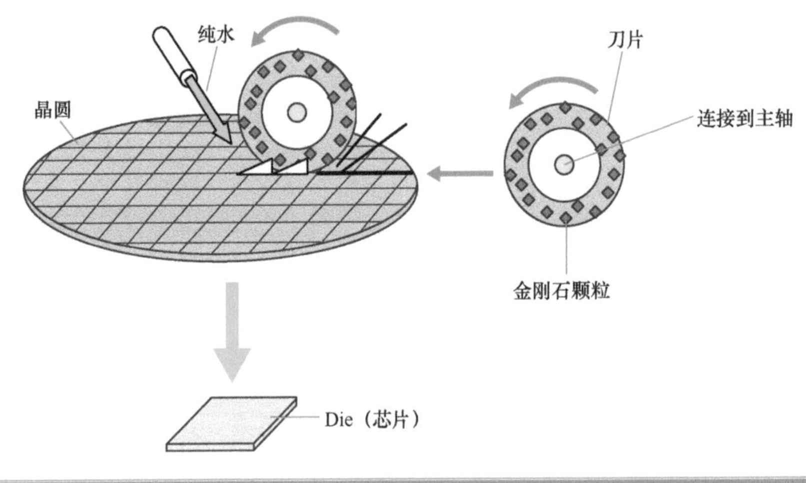

切片的模式图（图11-7）

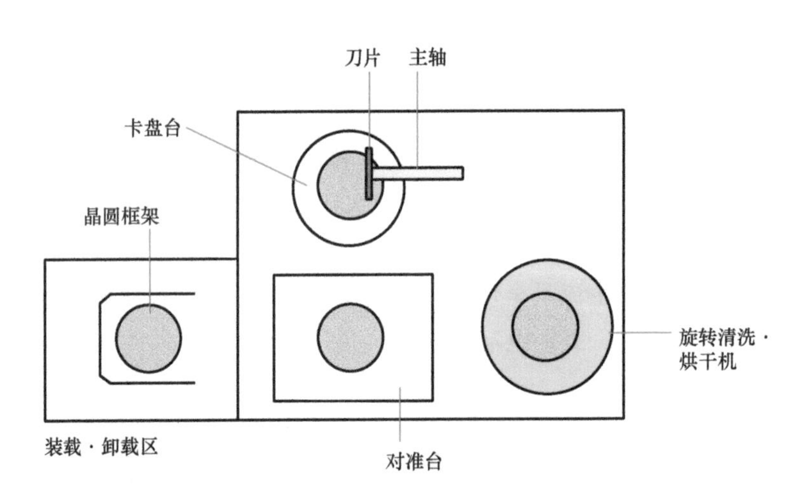

切片设备的示例（图11-8）

切片是一颗一颗地切出芯片，很难确保生产效率。因此，还有一种称为双切的设备，即在两个轴上都安装上相同的刀片，可以同时对两条线进行加工。此外，不使用刀片而使用激光进行加工的方法也被提出了。

11-5 贴合芯片的贴片机

贴片设备是将切出的芯片连接到板上，以便将它们储存在封装中的设备。从本节开始，我们的工作对象是芯片。

什么是贴片？

从已切割的晶圆中仅选择无缺陷的芯片，将它们放置在用于封装的基座（称为芯片垫）上，然后用黏合剂等固定它们，这称为芯片贴合。如图 11-9 所示，每个芯片仍然附着在载带上，因此可以在不散开的情况下运输。对于良品芯片可用针从下面向上推，使其浮动，然后用真空吸盘捕获并输送到引线框架的芯片焊盘上。当然，有缺陷的芯片最终会被丢弃。

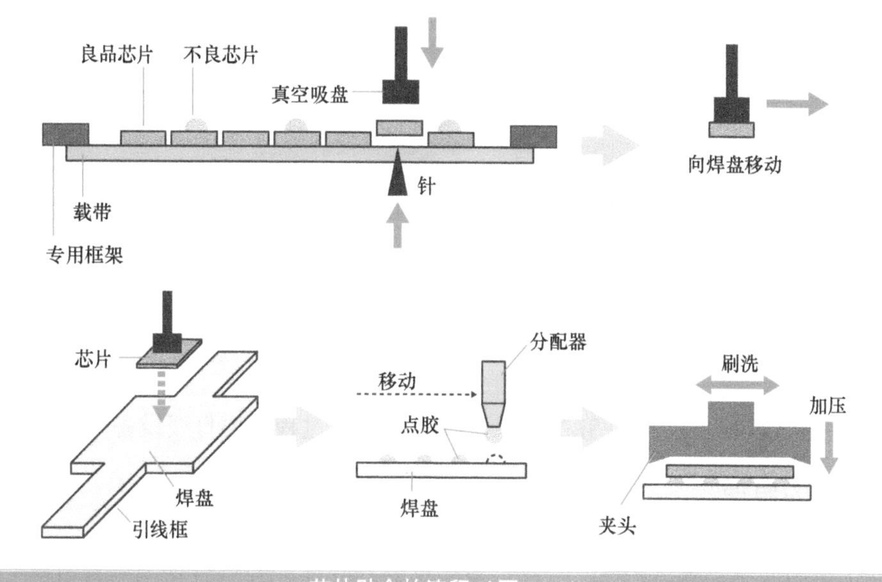

芯片贴合的流程（图 11-9）

贴片的方法

在这里，我们将解释如何使用黏合剂进行贴片。首先，将黏合剂点涂在用于封装的芯片焊盘上。目前主要有两种实现方法。一种是共晶合金接合法，另一种是树脂接合法。在此，使用树脂接合法。这种方法用于固定到各种类型的封装主板。整个过程以环氧树脂为基础的 Ag 浆料作为黏合剂，在约 250℃的环境中加热的同时，使用真空吸盘吸附，对其进行刷洗并加压实现芯片的贴合。目前，这种方法是后段制程的主流。上述流程如图 11-9 所示。

贴片机的概要

图 11-10 显示了芯片贴合设备的概况。这是一个平面示例，其中晶圆框架从图的底部进入对齐后，芯片被拾取并使用夹头进行芯片贴合。引线框在图中从左到右运输，在贴合前需要点胶。

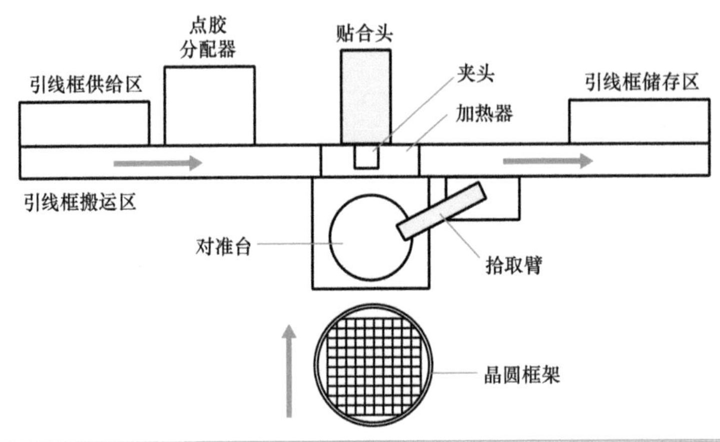

芯片贴合设备（图 11-10）

当然，每个平台都可以在 XY 和 θ 方向移动，以贴合所需的芯片。

11-6 用于引线框接合的打线设备

使用金线将端口与芯片上 LSI 的焊盘进行电连接的过程需要打线设备。

打线的原理

打线中使用的线是金（Au），因为它稳定可靠。芯片上的端口称为键合焊盘，简称焊盘。在 LSI 的制造工艺中涉及焊盘的形成。另一方面，引线框架的芯片侧称为内引线。图 11-11 显示了打线的原理。从称为毛细管部分的尖端拉出金（Au）线，用发电筒靠近它产生火花，以使尖端的 Au 呈球形（图 a）。球形部分被压在焊盘（Al）上通过热压黏合（图 b）。

此时，使用温度为 200℃～250℃的超声波能量的 UNTC 法⊖是主流。然后将毛细管移

⊖ UNTC 法：Ultra-sonic Nail-head Thermo Compression 的缩写。通过在低于其熔点的温度下加热并加压，将两种金属连接起来。Nail-head 被认为是由于金丝球卷曲时钉头的形状。加上使用的是超声波，所以它被称为 UNTC。

动并拉伸金（Au）线（图 c）。

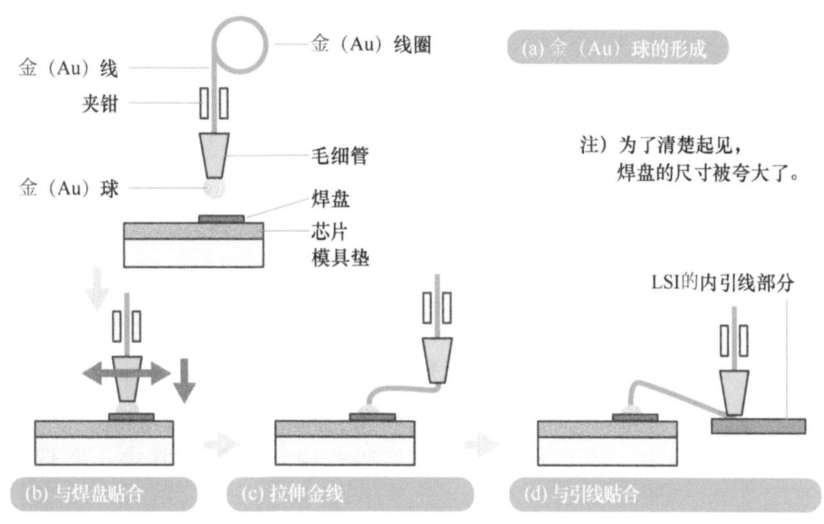

打线的流程（图 11-11）

之后，将毛细管移动到 LSI 的内部引线部分并进行贴合。在引线部分镀上了 Ag 等金属。之后，毛细管也移动到另一个焊盘位置，将金线拉到毛细管的尖端，将发电筒靠近它产生火花，使尖端的金呈球形。以每秒几行的速度重复执行此操作。这是半导体晶圆厂的宣传片中经常出现的场景。

打线设备的概要

以上过程需要用到专用的打线设备。LSI 产量越多的晶圆厂打线设备也越多。

实际的打线设备与贴片设备的配置基本相似，如图 11-12 所示（平面图）。芯片从图的底部供给，在送料处，焊炬电极和夹具一起送到贴合头的地方。芯片被拾取并进行打线操作。

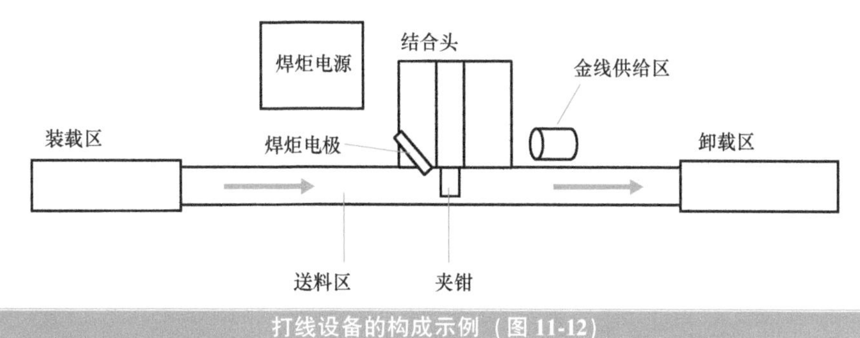

打线设备的构成示例（图 11-12）

11-7 封装芯片的塑封设备

LSI 芯片的贴片和打线结束后，下面就是为了封装需要进行的塑封处理。实现这种处理的是塑封设备。

塑封工艺的流程

该工艺类似于用模具上下夹住芯片对其成形。本节介绍引线框型的塑封。首先，塑封工艺流程如图 11-13 所示。打线结束后，需要将芯片和框架搬运并将它们放在封装的模具上。如果用模具的上部覆盖它，芯片将被放置在上下模具的空间（形腔）中。这里的情况是，对上下模具施加压力，使其紧密接触。将环氧树脂等倒入其中，实现芯片的完全封闭。

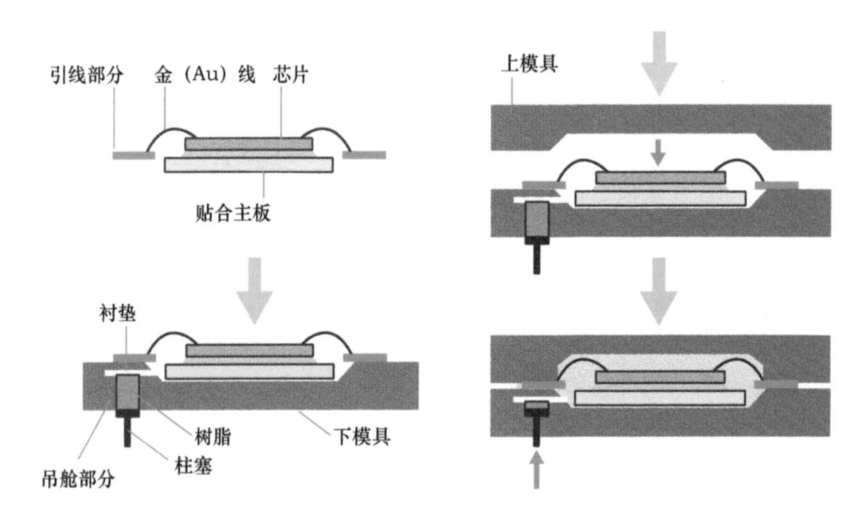

塑封工艺的流程（图 11-13）

图中为了方便说明，只对一个芯片进行塑封，但这样效率低下，所以实际情况是如图 11-16所示的批量处理。

将模具加热到 160℃～180℃，将热固性环氧树脂放入模具内。用柱塞将熔化的环氧树脂从衬垫推入空腔。这种方法称为传递模法。

当温度下降时，环氧树脂会固化。因此，通过取出模具、消耗一定时间并使其固化来完成成形。

塑封设备的概要

这个传递塑封设备由一个装载部分、一个压制部分和一个卸载部分组成。上料工段负责储存装有引线框的料仓，并将其送到压制工段，压制工段负责加热模具，用柱塞将熔化的环氧树脂送入空腔，并填入树脂进行密封，如图 11-13 所示。下料工段负责将树脂密封的引线框从模具中取出并转移到储存料仓。各个部件按流动顺序排列，图 11-14 是一个布局平面图。

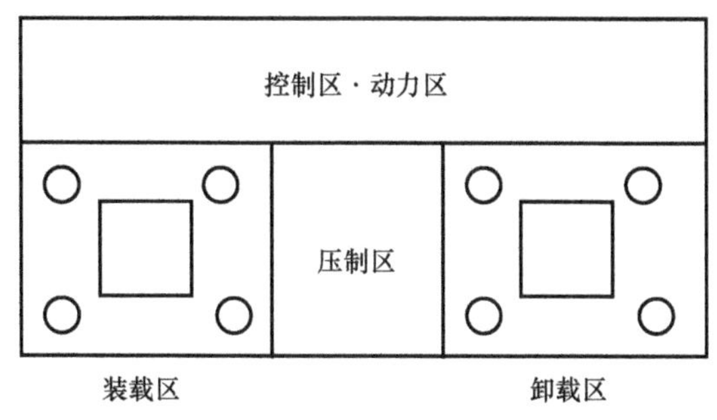

塑封设备的布局示意图（图 11-14）

11-8 毛刺清除和包装设备

LSI 芯片成形后，我们将为出货做准备。在这里，将涉及印字设备和包装设备。

什么是印字设备？

印字设备用于印刷标识。标识是指印在半导体设备上的公司名称、产品名称或批次名称等信息。这将帮助企业更有效地管理产品，甚至帮助查询不良产品。

印字方式有油墨印刷法和激光印刷法两种。前者因为在黑色包装上用白色墨水标明，所以容易看，但也有容易产生污渍、漏字等缺点。后者的缺点是比墨水方式更难看清，但由于封装树脂部分被激光熔化进行打印，因此难以擦除。目前激光方式已成为主流。印字设备的激光器主要是 LD 激发[⊖]的 YAG 激光器[⊜]。图 11-15 显示了一个印字设备的示例，通过激光扫描以点成字。

⊖ LD 激发：激光二极管激发。可以实现节能和小型化。

⊜ YAG 激光器：它是一种固态激光器，是钇铝石榴石晶体的缩写，由 $Y_3Al_5O_{12}$ 晶体组成。它含有 Nd（钕）作为杂质，能产生 1064nm 的激光束。使用的是二次谐波，即 532nm。

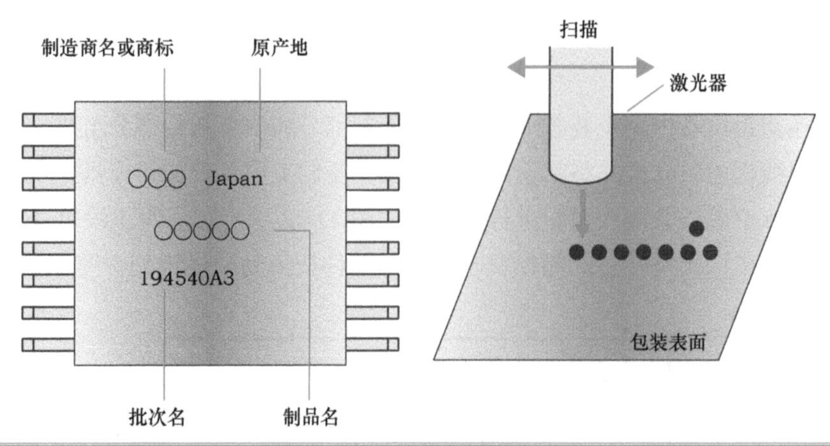

印字设备的示例（图 11-15）

包装设备

封装外的引线框部分称为外框，此部分的过程称为引线成形（Lead Frame）。具体而言，是指将引线端口的前端与引线框分离，将引线端口弯曲成与封装的种类对应的形状。实际在框架状态下运输的 LSI（见图 11-16）是从引线框架上冲压出来的，采用坝条切割工

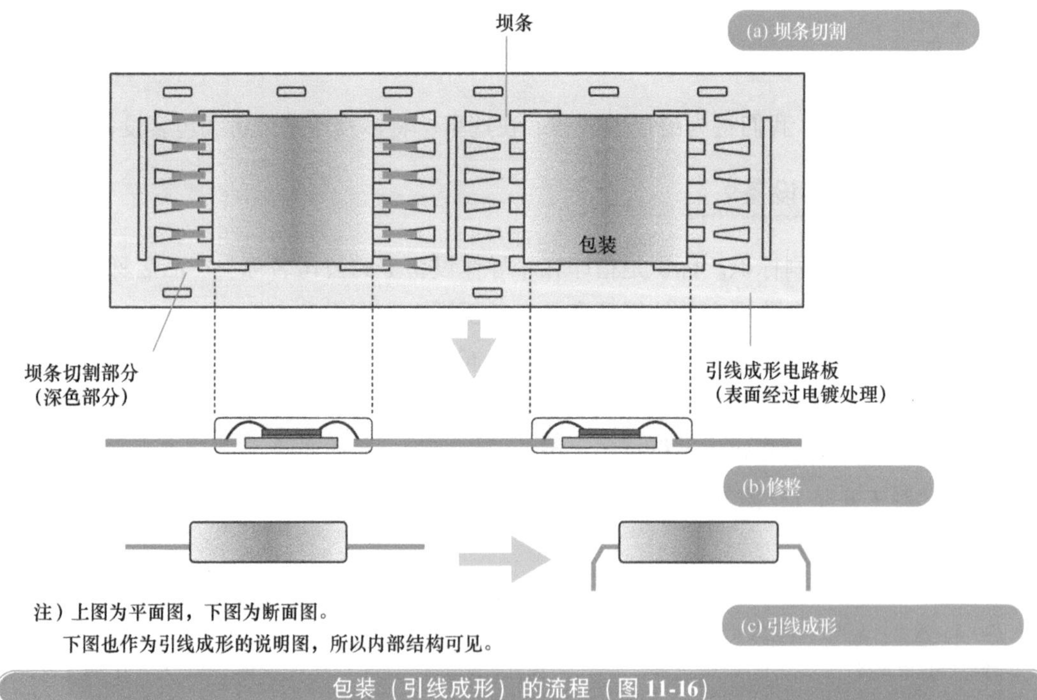

包装（引线成形）的流程（图 11-16）

艺、修整工艺使其与框架分离，引线端口弯曲制成印制电路板，按照引线成形工序的顺序连续加工，成形为可插入的形状，流程如图 11-16 所示。分别使用坝条切割设备、修边设备和引线成形设备，它们都是机械加工设备。

11-9 最终监测设备和老化设备

本节将介绍最终产品形成所需的老化设备。尽管该设备本身不是监测设备，但它对于早期发现 LSI 中的初始缺陷很重要。

后段制程的最终监测工程

最终监测首先是要测量封装的半导体器件的外观和尺寸，然后测量器件的电气特性，以确保合格，每一步都有专门设备。电气特性的测量是由监测设备完成的。

什么是老化？

不仅限于半导体器件，在商品上市之前，必须避免初始缺陷，为此需要一个老化设备。尤其是半导体器件用于电子设备、信息设备、家用电器等消费产品、工业设备等各种市场，所以必须保证长期可靠性。可靠性工程使用浴盆曲线（老化曲线）。因其外形酷似浴盆（Bathtub）而得名，如图 11-17 所示。初期故障会随着时间的推移而减少。

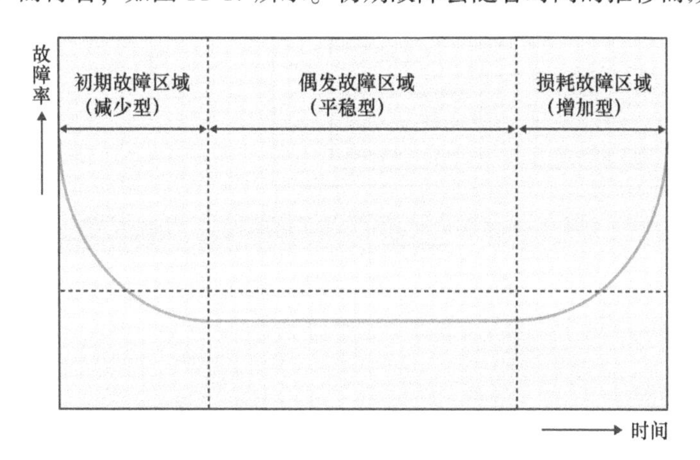

浴盆曲线（图 11-17）

之后的故障率几乎是恒定的，所谓的使用寿命也在这个范围内。随后因为使用时间长了，器件都有损耗，所以故障率自然就会增加。在老化测试中需要解决的是初期故障的问题。如果产品投放市场后出现大量初始缺陷，就会失去客户的信任，失去作为半导体制造商的地位。因此，老化测试设备是一种初期监测初始缺陷的方法。这样做是为了使LSI芯片在高温和高电压下运行，以便尽早监测初始的缺陷。

什么是老化设备？

图11-18显示了老化设备中的恒温槽，该设备温度可控。如图所示，许多封装器件安装在老化电路板的插座上并对其进行加载测试。当然，老化设备内部的温度环境是可变的。从这里也可以连接到电气特性的探测设备并对其进行负载测量。当然，不同设备有其相对应的测试程序。

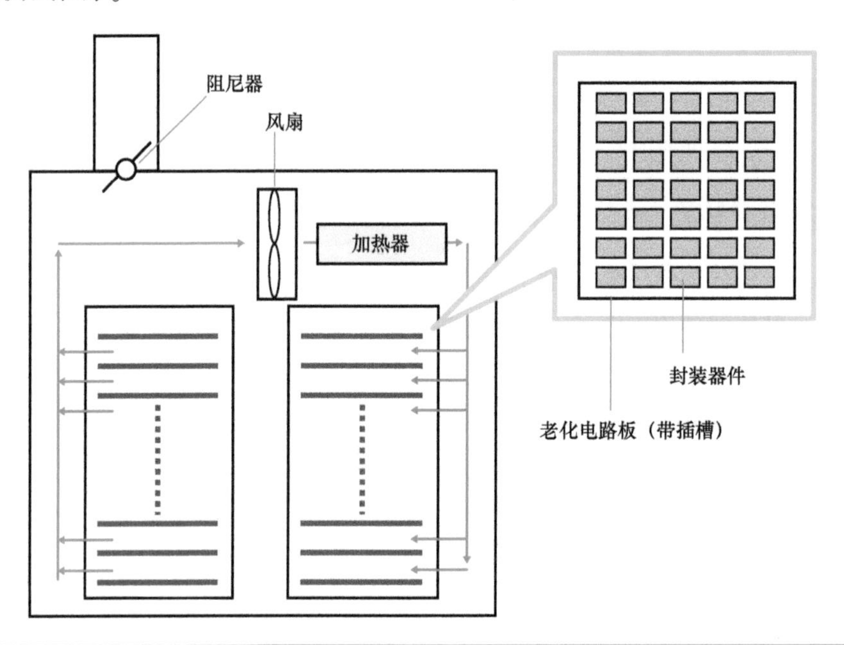

老化设备的恒温槽的示例（图11-18）